Energietransformation, dezentrale Erzeugungsprobleme und Finanzierung der Solarindustrie

# Finanzmärkte und Klimawandel

Herausgegeben von
Dirk Schiereck und Paschen von Flotow

Band 5

Paschen von Flotow / Dirk Schiereck / Julian Trillig (Hrsg.)

# Energietransformation, dezentrale Erzeugungsprobleme und Finanzierung der Solarindustrie

**Bibliografische Information der Deutschen Nationalbibliothek**
Die Deutsche Nationalbibliothek verzeichnet diese Publikation
in der Deutschen Nationalbibliografie; detaillierte bibliografische
Daten sind im Internet über http://dnb.d-nb.de abrufbar.

ISSN 2190-3069
ISBN 978-3-631-65442-2 (Print)
E-ISBN 978-3-653-04623-6 (E-Book)
DOI 10.3726/978-3-653-04623-6

© Peter Lang GmbH
Internationaler Verlag der Wissenschaften
Frankfurt am Main 2014
Alle Rechte vorbehalten.
PL Academic Research ist ein Imprint der Peter Lang GmbH.

Peter Lang – Frankfurt am Main · Bern · Bruxelles · New York ·
Oxford · Warszawa · Wien

Das Werk einschließlich aller seiner Teile ist urheberrechtlich
geschützt. Jede Verwertung außerhalb der engen Grenzen des
Urheberrechtsgesetzes ist ohne Zustimmung des Verlages
unzulässig und strafbar. Das gilt insbesondere für
Vervielfältigungen, Übersetzungen, Mikroverfilmungen und die
Einspeicherung und Verarbeitung in elektronischen Systemen.

Diese Publikation wurde begutachtet.

www.peterlang.com

# Vorwort

Die Solarindustrie erlebte insbesondere in Deutschland einen unvergleichbar rasanten und medienträchtigen Aufstieg. Jedoch wurde dieser Aufschwung von einer ebenso beeindruckenden Konsolidierungsphase – die nicht minder in den Medien verfolgt wird – abgelöst und führte insbesondere im Jahr 2013 zu zahlreichen Insolvenzen und der Streichung von jedem dritten Arbeitsplatz. Diese Entwicklung beruht zu großen Teilen auf wirtschaftspolitischen Entscheidungen, die zwar das Ziel einer zügigen Energiewende anstreben und der Solarindustrie in diesem Transformationsprozess eine beispielhafte Vorreiterrolle zusprechen. Da aber gleichzeitig das allgemeine Strompreisniveau ebenfalls eine zentrale Zielgröße der Wirtschaftspolitik darstellt, wurden verschiedene politische Richtungswechsel vollzogen, die die Märkte noch heute verunsichern und das Management von Unternehmen in diesem Bereich sehr fordern. Denn die Photovoltaiktechnologie ist bis heute nicht so weit ausgereift, dass sie im Bundesdurchschnitt konkurrenzfähigen Strom (Netzparität) erzeugen kann. In 2012 wurden nach Angaben des Bundesverband der Energie- und Wasserwirtschaft e.V. (BDEW) 4,6% des Endenergieverbrauch (Strom) in Deutschland durch Solarstrom bereitgestellt, wohingegen 56,6% (2,016 ct/kWh) der gesamten EEG Umlage auf die Förderung von Solarstrom entfiel. Bei keiner anderen Technologie der erneuerbaren Energien ist die Diskrepanz zwischen diesen beiden Größen so extrem.

Der Rahmen, der unbestritten diese Entwicklung ermöglichte, wird durch das im Jahr 2000 in Kraft getretene Erneuerbare Energien Gesetzt (EEG) abgebildet. Bis zum heutigen Zeitpunkt werden neu installierte Solaranlagen auf einen Zeitraum von 20 Jahren mittels einer Einspeisevergütung staatlich bezuschusst. Dabei verteuern die Ausgaben für die gesamte EEG-Förderung den Strompreis so stark, dass Proteste in weiten Teilen der Bevölkerung laut wurden. Seit seiner Einführung im Jahr 2000 stiegen die staatlichen Ausgaben im Rahmen des EEG stetig an und beliefen sich nach Angaben des Bundesministeriums für Umwelt, Naturschutz und Reaktorsicherheit (BMU) alleine in 2011 auf etwa 16,76 Mrd. Euro. Diese besondere Marktsituation führt nicht nur zu einer teilweise sehr emotional geführten Debatte, sondern auch zu gesamtwirtschaftlichen Fragestellungen, die den ökonomischen Nutzen mit den Kosten in Vergleich setzen. An dieser Stelle sind es insbesondere finanzwirtschaftliche Themenbereiche, die eine vertiefte Betrachtung lohnenswert erscheinen lassen.

In diesem Band der Reihe Finanzmärkte und Klimawandel werden daher eine ganze Reihe ökonomischer Aspekte der Solarindustrie und komplementärer Technologien beleuchtet. Dabei wird von den stellenweise ideologisch getriebenen Argumenten einer Energiewende abgesehen und ein auf finanzwirtschaftlichen Größen basierender Blickwinkel gewählt. Die einzelnen Aufsätze in diesem Band thematisieren Fragestellungen zur Finanzierung von Unternehmen und Projekten in Verbindung mit der Photovoltaik (PV) Technologie aber auch im Bereich solarthermischer Kraftwerke. Dabei steht das Interesse im Vordergrund, einen vertiefenden Blick in die Finanzierungszusammenhänge beginnend bei der Projektfinanzierung von größeren Solaranlagen und Solarparks bis hin zu Auswirkungen regulatorischer Änderungen auch mit Blick auf das Risikoprofil deutscher Solarunternehmen zu werfen. Dabei wird deutlich, dass Variationen der politischen Rahmenbedingungen erhebliche Konsequenzen für die Eigenkapitalkosten des Sektors aber auch für die Investitionsbereitschaft institutioneller Investoren besitzen, die selbst von erfahrenen Finanzanalysten nur ansatzweise prognostiziert wurden. Dem Leser soll in diesem Bereich ein erweitertes Verständnis vermittelt werden, das auch dazu dient, die Erfahrungen aus der Solarbranche auf andere Cleantech- bzw. Hightech-Branchen zu übertragen und damit Antworten im weiten Feld der Anschubfinanzierung zu geben. Außerdem gilt es, zumindest einen der häufig vernachlässigten Kostenaspekte der Energiewende in den Blickpunkt zu rücken, nämlich den notwendigen Rückbau der nicht mehr benötigten konventionellen Kraftwerke. Denn jeder systemische Strukturwandel verursacht nicht nur Kosten zum Aufbau des Neuen, sondern bringt auch Belastungen bei der Abwicklung des Alten.

Der ganz überwiegende Teil der nachfolgend zu lesenden Beiträge wurde mit finanzieller Unterstützung des Bundesministeriums für Bildung und Forschung (BMBF) verfasst. Dem Ministerium aber auch allen Autoren und Mitarbeitern, die zum Gelingen und zur zeitnahen Veröffentlichung des Buches beigetragen haben, sowie den Mitgliedern des „Finanz-Forum: Klimawandel" sei an dieser Stelle herzlichst gedankt. Ein besonderer Dank gilt allen Teilnehmern des CFI-Projekts sowie dem Peter Lang Verlag für die Aufnahme des Bandes in sein Verlagsprogramm.

Darmstadt im Winter 2013,

Paschen von Flotow      Dirk Schiereck      Julian Trillig

# Inhaltsverzeichnis

Vorwort ..................................................................................................... v

**Projektfinanzierung von PV-Anlagen** ............................................... 1
*Verfasser: Christian Babl, Robert Misselwitz*

1. Einführung ........................................................................................ 2
2. Ertragsanalyse .................................................................................. 6
3. Risikoidentifikation und -bewältigung ........................................... 15
4. Risikoquantifizierung und -bewertung .......................................... 24
5. Fazit und Ausblick ......................................................................... 34

Literatur ................................................................................................ 36


**Projektfinanzierung von Müllheizkraftwerken** ............................. 41
*Verfasser: Robert Fraunhoffer, Benjamin J. Schröder*

1. Einleitung ....................................................................................... 42
2. Finanzierung von Müllheizkraftwerken ........................................ 44
3. Finanzierungsstruktur .................................................................... 47
4. Fazit ................................................................................................ 48

Literatur ................................................................................................ 50


**Finanzierungen über Private Equity im Maschinen- und Anlagenbau und Erkenntnisse für die Solarindustrie** ............................. 53
*Verfasser: Jan Röhlinger und Dirk Schiereck*

1. Einleitung ..................................................................................................... 54

2. Wesentliche Erkenntnisse der Untersuchung ........................................... 58

3. Fazit ............................................................................................................ 61

Literatur .............................................................................................................. 63

**Eigenkapitalkosten der europäischen Photovoltaikindustrie** ...................... 65
*Verfasser: Daniel Schmidt und Julian Trillig*

1. Einführung .................................................................................................. 66

2. Photovoltaik ................................................................................................ 67

3. Grundlagen Unternehmensbewertung ....................................................... 73

4. Methodik und Annahmen ........................................................................... 76

5. Validierung und Diskussion der Ergebnisse .............................................. 88

6. Zusammenfassung und Ausblick ............................................................... 94

Literatur .............................................................................................................. 97

**Die Novellierung des EEG und Werteffekte in der Solarindustrie** ............ 101
*Verfasser: Julian Trillig*

1. Einleitung ................................................................................................. 102

2. Institutioneller Rahmen und empirische Evidenz ................................... 104

3. Datenbasis und Untersuchungsmethodik ................................................. 107

4. Ergebnisse ................................................................................................. 113

5. Zusammenfassung .................................................................................... 118

Literatur ............................................................................................................ 120

Appendix I .................................................................................................. 122

**Perspektiven der deutschen Solarindustrie aus der Sicht von branchenerfahrenen Finanzanalysten** ....................................................... 125
*Verfasser: Dirk Schiereck und Florian Wörfel*

1. Einleitung ............................................................................................. 126
2. Thesen .................................................................................................. 127
3. Datensatz und Erhebungsstruktur ......................................................... 128
4. Umfrageergebnisse ............................................................................... 130
5. Fazit ...................................................................................................... 137

Literatur ..................................................................................................... 138

**Kosten der Kraftwerksbeseitigungen** ................................................. 139
*Verfasser: Steffen Meinshausen, Sven Thomas Munck und Dirk Schiereck*

1. Einleitung ............................................................................................. 140
2. Hintergründe ......................................................................................... 142
3. Der Markt für Kraftwerksbeseitigungen ............................................... 153
4. Kostenentstehung und Ertragsmöglichkeiten ....................................... 166
5. Marktseitige Besonderheiten und Projektbeispiele .............................. 178
6. Zusammenfassung und Fazit ................................................................ 183

Literatur ..................................................................................................... 186

**Projektfinanzierung von solarthermischen Kraftwerken** .................. 193
*Verfasser: Thorsten Rüther und Dirk Schiereck*

1. Einleitung ........................................................................................ 194
2. Solarthermische Stromerzeugung ................................................... 194
3. Projektfinanzierung von solarthermischen Kraftwerken .................. 206
4. Zusammenfassung ........................................................................... 224
Literatur ................................................................................................ 227

# Projektfinanzierung von PV-Anlagen

Christian Babl, Robert Misselwitz

# 1. Einführung

## 1.1. Problemstellung

Erneuerbare Energien haben sich in den letzten Jahren mit einem Anstieg des Branchenumsatzes auf 16 Milliarden Euro in 2009 zu einem bedeutsamen Wirtschaftsfaktor in Deutschland entwickelt.[1] Neben den dominierenden Energieformen Wasser- und Windenergie, hat auch der Photovoltaik-Sektor mit einem jährlichen Wachstum von 60% zwischen 2004 und 2009 einen Teil zu dieser Entwicklung beigetragen.[2] Zwar ist der Anteil der Photovoltaik (PV) am durch Erneuerbare Energien produzierten Strom noch gering (in Deutschland als Weltmarktführer liegt der Anteil bei 6,6%[3]), allerdings bietet die Technologie Potential bezüglich der Kostensenkung und der Wirkungsgradsteigerung, so dass weiteres Wachstum prognostiziert wird.[4] Zudem hat Photovoltaik den Vorteil, dass sie im Gegensatz zu anderen Erneuerbaren Energien, wie z.B. Wasserkraft und Geothermie, geringe Einschränkungen bei der Standortwahl besitzt. Alleine in Deutschland würde die auftreffende Sonnenenergie mehr als das Hundertfache des Bedarfs an der im selben Zeitraum für Stromerzeugung, Heizen und Autofahren benötigten Energie decken.[5] Um diese Menge an Energie nutzen zu können, bedarf es nicht nur privater und gewerblicher Aufdachanlagen, sondern auch großer Freiflächenanlagen. Diese Freiflächenanlagen haben über die Jahre hinweg durch Verbesserung der Skaleneffekte in der Produktion an Größe und Bedeutung gewonnen.[6] Dabei spielen bei der Errichtung nicht nur die zur Verfügung stehende Sonnenenergie, sondern auch die gegebenen Rahmenbedingungen, wie die politische Stabilität des Landes und die jeweiligen Förderprogramme, eine Rolle. So lässt sich erklären, dass in Deutschland große PV-Freiflächenanlagen realisiert werden, obwohl es bezüglich der Sonneneinstrahlung nicht der optimale Standort ist. Ein Beispiel hierfür ist die drittgrößte PV-Anlage der Welt, welche in Brandenburg errichtet wurde. Der Solarpark Lieberose besitzt eine Fläche von 230 Fußballfeldern (162 Hektar) und erzeugt eine Leistung von 53 MW.[7]

---

1 Vgl. BMU (2010a), S. 5.
2 Vgl. REN21 (2010), S. 15.
3 Vgl. BMU (2010b), S. 13.
4 Vgl. Böttcher (2009), S. 154.
5 Vgl. Waffenschmidt (2008), S. 1.
6 Vgl. Komoto (2009), S. 331.
7 Vgl. Juwi (2010).

Projektvorhaben in diesen Dimensionen benötigen geeignete Finanzierungsinstrumente, um realisiert werden zu können. Auf der einen Seite bieten sie für den Initiator zwar große Chancen. Auf der anderen Seite übersteigen sie jedoch auch häufig die Risikobereitschaft und die Haftungsmöglichkeiten einzelner Unternehmen. Eine mögliche Finanzierungsform zur Umsetzung entsprechender Anlagen besteht in der Projektfinanzierung. Der Leitgedanke der Projektfinanzierung besteht darin, die Finanzierung durch die zukünftige Leistungsfähigkeit des Projektes sicherzustellen und somit nicht das initiierende Unternehmen sondern die Wirtschaftlichkeit des Projektes bei der Kreditvergabe in den Vordergrund zu stellen. Um eine Kreditvergabeentscheidung auf diese Weise treffen zu können, muss eine detaillierte Analyse des Projektes vorgenommen werden, in der nicht nur der Ertrag prognostiziert wird sondern auch eine Einschätzung der Risiken erfolgt.

## 1.2. Zielsetzung

Im Rahmen dieses Beitrages sollen die wesentlichen Faktoren, die einen Einfluss auf die erfolgreiche Durchführung einer PV-Projektfinanzierung besitzen, herausgearbeitet und ihr einzelner Stellenwert anhand einer Sensitivitätsanalyse ermittelt werden.

Hierzu wird zunächst eine kurze Einführung in die Grundlagen einer Projektfinanzierung gegeben und der charakteristische Ablauf einer PV-Projektfinanzierung skizziert. Der Hauptteil des Beitrags spiegelt sich in den beiden Punkten Ertrags- und Risikoanalyse wider. In der Ertragsanalyse wird die Ertragsstruktur eines PV-Projektes in Form einer Cash-Flow-Prognose ermittelt. Diese Cash-Flow-Prognose wird anhand von projektspezifischen Daten erstellt, die sich aus den Investitionskosten während der Erstellungsphase und den Zahlungsströmen während der Betriebsphase zusammensetzen. Aufbauend auf diesen Informationen ist eine detaillierte Betrachtung der Entwicklung des Cash-Flows über die Projektlaufzeit hinweg möglich.

Nach der Ertragsanalyse wird in zwei Abschnitten die Risikostruktur eines PV-Projektes untersucht. Im ersten Abschnitt werden hierzu die einzelnen Risiken identifiziert und die dazugehörigen Maßnahmen zur Bewältigung aufgezeigt. Abschließend werden im Teil der Risikoquantifizierung und -bewertung die Ertragsanalyse und die identifizierten Risiken zusammengeführt. Mit Hilfe einer Sensitivitätsanalyse werden hier die möglichen Einflüsse einzelner Risiken auf die Ertragsentwicklung des Projektes anhand eines Cash-Flow-Modells gemessen und daraus Schlussfolgerungen bezüglich der Bedeutung für das Gelingen der Projektfinanzierung gezogen.

## 1.3. Definition der Projektfinanzierung und Abgrenzung zur Unternehmensfinanzierung

Unter einer Projektfinanzierung ist die Finanzierung einer spezifischen Wirtschaftseinheit zu verstehen, in der sich der Kreditgeber vornehmlich auf den Cash-Flow und die Erträge der Wirtschaftseinheit als Quelle zur Begleichung des Kredites konzentriert und die Aktiva lediglich als Kreditsicherheit dienen.[8] Aus dieser Definition lassen sich zwei Bestandteile einer Projektfinanzierung ableiten. Zunächst muss für die Projektfinanzierung eine Projektgesellschaft mit eigener Rechtspersönlichkeit gegründet werden, um im Rechtsverkehr eigene Kreditverträge abschließen und als eine für das Projekt gegründete Einheit auftreten zu können. Der alleinige Geschäftsgegenstand dieser Gesellschaft ist die Errichtung und der Betrieb des Projektes. Des Weiteren muss die Kreditvergabeentscheidung auf Basis der zukünftigen Erfolgsaussichten des Vorhabens liegen, da die Aktiva des Projektes regelmäßig nicht ausreichen, um den Kredit decken zu können.[9]

Hierin liegen auch die zentralen Unterschiede zwischen einer Projekt- und einer konventionellen Kreditfinanzierung. In einer Kreditfinanzierung ist der Kreditnehmer in der Regel ein etabliertes Unternehmen. Dieses Unternehmen erstellt Bilanzen durch die sich die Vermögens- und die Kapitalverhältnisse ermitteln lassen. Auf Grundlage dieser Informationen kann ein Kreditgeber die Unternehmensbonität einschätzen und seine Kreditvergabeentscheidung treffen.[10] Eine Projektgesellschaft besitzt diese historischen Informationen nicht. Dadurch, dass im Falle eines Kreditausfalls nicht auf das initiierende Unternehmen sondern nur auf die neu gegründete Projektgesellschaft zurückgegriffen werden kann, dienen die Erfolgsaussichten der geplanten Investitionen als Entscheidungsgrundlage für den Kreditgeber.[11]

## 1.4. Ablauf einer PV-Projektfinanzierung

Der Ablauf einer PV-Projektfinanzierung lässt sich auf Basis der Zahlungsströme in die drei Abschnitte Erstellungs-, Betriebs- und Desinvestionsphase unterteilen. Die Desinvestitionsphase wird im Folgenden nicht näher betrachtet, da Zeitpunkt und Form meist ungewiss sind und sie keinen Einfluss auf die Schul-

---

8   Vgl. Nevitt (2000), S. 3.
9   Vgl. Tytko (1999), S. 8.
10  Vgl. Grosse (1990), S. 43.
11  Vgl. Tytko (1999), S. 8 f.

dendienstdeckungsfähigkeit des Projektes besitzen soll und somit keinen Anteil zum Ergebnis dieses Beitrags liefert.[12]

Die Erstellungsphase eines PV-Projektes zeichnet sich durch die Investitionskosten aus, die durch Eigenkapital und die Aufnahme von Fremdkapital finanziert werden. Zu Beginn steht dabei die Idee, welche von den Projektinitiatoren in einer Projektskizze konkretisiert und in einer Machbarkeitsstudie auf ihre technische und wirtschaftliche Realisierbarkeit überprüft wird.[13] Nach einer erfolgreichen ersten Analyse des Projektes müssen potentielle Projektbeteiligte angesprochen, Kontakte mit Banken aufgenommen und die nötigen Genehmigungen eingeholt werden. Bezeichnend für die Planungsphase ist, dass die Gesamtfinanzierung noch nicht gesichert ist und deshalb die anfallenden Kosten durch Eigenkapital gedeckt werden.[14] Erst nachdem die ausgewählte Bank oder das Bankenkonsortium eine eigene Überprüfung des Projektes vorgenommen hat und die notwendigen Projektverträge unterzeichnet wurden, wird der Projektgesellschaft Fremdkapital zur Verfügung gestellt. Die Überprüfung durch die Bank beinhaltet dabei neben einer Ertragsanalyse auch die Überprüfung der Rechtswirksamkeit der Projektverträge, der Bonität und der Referenzen der Projektbeteiligten, sowie der gestellten Sicherheiten und des derzeitigen Projektstandes.[15]

Nach der Sicherstellung der Gesamtfinanzierung kann mit der Errichtung der Anlage begonnen werden. Zu den Errichtungsarbeiten zählen die Baudurchführung, der Anlagentransport, die Anlagenmontage und evtl. die Einweisung der Betriebsführung. Die Errichtung zeichnet sich aus Sicht der Ertragsanalyse durch die hohen Ausgaben für die Anlagenkomponenten und die Montage aus. Der größte Teil der Investitionssumme entfällt dabei auf den Erwerb der Module.[16] Im letzten Abschnitt der Erstellungsphase durchläuft die PV-Anlage einen Probebetrieb, bevor sie von der Projektgesellschaft abgenommen wird. An dieser Stelle zeigt sich, ob die PV-Anlage die in der Planung angenommene Leistung erbringen kann. Aus finanzieller und risikopolitischer Sicht ist dies ein Wendepunkt. Die Investitionen wurden auf der einen Seite getätigt und auf der anderen Seite wurden noch keine Erlöse bisher erzielt, so dass sich ein maximales Verlustrisiko für die Projektgesellschaft und den Fremdkapitalgeber ergibt.[17]

---

12  Vgl. Reuter (1999), S. 50.
13  Vgl. Hupe (1995), S. 36.
14  Vgl. Höpfner (1995), S. 240.
15  Vgl. Grell (2008), S. 46.
16  Vgl. BMU (2010c), S. 21.
17  Vgl. Nevitt (2000), S. 9.

Nach der Errichtung und Abnahme durch die Projektgesellschaft, kann die PV-Anlage in den Betrieb übergehen. Von hier an übernimmt die Betriebsführung die nötigen Aufgaben, um einen störungsfreien Ablauf zu sichern. Während der Betriebsphase werden die Erträge des Projektes erzielt, die zur Rückzahlung des aufgenommenen Fremdkapitals und zur Ausschüttung von Dividenden verwendet werden. Die Rückzahlung des Fremdkapitals besitzt dabei eine höhere Priorität als die Eigenkapitalverzinsung. Mit der kontinuierlichen Tilgung des Kredites sinkt mit der Zeit die Belastung des Projektes und das Ausfallrisiko für den Fremdkapitalgeber verringert sich. Sobald der Kredit vollständig getilgt ist, scheidet der Fremdkapitalgeber als Projektbeteiligter aus. Bei der Projektgesellschaft handelt es sich um eine ‚single purpose company', deshalb werden nach der Tilgung des Kredites keine Neuinvestitionen getätigt und der von da an erwirtschaftete Cash-Flow kann vollständig an die Eigenkapitalgeber ausgezahlt werden.[18]

## 2. Ertragsanalyse

Die Erträge eines PV-Projektes werden während der Betriebsphase durch die Einspeisung des Stroms ins öffentliche Netz erwirtschaftet. Um eine genaue Quantifizierung vornehmen zu können, müssen der Absatzpreis und die dazugehörige Absatzmenge prognostiziert werden. Im Allgemeinen handelt es sich bei der Ertragsprognose von Projektfinanzierungen um einen umfangreichen Prozess. Es werden durch Analysetätigkeiten Marktentwicklungen prognostiziert und daraus voraussichtliche Absatzpreise und -mengen ermittelt.[19] Bei PV-Projektfinanzierungen richten sich diese Analysetätigkeiten nicht auf die freien Energiemärkte sondern auf die Anlage und die Förderprogramme, da der Netzbetreiber regelmäßig verpflichtet ist den eingespeisten Strom abzunehmen und der Markt dadurch an Bedeutung verliert.[20] Im Folgenden wird deswegen zur Bestimmung des Absatzpreises auf die Förderprogramme und zur Bestimmung der Absatzmenge auf die Stromertragsprognose eingegangen. Zum Abschluss der Ermittlung aller wichtigen projektspezifischen Daten wird auf die Betriebsausgaben eines PV-Projektes eingegangen.

---

18  Vgl. Hupe (1995), S. 41.
19  Vgl. Tytko (1999), S. 137.
20  Vgl. Quaschning (2010), S. 127.

## 2.1. Förderprogramme

Da die Photovoltaik ohne entsprechende Subventionierungen noch nicht in der Lage ist preislich mit konventionellen Energieformen zu konkurrieren, stellen Förderprogramme weiterhin eine Voraussetzung für die Realisierung einer PV-Projektfinanzierung dar.[21] Die Ausgestaltungsformen sind von Staat zu Staat verschieden und unterscheiden sich nicht nur in der Wirkungsweise sondern auch in der Qualität der Umsetzung. Es bestehen im Wesentlichen vier Arten von Förderprogrammen, die auf Bundes-, Landes- bis hin zur Gemeindeebene initiiert werden können. Allen Formen von Förderprogrammen ist dabei gemein, dass sie dem Projektinitiator einen positiven Anreiz geben durch Innovationen die Kosten zu senken und somit eine höhere Rendite zu erzielen.[22]

Die erste Gruppe von Förderprogrammen wird über *Mindestvergütungen und Zuschläge* realisiert. Eine Möglichkeit ist es, den Netzbetreiber zu verpflichten, den Strom zu einem festgelegten Preis abzunehmen und somit den Projektbeteiligten eine fixe Einspeisevergütung in Aussicht zu stellen. Die Differenz zwischen dem festgelegten Preis und dem Marktpreis stellt hierbei die Förderung dar. Dieses System wird u.a. in Deutschland, Spanien, Frankreich und Italien verwendet. Der Abnahmepreis des Netzbetreibers kann sich auch aus dem jeweiligen Marktpreis und einem Aufschlag zusammenstellen, dann wird von einem Premiumtarif gesprochen (u.a. Niederlande, Norwegen).[23]

Bei *Quotenmodellen* werden die Stromerzeuger verpflichtet, einen bestimmten prozentualen Anteil ihrer Stromerzeugung durch Erneuerbare Energien zu decken. Falls ein Stromerzeuger seine vorgegebene Quote aus eigenen Erneuerbaren Energien nicht erreicht, hat er entweder die Möglichkeit Zertifikate, die von anderen Anlagenbetreibern am Zertifikatmarkt vertrieben werden, zu erwerben oder eine Strafzahlung in Kauf zu nehmen. Bei einem Quotenmodell werden die Einnahmen einer PV-Anlage somit über zwei Quellen generiert. Erstens über den direkten Verkauf des Stroms zu Marktpreisen und zweitens über den Verkauf von Zertifikaten am Zertifikatmarkt. Der Zertifikatspreis wird dabei durch die Quotenhöhe, die Höhe der Strafzahlungen und der Anzahl an Anbietern von Erneuerbaren Energien beeinflusst. Es besteht die Möglichkeit, die Quoten für einzelne Formen von Erneuerbaren Energien differenziert festzulegen oder für alle Formen zusammen eine zu bestimmen (u.a. Großbritannien, Dänemark, Japan).[24]

---

21　Vgl. RENI (2010), S. 9.
22　Vgl. Langniß (2007), S. 65.
23　Vgl. Jager (2008), S. 34 ff.
24　Vgl. Schwarz (2008), S. 4 ff.

Der wichtigste Bestandteil einer *Ausschreibungsregelung* ist die Auktionsrunde. In dieser geben Projektinitiatoren ein Angebot für den zukünftigen Strompreis ihrer geplanten Projekte ab. Der Staat gibt ein Quotenziel von installierten Kapazitäten vor und vergibt die Aufträge an die Initiatoren nach aufsteigenden Strompreisen bis dieses Ziel erreicht ist. Der angebotene Strompreis des letzten Initiators stellt dabei für alle Initiatoren den über langfristige Verträge vom Staat gesicherten festen Abnahmepreis dar. Auch in diesem Fall besteht die Möglichkeit die Quoten für einzelne Erneuerbare Energien-Formen oder für alle zusammen festzulegen (u.a. Frankreich, Portugal, Kanada).[25]

Die letzte Form von Anreizmechanismen besteht aus *Steuererleichterungen und sonstigen staatliche Unterstützungen*. Hierbei besteht die Möglichkeit einer Steuerbefreiung oder -ermäßigung, um die Aufwendungen des Projektinitiators zu verringern. Zudem kann die Erleichterung beim Bau des Projektes oder während der Betriebsführung realisiert werden. Sonstige staatliche Unterstützungen werden in der Bereitstellung von Kapital zu Beginn eines Projektes und in der Gewährung von vergünstigten Krediten umgesetzt.[26] Zumeist sind diese Förderprogramme sekundäre Instrumente und werden nur in Kombination mit anderen Förderprogrammen eingesetzt (u.a. Deutschland, Finnland, USA).[27]

## 2.2. Stromertragsprognose

### 2.2.1. Bestandteile

Für die Bestimmung der Cash-Flow-Prognose einer PV-Projektfinanzierung muss der Stromertrag der PV-Anlage ermittelt werden. Es bestehen dabei zwei Einflussfaktoren, die bei der Analyse berücksichtigt werden müssen. Erstens die einzelnen Anlagenkomponenten, hierzu zählen die PV-Zellen, Module, Wechselrichter und das Anlagengestell, und zweitens die standortspezifischen Gegebenheiten. Es ist dabei allgemein anerkannt, „dass für eine zuverlässige Ertragsprognose das Systemverhalten(…) spezifisch für das jeweilige Objekt zu ermitteln ist. Die bloße Multiplikation der lokalen Einstrahlung in Modulebene mit einem angenommenen Ertragsfaktor (‚Performance Ratio', abgekürzt PR) wird als unzureichend abgewiesen."[28] Es muss somit für jedes PV-Projekt eine individuelle Ertragsprognose erstellt werden. Diese erfolgt bei großen PV-Projekten in Form von Stromertragsgutachten, die von unabhängigen Gutachtern erstellt werden. Im Folgenden wird auf die einzelnen Komponenten, die einen Einfluss

---

25 Vgl. Held (2007), S. 16 f.
26 Vgl. Held (2007), S. 13 ff.
27 Vgl. Jager (2008), S. 40 f.
28 ARGE (2007), S. 57.

auf diese Ertragsgutachten besitzen, eingegangen. Hierbei werden auch die Alternativen, die für einen Projektinitiator bei der Planung einer PV-Anlage bestehen, aufgezeigt.

### 2.2.2. Zelltypen

Die Auswahl des Zelltyps ist eine der wesentlichen Entscheidungen bei der technischen Planung einer PV-Anlage. Die Unterschiede liegen nicht nur in den Anschaffungskosten und den Wirkungsgraden sondern auch in der Belastbarkeit durch äußere Einflüsse.[29] In einer Projektfinanzierung müssen diese Aspekte in der Planung mit einbezogen werden, um auf der einen Seite die Anschaffungskosten den Erlösen gegenüberstellen zu können und auf der anderen Seite das Risiko einer Leistungsabnahme einschätzen zu können.

Es haben sich in den letzten Jahren drei Zelltypen durchgesetzt: Polykristalline und monokristalline Siliziumzellen sowie Dünnschichtzellen. Es bestehen zwar noch weitere Zelltypen, jedoch sind diese entweder nicht konkurrenzfähig oder noch nicht ausreichend erprobt und stellen somit zurzeit keine Alternative für eine Projektfinanzierung dar.[30] Polykristalline und monokristalline Siliziumzellen sind mit einem Marktanteil von je 45% und 35% weltweit am weitesten verbreitet.[31] Sie verfügen beide über einen höheren Wirkungsgrad als Dünnschichtzellen, wobei monokristalline mit einem Wirkungsgrad von 15% (erzeugte elektrische Energie/auftreffende Sonnenenergie) geringfügig effizienter als polykristalline Zellen sind. Polykristalline Zellen besitzen dagegen durch die einfachere und kostengünstigere Produktion geringere Herstellungskosten, so dass kein klarer Favorit zwischen den beiden Zelltypen besteht. Häufig entscheiden auch die zur Verfügung stehenden Kapazitäten über die Auswahl zwischen diesen beiden Zelltypen.[32]

Dünnschichtzellen konnten ihren Marktanteil von 2005 bis 2009 von 6% auf knapp 20% ausbauen. Sie sind günstiger als kristalline Siliziumzellen und können aus verschiedenen Halbleitermaterialien bestehen.[33] Am häufigsten kommen amorphes Silizium, Kupfer-Indium-Diselenid (CIS) und Cadmium Tellurid (CdTe) zur Anwendung. Die Besonderheit der Dünnschichtzellen liegt darin, dass sie zwar niedrigere Wirkungsgrade besitzen, dafür aber durch ihre robusten

---

29 Vgl. Antony (2005), S. 133.
30 Vgl. Quaschning (2010), S. 112.
31 Vgl. Jäger-Waldau (2010), S. 22.
32 Vgl. Antony (2005), S. 133.
33 Vgl. Jäger-Waldau (2010), S. 23.

Eigenschaften konstantere Energieerträge erzielen können. Dies wird durch drei Merkmale realisiert:[34]
- Dünnschichtzellen können durch den Einbau unterschiedlicher Halbleitermaterialien ein breiteres Strahlenspektrum erfassen und somit diffuses und schwaches Sonnenlicht effizienter nutzen.
- Sie besitzen bei Änderung der Umgebungstemperatur einen geringeren Leistungsabfall.
- Durch eine feinere Zellenstruktur sind sie resistenter gegenüber dem Leistungsabfall durch Verschattungen.

Die Tabelle 1 zeigt die Wirkungsgrade der einzelnen Zelltypen unter optimalen Laborbedingungen und unter Praxisbedingungen. Des Weiteren wird aufgezeigt, wie hoch der Flächenbedarf der Zelltypen für die Produktion einer Leistung von 1 kW ist.

*Tabelle 1: Wirkungsgrade verschiedener Zelltypen (Quelle: Vgl. Quaschning (2010), S. 106)*

| Zellmaterial | Maximaler Wirkungsgrad | Wirkungsgrad in der Praxis | Flächenbedarf für 1kW |
|---|---|---|---|
| Monokristallin | 22% | 15% | 6,7m² |
| Polykristallin | 17,4% | 14% | 7,2m² |
| Amorphes Silizium | 6,8% | 6% | 16,7m² |
| CIS | 11,6% | 10% | 10,0m² |
| CdTe | 12% | 7% | 14,3m² |

## 2.2.3. Sonstige Komponenten

Einzelne Solarzellen sind empfindlich gegenüber äußeren Einflüssen und erzeugen nur eine Spannung von 0,5 V bis 0,7 V. Um sie zur Stromerzeugung nutzen zu können, werden sie deswegen in *Modulen* zusammengefasst. In einem Modul werden die einzelnen Solarzellen in Reihe geschaltet und durch einen Rahmen, eine Glasscheibe und eine Kunststofffolie vor äußeren Einflüssen, wie Feuchtigkeit, geschützt. Für den gläsernen Schutz auf den Solarzellen wird spezielles Solarglas verwendet, welches für die nötige mechanische Stabilität des Moduls sorgt und durch einen geringen Eisengehalt gute Lichtdurchlässigkeit bietet. Hersteller liefern die Solarzellen in fertigen Modulen, so dass keine spezifische Auswahl der Module erfolgt.[35]

---

34  Vgl. Theiß (2008), S. 113 f.
35  Vgl. Quaschning (2010), S. 110.

Da Solarzellen Gleichstrom erzeugen, muss vor der Einspeisung in das öffentliche Netz eine Umwandlung in Wechselstrom erfolgen. Dies wird durch einen *Wechselrichter* realisiert. Wenn die PV-Anlage einer gleichmäßigen Bestrahlung ausgesetzt ist, wird zumeist ein Zentralwechselrichter verwendet. Bei unterschiedlicher Ausrichtung der Module wird auf dezentrale Wechselrichter zurückgegriffen. Wechselrichter besitzen in der Regel hohe Wirkungsgrade und sind robust gegenüber Temperatur- und Einstrahlungsschwankungen.[36] Sie besitzen somit keinen großen Einfluss auf die technische Planung und die Ertragsprognose der PV-Anlage.

Die letzte zu nennende Komponente einer PV-Anlage ist das *Gestell*. Während statische Gestelle in der Regel kein Problem darstellen, sind bei nachgeführten Gestellen mehrere Aspekte zu beachten. Nachgeführte PV-Anlagen zeichnen sich durch Module aus, die auf ein Trägersystem montiert sind, welches dem jeweiligen Sonnenstand ein- oder zweiachsig nachgeführt wird. Eine einachsig nachgeführte Anlage kann zwischen 20% und 30%, eine zweiachsige zwischen 30% und 40% Mehrertrag gegenüber einer statischen Anlage erreichen.[37] Im Gegenzug zum erhöhten Stromertrag führt die Nachführung durch das tiefere Fundament, die Sensorik und die Trägerkonstruktion zu erhöhten Investitionskosten. Zudem führt die mögliche Störung durch Schmutz, Temperaturschwankungen und Feuchtigkeit zu einem erhöhten Wartungsaufwand an der PV-Anlage.[38] Ob eine Anlage mit oder ohne Nachführung realisiert wird, muss anhand der vorliegenden Angebote bei der Planung ermittelt werden. Um das Risiko möglichst gering zu halten, sollten die Referenzen des Anbieters überprüft werden und gegebenenfalls Studien und Expertisen in Auftrag gegeben werden.[39]

### 2.2.4. Sonneneinstrahlung

Um eine Ertragsprognose durchführen zu können, muss eine Ermittlung der zur Verfügung stehenden Sonnenenergie erfolgen. Die dabei zu messende Strahlung nennt sich Globalstrahlung und setzt sich aus der direkten und der diffusen Strahlung zusammen. Die direkte Strahlung ist die Strahlung, die direkt von der Sonne kommend auf ein Solarmodul auftrifft. Die diffuse Strahlung entsteht, wenn die Strahlung vor dem Auftreffen gebeugt, absorbiert, gebrochen, reflektiert oder gestreut wurde.[40] An bewölkten Tagen wird praktisch nur die diffuse

---

36 Vgl. Antony (2005), S. 146 ff.
37 Vgl. Konrad (2008), S. 75.
38 Vgl. Quaschning (2010), S. 116 f.
39 Vgl. Böttcher (2008), S. 168.
40 Vgl. Kaltschmitt (2006), S. 49.

Strahlung zur Stromerzeugung genutzt. Auch an wolkenlosen Tagen macht sie noch 20% der Stromerzeugung aus.[41]

Die Globalstrahlung wird an einer Vielzahl von Standorten ermittelt, so dass weltweite Daten bezüglich der Jahressummen an Globalstrahlung zur Verfügung stehen. Bei der Verwendung dieser Messdaten für die Prognose einer Projektfinanzierung müssen mehrere Aspekte beachtet werden. Zunächst müssen die Daten über einen Zeitraum von mindestens 15 Jahre erfasst worden sein, da die teilweise starken jährlichen Schwankungen ansonsten dazu führen, dass keine sichere, langfristige Prognose möglich ist. Des Weiteren beziehen sich die Messwerte auf horizontale Flächen. Um eine genau Prognose durchführen zu können, müssen die Daten für die jeweilige Neigung und Ausrichtung der Solarmodule umgerechnet werden. Dieser Vorgang muss getrennt für die direkte und die diffuse Strahlung durchgeführt werden und kann durch die Vielzahl von Einflussfaktoren zu Ungenauigkeiten führen.[42] Ein letzter Aspekt muss besonders bei der Verwendung von Dünnschichtzellen beachtet werden. Dünnschichtzellen verwenden zur Stromerzeugung ein weiteres Strahlenspektrum als kristalline Zellen. Dies hat zur Folge, dass wenige Messstationen die nötige Globalstrahlung messen und ein Teil der Standortdaten über die Interpolation verschiedener Messstationen bereitgestellt wird. Auch hieraus resultieren Ungenauigkeiten.[43]

## 2.3. Betriebsausgaben

Neben den Einnahmen, die durch die Einspeisung des Stromes erwirtschaftet werden, entstehen während der Betriebsphase auch Ausgaben, die bei der Aufrechterhaltung des Betriebes anfallen. Hierzu zählen zunächst die Ausgaben für die technische und kaufmännische Betriebsführung. Zu der technischen Betriebsführung gehört die Wartung und Instandhaltung der Anlage. Je nach Störung können die Kosten stark schwanken, deswegen werden zu einer höheren Kalkulationssicherheit Vollwartungsverträge abgeschlossen oder Reparaturrücklagen gebildet. Zu der kaufmännischen Betriebsführung zählen u.a. die Aufgaben des Rechnungswesens und des Controllings. Weitere Betriebsausgaben stellen die Ausgaben für Versicherung und für Pacht dar, wobei letztere nur anfällt, wenn die Projektgesellschaft nicht der Grundstückseigentümer ist.[44]

---

41 Vgl. Wagemann (2007), S. 14.
42 Vgl. Kaltschmitt (2006), S. 52.
43 Vgl. Böttcher (2009), S. 159.
44 Vgl. Grell (2008), S. 58.

## 2.4. Aufbau einer Cash-Flow-Prognose

An dieser Stelle des Beitrags sollen die zuvor aufgezeigten projektspezifischen Determinanten anhand einer konkreten PV-Planung erläutert werden.[45] Unter Zuhilfenahme dieses Beispiels wird im späteren Verlauf des Beitrags der Einfluss einzelner Risiken auf die Cash-Flow-Prognose ermittelt.

Bei der beispielhaften Anlage handelt es sich um eine statische PV-Freiflächenanlage aus Dünnschichtzellen, die Ende 2010 in Deutschland in Betrieb genommen wurde. Die Leistung der Anlage beträgt unter Standardtestbedingungen 2000 kWp. Diese Leistungsangabe in Kilowatt Peak wird zum Vergleich von Photovoltaikmodulen herangezogen. Sie wird unter Testbedingungen bei einer Globalstrahlung von 1000 kWh/qm und einer optimalen Temperatur von 25 C° gemessen.[46] Die realen Bedingungen weichen von diesen Testbedingungen ab. In der Stromertragsprognose wurde deshalb zur Berechnung der Leistung bei einer gemessenen Globalstrahlung von 1050 kWh/qm ein mittlerer Stromertrag von lediglich 1000 kWh pro installierten Quadratmeter ermittelt.

*Tabelle 2: Daten des Projektbeispiels*

| | |
|---|---|
| **Anlagengröße** | 2000 kWp |
| **Zellentyp** | Dünnschichtzellen (CdTe) |
| **Globalstrahlung** | 1050 kWh/qm |
| **Mittlerer spezifischer Stromertrag** | 1000 kWh/kWp |
| **Einspeisevergütung** | 24,17 ct./kWh |
| **Preis pro kWp** | 2.400,00 € |
| **Anschaffungskosten** | 4.800.000,00 € |
| **Eigenkapital** | 1.113.600,00 € |
| **Fremdkapital** | 3.840.000,00 € |
| **Zinssatz** | 3,45% |
| **Disagio** | 153.600,00 € |
| **Laufzeit** | 17 Jahre |
| **Tilgungsfreie Zeit** | 1 Jahr |

---

45  Die Daten der PV-Planung wurden von der Solvera GmbH zur Verfügung gestellt.
46  Vgl. Quaschning (2010), S. 107.

Die Finanzierung des Projektes erfolgt durch die Einbringung von Eigenkapital und die Aufnahme von Fremdkapital. Das Fremdkapital wird über einen Tilgungszeitraum von 17 Jahren mit einem Disagio von 4% aufgenommen. Für die ersten 10 Jahre wurde ein Zinssatz von 3,45% vereinbart. Für die letzten sieben Jahre der Kreditlaufzeit wird ein Anschlusszins von 5% angenommen.

In Tabelle 3 sind drei Jahre der Cash-Flow-Prognose in der Betriebsphase exemplarisch aufgezeigt. Der Ertrag der Anlage stellt sich aus dem mittleren spezifischen Stromertrag, der Anlagenleistung unter Standardtestbedingungen und der Einspeisevergütung zusammen. Zudem wurde eine Abnahme der Zellenleistung (Degradation) von 0,30% p.a. angenommen. Die Betriebsausgaben bestehen aus den zuvor genannten einzelnen Posten, wobei Wartungskosten und Reparaturrücklagen die größte Position darstellen. Mit Ausnahme des Pachtaufwands, wurde bei den Betriebsausgaben eine Indexierung vorgenommen, der eine jährliche Inflationsrate von 2% zugrunde gelegt wurde. Aus diesen Daten lässt sich der Cash-Flow Available For Debt Service (CFADS), also der Cash-Flow der zur Deckung des Schuldendienstes verwendet werden kann, ermitteln. Die Kredittilgung erfolgt nach einem tilgungsfreien Jahr über 16 Jahre hinweg in monatlich konstanten Raten.

*Tabelle 3: Auszug aus der Cash-Flow-Prognose*

| Jahr | 2011 | 2016 | 2019 |
|---|---|---|---|
| Ertrag | 483.400,00 € | 476.192,38 € | 471.919,49 € |
| ./. Wartungskosten/Reparaturrücklage | 32.000,00 € | 35.330,59 € | 37.493,10 € |
| ./. Versicherung | 12.000,00 € | 13.248,97 € | 14.059,91 € |
| ./. Pachtaufwand | 7.251,00 € | 7.251,00 € | 7.251,00 € |
| ./. kfm. Betriebsführung | 10.250,00 € | 11.316,83 € | 12.009,51 € |
| **CFADS** | **421.899,00 €** | **409.044,99 €** | **401.105,97 €** |
| Zinsen | 132.480,00 € | 95.565,00 € | 70.725,00 € |
| Kredittilgung | 0,00 € | 240.000,00 € | 240.000,00 € |

# 3. Risikoidentifikation und -bewältigung

Nachdem in der Ertragsanalyse der voraussichtliche Cash-Flow der Projektfinanzierung prognostiziert wurde, besteht die Aufgabe des Risikomanagements darin, die Stabilität des Cash-Flows sicherzustellen. Im Folgenden werden hierzu die einzelnen Schritte eines Risikomanagementprozesses für eine PV-Projektfinanzierung aufgezeigt. Häufig wird dabei der Ablauf in Risikoidentifikation, -quantifizierung, -bewertung und -bewältigung eingeteilt.[47] Aufgrund der Zielsetzung dieses Beitrags, die wesentlichen Einflussfaktoren einer PV-Projektfinanzierung zu ermitteln, wird im weiteren Verlauf zunächst auf die Risikoidentifikation und die dazugehörigen Risikomaßnahmen eingegangen, bevor zum Schluss dieses Beitrags eine Quantifizierung und Bewertung der einzelnen Risiken erfolgt.

## 3.1. Fertigstellungsrisiken

Ein charakteristisches Risiko für Projektfinanzierungen ist das Fertigstellungsrisiko.[48] Fertigstellungsrisiken können in verschiedenen Formen auftreten und beim Eintritt weitreichende Folgen für eine Projektfinanzierung haben. Zu den Fertigstellungsrisiken gehören die Nicht- oder verzögerte Fertigstellung, die Kostenüberschreitung und die Fertigstellung mit mangelnder Leistungsfähigkeit.[49]

Es gibt zwei mögliche Ursachen, die eine *Nicht-Fertigstellung* eines Projektes zur Folge haben können. Erstens kann festgestellt werden, dass die Fortführung der Anlagenerrichtung aus technischen Gründen nicht möglich ist oder zweitens können die Kosten falsch kalkuliert werden, so dass eine wirtschaftliche Fortführung des Projektes nicht möglich ist. Im letzteren Fall muss abgewogen werden, ob aus Sicht der Fremdkapitalgeber eine Fertigstellung der Anlage oder ein Projektabbruch den geringeren Verlust zur Folge hat. Eine Rendite auf das Eigenkapital ist in beiden Fällen nicht mehr zu erwarten.[50]

Die Risiken der *verspäteten Fertigstellung* und der *Kostenüberschreitung* der Anlagenerstellung können in Folge von Fehlplanungen oder mangelnder Professionalität und Erfahrung der Projektersteller eintreten. Die Ursache der verspäteten Fertigstellung kann zudem in Lieferproblemen von wichtigen Anlagenkomponenten liegen.[51] Ein verspäteter Fertigstellungstermin bedeutet für ein

---

47 Vgl. Romeike (2003), S. 153.
48 Vgl. Hupe (1995), S. 52.
49 Vgl. Uekermann (1992), S. 36.
50 Vgl. Böttcher (2009), S. 73.
51 Vgl. Uekermann (1992), S. 37.

PV-Projekt, dass der Strom später als erwartet eingespeist wird und sich somit die Erwirtschaftung des prognostizierten Cash-Flows verzögert. Eine Verzögerung des Cash-Flows, entsprechende Vertragsvereinbarungen vorausgesetzt, hat wiederum einen späteren Beginn der Fremdkapitaltilgung zur Folge, so dass insgesamt über einen längeren Zeitraum Zinsen bezahlt werden müssen und der Kapitalbetrag, der zur Finanzierung des Projektes benötigt wird, steigt.[52] Einen steigenden Kapitalbedarf hat auch eine Kostenüberschreitung zur Folge, wobei in beiden Fällen im ungünstigsten Fall die zukünftigen Erlöse nicht mehr zur Rückzahlung des Fremdkapitals genügen und wieder das Risiko der Nicht-Fertigstellung eintritt.[53]

Für ein PV-Projekt kann die verspätete Fertigstellung ein besonders schwerwiegendes Risiko darstellen, wenn die Verzögerung dazu führt, dass die zur Planung angenommenen Regelungen des Förderprogramms für das Projekt nicht mehr gelten. Bei Förderprogrammen in Form von Ausschreibungsregelungen und Quotenmodellen stellt dies in der Regel kein Problem dar, da beim Ausschreibungsverfahren die fixe Einspeisevergütung vor der Errichtung der Anlage vereinbart wird und beim Quotenmodell die Vergütung von einer Vielzahl anderer Faktoren abhängt.[54] Bei einer Realisierung des Förderprogramms durch Mindestvergütungen oder Zuschlägen, kann eine verspätete Fertigstellung jedoch entweder einen niedrigeren Vergütungssatz oder im schlimmsten Fall sogar den Wegfall der Förderung zur Folge haben.[55]

Bei einer *Fertigstellung mit mangelnder Leistungsfähigkeit*, wird die geplante Anlagenkapazität bei der Inbetriebnahme nicht erreicht. Dieses Risiko kann in Folge von fehlerhaften Stromertragsprognosen oder geringfügiger Qualität der Anlagenkomponenten auftreten. In einer Stromertragsprognose gibt es mehrere Einflussfaktoren, die ein fehlerhaftes Ergebnis hervorrufen können. Zunächst sind Prognoseverfahren grundsätzlich fehlerbehaftet, da sie lediglich in einem computergestützten Modell versuchen die komplexen natürlichen Gegebenheiten vereinfacht darzustellen. Des Weiteren können die angenommenen Wirkungsgrade der Anlagenkomponenten sich als falsch erweisen. Außerdem besteht die Möglichkeit, dass keine direkten Messwerte der Sonneneinstrahlung des Anlagenstandortes vorliegen und somit die Strahlungswerte lediglich durch Interpolation ermittelt wurden.[56] In Folge mangelnder Leistungsfähigkeit verringert sich die Menge des produzierten Stroms und geringere Erlöse werden er-

---

52  Vgl. Nevitt (2000), S. 20.
53  Vgl. Uekermann (1992), S. 38.
54  Vgl. Abschnitt 2.1.
55  Vgl. Jäger-Waldau (2010), S. 31 ff.
56  Vgl. Grell (2008), S. 67.

wirtschaftet. Falls keine Nachbesserung der Anlage vorgenommen wird, kann der prognostizierte Cash-Flow über die gesamte Lebensdauer des Projektes hinweg nicht erreicht werden.[57]

Um den einzelnen Fertigstellungsrisiken entgegenzuwirken, bestehen sowohl ursachenbezogene als auch wirkungsbezogene Risikomaßnahmen. Zu den ursachenbezogenen Risikomaßnahmen zählt zunächst die sorgfältige Auswahl der Projektersteller. Die Projektersteller sind im Wesentlichen für die erfolgreiche Durchführung des Projektes verantwortlich und sollten deshalb neben den nötigen Fachkenntnissen, der guten Bonität und Reputationen vor allem langjährige Erfahrung in der Errichtung ähnlicher Anlagen besitzen.[58] Abgesehen von der sorgfältigen Auswahl des Projekterstellers zählen die Anfertigung von Studien und die Erstellung von Gutachten zu den ursachenbezogenen Risikomaßnahmen. Hierzu zählen sowohl die Stromertragsprognose, als auch Gutachten zur Einschätzung des Kostenrahmens und der Zeitdauer der Errichtung der PV-Anlage.[59]

Bei den wirkungsbezogenen Risikomaßnahmen sind im Wesentlichen die Fertigstellungsgarantien und die Nachfinanzierungsverpflichtungen zu nennen. Fertigstellungsgarantien übertragen die Fertigstellungsrisiken auf den Projektinitiator und dienen dem Fremdkapitalgeber als Sicherheit während der Erstellungsphase. Unter der Fertigstellungsgarantie ist dabei nicht eine Verpflichtung zur physischen Durchführung des Projektes zu verstehen, sondern die Garantie des Projektinitiators bis zur Fertigstellung persönlich für den Kapitaldienst verantwortlich zu sein.[60] Zum Erlischen der Garantie kann der Fremdkapitalgeber die ordnungsgemäße Fertigstellung an bestimmten Kriterien festsetzen. So können eine bestimmte Leistungsfähigkeit, eine terminliche Fertigstellung oder die Einhaltung bestimmter Betriebskosten nach der Fertigstellung dazu zählen.[61] Falls der Projektinitiator nicht selber die Leitung der Anlagenerstellung übernimmt, sondern einen Generalunternehmer beauftragt, bietet es sich an die Fertigstellungsrisiken durch Anlagenverträge an ihn zu übergeben, da der Projektinitiator diese Risiken nun nicht mehr wesentlich beeinflussen kann. Mit Generalunternehmern lassen sich sogenannte Turn-Key-Vereinbarungen treffen, in denen Fertigstellungstermin, -kosten und Leistung der fertigen Anlage festgelegt werden.[62] Als zweite wirkungsbezogene Risikomaßnahme ist die Nachfinanzie-

---

57 Vgl. Uekermann (1992), S. 36.
58 Vgl. Nevitt (2000), S. 15.
59 Vgl. Uekermann (1992), S. 38 f.
60 Vgl. Tytko (1999), S. 57.
61 Vgl. Uekermann (1992), S. 43.
62 Vgl. Reuter (1999), S. 96.

rungsverpflichtung zu nennen. Durch Nachfinanzierungsverpflichtungen können Projektinitiatoren und Fremdkapitalgeber bereits im Vorfeld entscheiden, wie im Falle einer Kostenüberschreitung der zusätzliche Kapitalbedarf gedeckt wird. Es kann sowohl die Kreditlinie erweitert als auch ein Zuschuss von Eigenmitteln festgelegt werden.[63] Meist besitzt die Verpflichtung eine Begrenzung nach oben. Falls der Zuschuss an Eigenmitteln in der Höhe nicht begrenzt ist, kann die Nachfinanzierungsverpflichtung einer ökonomischen Fertigstellungsgarantie gleichgesetzt werden.[64]

## 3.2. Verfahrenstechnische Risiken

Nach der Inbetriebnahme der PV-Anlage kann es zu Störungen im planmäßigen Ablauf des Projektes kommen. Falls diese Probleme im Zusammenhang mit der Technik des Projektes stehen, werden sie als verfahrenstechnische Risiken bezeichnet.[65] Verfahrenstechnische Risiken können eine Unterbrechung des Betriebes, eine vorübergehende oder nachhaltige Verringerung der Anlagenkapazität oder eine niedrigere Qualität des Projektoutputs zur Folge haben.[66] Bei einem PV-Projekt lassen sich, neben dem allgemeinen Ausfall von Anlagenkomponenten, im Wesentlichen zwei verfahrenstechnische Risiken unterscheiden.

Zunächst ist die mögliche Degradation der Zellen als Risiko zu nennen. PV-Projektfinanzierungen besitzen meist eine Laufzeit von über 15 Jahre. Um den Energieertrag über diesen Zeitraum konstant halten zu können, müssen die Zellen eine konstante Leistung erbringen. In der Praxis hat sich gezeigt, dass dies in der Regel nicht möglich ist. Solarzellen neigen dazu einen zeitbedingten Leistungsabfall, auch Degradation genannt, zu besitzen. Dieser Leistungsabfall wird vor allem durch physikalische Vorgänge im amorphen Netzwerk zu Betriebsbeginn verursacht.[67] Da es sich bei der Degradation um ein bereits bekanntes Phänomen handelt, wird sie in der Regel beim Erstellen der Stromertragsprognose mit einbezogen.[68] Falls dies nicht der Fall ist oder die Degradation sich als höher als angenommen erweist, führt dies zu einer langfristigen Abweichung vom prognostizierten Stromertrag und somit vom prognostizierten Cash-Flow.

Neben der Degradation der Solarzellen, stellen Verschattungen ein verfahrenstechnisches Risiko von PV-Projekten dar. Es wird unterschieden zwischen temporären, standortbedingten und entwurfsbedingten Verschattungen. Tempo-

---

63 Vgl. Böttcher (2009), S. 77.
64 Vgl. Uekermann (1992), S. 47.
65 Vgl. Uekermann (1992), S. 68.
66 Vgl. Wertheschulte (2005), S. 86.
67 Vgl. Wagemann (2007), S. 163.
68 Vgl. Wagner (2010), S. 176.

räre Verschattungen entstehen durch Laub, Schneefall oder Vogelkot, standortbedingte durch nahe gelegene Gebäude, Bäume oder sonstigen Gewächse und entwurfsbedingte durch versetzte Baukörper oder Höhenstaffelungen der Module.[69] Verschattungen von Solarzellen sorgen nicht nur dafür, dass die einzelne Zelle keinen Strom mehr produziert, sondern sie verbraucht Strom und erzeugt Wärme, so dass der gesamte String an Zellen negativ beeinflusst wird. Eine geringfügige Verschattung kann somit zu einem Ausfall eines ganzen Moduls führen und dadurch den Stromertrag verringern.[70]

Als ursachenbezogene Risikomaßnahme gegen verfahrenstechnische Risiken ist zunächst einer der Grundsätze der Projektfinanzierung zu nennen: Einsatz bewährter Technologien.[71] Der Einsatz neuer Technologie erhöht durch die geringere Erfahrung das verfahrenstechnische Risiko für das Projekt, welches selbst durch die Erstellung von Studien nicht eliminiert werden kann.[72] Der Fremdkapitalgeber würde sich bei einer Beteiligung an solchen Projekten auf einen instabilen und schwer prognostizierbaren Cash-Flow einlassen und damit sein Ausfallrisiko erhöhen.[73] Untersuchungen haben gezeigt, dass bei PV-Projekten die Verwendung von bewährten und qualitativ hochwertigen Solarzellen eine der wichtigsten Voraussetzungen für die Beteiligungsentscheidung eines Fremdkapitalgebers ist.[74]

Um geringere Stromerträge durch Verschattungen vermeiden zu können, muss bei der Planung auf standortbedingte und entwurfsbedingte Verschattungen geachtet werden. Dies stellt bei Freiflächenanlagen regelmäßig kein Problem dar. Während der Betriebsphase muss die Betriebsführung darauf achten, dass Verschmutzungen von den Modulen entfernt werden und umgebendes Gewächs, auch Gras, nicht in den Bereich der Anlage gelangt.[75]

Als wirkungsbezogene Risikoinstrumente, sind bei PV-Projekten zur Absicherung von verfahrenstechnischen Risiken vor allem Verfügbarkeitsgarantien und Versicherungen zu nennen. Durch eine Verfügbarkeitsgarantie sichert der Projektersteller oder ein Zulieferer der Projektgesellschaft eine bestimmte Anlagenkapazität über mehrere Jahre hinweg zu.[76] Falls verfahrenstechnische Mängel auftreten und dadurch in Folge von geringeren Leistungswerten der Erlös

---

69  Vgl. Konrad (2008), S. 9.
70  Vgl. Konrad (2008), S. 9.
71  Vgl. Böttcher (2009), S. 82.
72  Vgl. Uekermann (1992), S. 70.
73  Vgl. Böttcher (2009), S. 82.
74  Vgl. Lüdeke-Freund (2010), S. 20.
75  Vgl. Antony (2005), S. 214.
76  Vgl. Tytko (1999), S. 59.

gemindert wird oder zusätzliche Kosten entstehen, übernimmt der Projektersteller den finanziellen Schaden.[77] Verfügbarkeitsgarantien können auch für einzelne Anlagenkomponenten bestehen. So ist es in der PV-Branche üblich für Solarzellen Garantien bezüglich der Leistung auszustellen. Da eine Degradation im Betrieb von Solarzellen nicht zu vermeiden ist und eine gleichmäßige Degradation vorzuziehen ist, werden diese Garantien gestaffelt in zwei Zeiträumen gegeben. So wird z.B. in den ersten 10 Jahren 90% und in den darauf folgenden 15 Jahren 80% der zu Beginn ermittelten maximalen Leistung zugesichert.[78] Als Versicherungen für verfahrenstechnische Risiken, kommen bei PV-Projekten überwiegend die Betriebsunterbrechungsversicherung und die Maschinenbruchversicherung zum Einsatz.[79] Diese werden benötigt, um einen unmittelbaren Sachschaden an der Anlage zu beheben und die darüber hinaus anfallenden Ertragseinbußen im Zuge eines Ausfalls einer versicherten Anlagenkomponente zu kompensieren.[80]

## 3.3. Länderrisiken

Unter Länderrisiken sind Gefahren zu verstehen, die die Fähigkeit des Projektes ihren Verpflichtungen gegenüber dem Fremdkapitalgeber nachzukommen beeinflussen und von der Regierung oder staatlichen Institutionen des Gastlandes ausgehen.[81] Es kann sich u.a. um Dispositions-, Konvertierungs- oder Transferrisiken handeln. An dieser Stelle soll auf Grund der hohen Bedeutung für PV-Projekte nur auf die regulatorischen Risiken eingegangen werden.[82]

Die regulatorischen Rahmenbedingungen können ein PV-Projekt im Wesentlichen auf zwei Arten beeinflussen. Zunächst können die bestehende Bürokratie und die notwendigen Genehmigungen zu einem erhöhten Planungsaufwand und Problemen beim Anschluss der Anlage führen. Insbesondere beim Netzanschluss von großen Anlagen, können ein langer bürokratischer Weg und ein wenig transparenter Energiemarkt eine verspätete Inbetriebnahme zur Folge haben.[83] Als zweites Risiko ist die mögliche Änderung der Förderprogramme zu nennen. Die Ertragsprognosen einer PV-Projektfinanzierung basieren grundlegend auf dem zukünftigen Stromertrag und den dazugehörigen staatlich subventionierten Einspeisetarifen. Wenn die staatliche Förderung verringert wird, ist

---

77  Vgl. Uekermann (1992), S. 73.
78  Vgl. Scozcek (2008), S. 239.
79  Vgl. Grell (2008), S. 39.
80  Vgl. Uekermann (1992), S. 73.
81  Vgl. Uekermann (1992), S. 100.
82  Vgl. SEFI (2003), S. 49.
83  Vgl. Jager (2008), S. 44 f.

auch die Ertragsprognose zu korrigieren. Dies kann nicht nur geringere Erlöse zur Folge haben sondern auch durch die zusätzliche Unsicherheit höhere Finanzierungskosten mit sich bringen.[84]

Die ursachenbezogenen Risikomaßnahmen gegen Länderrisiken lassen sich in verschiedenen Formen ausgestalten. Speziell für den PV-Sektor sollte darauf geachtet werden, dass das Gastland eine funktionierende Bürokratie, einen transparenten Energiemarkt und eine unterstützende Regierung besitzt, die sich langfristige, ambitionierte Ziele bzgl. Erneuerbarer Energien gesetzt hat.[85] Das Förderprogramm des Gastlandes sollte diese Ziele widerspiegeln. Es sollte lange genug aktiv sein, um eine stabile Planung des Projektes zu ermöglichen, und nach der Fertigstellung keine Änderungen an der Förderung zulassen. Zudem sollte darauf geachtet werden mit welchen Mitteln das Förderprogramm finanziert wird. So werden z.B. in den Niederlanden die Förderungen direkt über den Haushalt der Regierung finanziert. Dies hat in der Vergangenheit dazu geführt, dass bei Einsparmaßnahmen der Regierung häufig die Förderung gekürzt wurde. In Deutschland werden die Förderungen über die Netzbetreiber finanziert. Diese sind verpflichtet den Strom zu festgesetzten Preisen abzunehmen. Die zusätzlichen Kosten der Netzbetreiber werden durch erhöhte Strompreise an die Konsumenten weitergeleitet. Einsparungen in öffentlichen Haushalten haben auf diese Weise keinen Einfluss auf die Förderung.[86] Wirkungsbezogene Risikomaßnahmen können bei Länderrisiken aus staatlichen Garantien oder Kreditbürgschaften bestehen.[87]

## 3.4. Force-Majeure-Risiken

Zu den Force-Majeure-Risiken gehört die Art von Risiken, die in Folge von höherer Gewalt außerhalb des Einflussbereichs der Projektbeteiligten liegen. Hierzu zählen sowohl zufallsbedingte, wie Unwetter, Erdbeben und Feuer, als auch nicht zufallsbedingte Risiken, wie Kriege, Aufstände, Diebstähle, Sabotage und Vandalismus.[88] Die Folgen der Force-Majeure-Risiken können unterschiedlich ausfallen und von einer Bau- oder Betriebsunterbrechung bis zur vollständigen Projekteinstellung reichen.[89]

---

84  Vgl. Jager (2008), S. 5.
85  Vgl. Jager (2008), S. 11.
86  Vgl. Jager (2008), S. 36.
87  Vgl. Tytko (1999), S. 154.
88  Vgl. Nevitt (2000), S. 19.
89  Vgl. Uekermann (1992), S. 117.

Force-Majeure-Risiken gehören neben dem allgemeinen Ausfall von Anlagenkomponenten zu den charakteristischen Risiken eines PV-Projektes.[90] Vor allem der Diebstahl von Solarmodulen hat in den letzten Jahren stetig zugenommen. PV-Freiflächenanlagen sind dabei ein beliebtes Ziel, da sie meist abseits von Wohngebieten liegen und Projektbeteiligte häufig im Internet mit den Anlagen als Referenzen werben. Der Schaden der Diebstähle zeigt sich nicht nur in dem eigentlichen Verlust der Module sondern auch in den daraus folgenden Ertragsausfällen.[91]

Unter den zufallsbedingten Risiken ist zunächst das Risiko durch Unwetter zu nennen. Hierzu zählen Risiken in Folge von Blitzschlag und Sturm.[92] Beim Risiko durch Blitzschlag muss zwischen einem direkten und einem indirekten Blitzschlag unterschieden werden. Indirekte Blitzschläge können in einem Radius von bis zu einem Kilometer zu Überspannungen in der Anlage führen. Direkte Blitzschläge können zudem physische Beschädigungen der Anlagenkomponenten zur Folge haben. Beides kann zum Ausfall von Anlagenkomponenten führen.[93] Das Risiko durch Feuer ist bei Freiflächenanlagen gegenüber Aufdach- und Fassadenanlagen weniger relevant.[94] Ein weiteres Risiko, dass zu den zufallsbedingten Force-Majeure-Risiken gezählt wird, entsteht durch die Möglichkeit der langfristigen Klimaänderung am Anlagenstandort.[95] Die Leistungsfähigkeit der Anlage ist neben den Anlagenkomponenten von den Strahlungsbedingungen und der Temperatur abhängig. Bei langfristigen Abweichungen dieser Bedingungen von den Messdaten, die der Stromertragsprognose zugrundegelegt wurden, verringert sich der prognostizierte Stromertrag und somit der prognostizierte Cash-Flow.

Zur Verringerung von Force-Majeure-Risiken bestehen verschiedene ursachenbezogene Risikomaßnahmen. Um Diebstahl, Sabotage und Vandalismus zu vermeiden, wird meist auf eine Kombination aus einer Umzäunung, einer Alarmanlage und eines Überwachungssystem zurückgegriffen.[96] Um Schäden durch Blitzschlag vermeiden zu können, bestehen Blitz- und Überspannungs-Schutzkonzepte, die einen zuverlässigen Betrieb sichern.[97]

---

90  Vgl. KfW (2005), S. 26.
91  Vgl. o.V. (2010), S. 8.
92  Vgl. Theiß (2008), S. 131 f.
93  Vgl. Konrad (2007), S. 76.
94  Vgl. Böttcher (2009), S. 112.
95  Vgl. Grell (2008), S. 67.
96  Vgl. ARGE (2007), S. 29.
97  Vgl. Theiß (2008), S. 133.

Als wirkungsbezogene Maßnahmen werden bei Force-Majeure-Risiken vorrangig Versicherungen eingesetzt. Dies ist dadurch zu begründen, dass keiner der unmittelbaren Projektbeteiligten Force-Majeure-Risiken beeinflussen kann und somit auch nicht die Risiken übernehmen möchte.[98] Es ist von den Projektbeteiligten immer abzuwägen, ob die Absicherung eines Risikos die zusätzlichen Kosten rechtfertigt. Eine PV-Anlage, die auf einem Berg errichtet wurde, muss z.b. nicht gegen Überschwemmungen versichert werden. Gegen die unmittelbaren Sachschäden bestehen Diebstahl-, Feuer- und Elektronikversicherungen. Gegen die Sachfolgeschäden wird vor allem die zuvor genannt Betriebsunterbrechungsversicherung abgeschlossen.[99]

## 3.5. Sonstige Risiken

Unter Sonstige Risiken werden an dieser Stelle Risiken zusammengefasst, die wenig spezifisch für PV-Projekte sind. Hier sind zunächst die Finanzierungsrisiken zu nennen. Unter den Finanzierungsrisiken ist für ein PV-Projekt vor allem das Zinsänderungsrisiko interessant. Das *Zinsänderungsrisiko* ist von Bedeutung, wenn das Fremdkapital entweder variabel verzinst oder nicht über den gesamten Zeitraum zu festen Zinskonditionen aufgenommen wird und somit während der Projektlaufzeit neue Konditionen verhandelt werden müssen. Die KfW-Bank z.B. stellt ihre Kredite mit einer Zinsbindungsfrist von 10 Jahren aus. Danach richtet sich der Kapitaldienst nach dem Marktzins. Es besteht somit das Risiko einer Zinssteigerung, die zu höheren Kapitalkosten führt. Um dem Zinsänderungsrisiko entgegenzuwirken, besteht die Möglichkeit am Kapitalmarkt derivative Zinsgeschäfte, wie Zinsswaps oder Zinscaps, abzuschließen.[100]

*Betriebs- und Managementrisiken* bezeichnen Risiken, die während des Projektbetriebes mit dem Betriebs- und Managementpersonal und mit dem Erhalt der Funktionstüchtigkeit der Projektanlage in Beziehung stehen. Sie stehen damit nah an den verfahrenstechnischen Risiken und können in einer betriebsbedingten Erlösminderung oder einer Betriebskostensteigerung resultieren.[101] Bei einer PV-Projektfinanzierung können verschiedene Parteien die Betriebsführung übernehmen. Aus Sicht der Fremdkapitalgeber ist die Übernahme der Betriebsführung durch die Projektgesellschaft vorzuziehen, da diese durch ihre Eigenkapitalbeteiligung ein direktes Interesse an einer effizienten Betriebsführung besitzt.[102] Falls die Projektgesellschaft und die anderen Projektbeteiligten nicht

---

98  Vgl. Tytko (1999), S. 73.
99  Vgl. GDV (2010), S. 166 ff.
100 Vgl. Grell (2008), S. 68.
101 Vgl. Uekermann (1992), S. 75.
102 Vgl. Böttcher (2009), S. 80.

über das notwendige Know-How verfügen, muss eine Betriebs- und Managementgesellschaft hinzugezogen werden.

Die ursachenbezogenen Risikomaßnahmen zur Verringerung von Betriebs- und Managementrisiken bestehen im Wesentlichen aus der sorgfältigen Auswahl der Betriebs- und Managementgesellschaft. Ähnlich wie beim Projektersteller muss eine gründliche Überprüfung stattfinden, in der vor allem auf die Reputationen, die Fähigkeit der Betriebsführung, die Erfahrungen im Betrieb mit ähnlichen Anlagen und die Fähigkeit geeignetes Personal zur Verfügung zu stellen geachtet werden muss.[103] Als wirkungsbezogene Risikomaßnahmen besteht neben den Versicherungen, die bei den verfahrenstechnischen Risiken verwendet werden, die Möglichkeit bei Schlechterfüllung die Betriebs- und Managementgesellschaft auf eigene Kosten nachbessern zu lassen oder bei ineffizienter Betriebsführung Vertragsstrafen in Aussicht zu stellen.[104]

Abschließend ist das *Inflationsrisiko* zu erwähnen. Ob das Inflationsrisiko für ein PV-Projekt relevant ist, hängt von der Ausgestaltung des jeweiligen Förderprogramms ab. In Spanien z.B. wird die garantierte Einspeisevergütung durch eine Indexierung jährlich an die Entwicklung der Inflationsrate angepasst. Bei einer Erhöhung der Inflationsrate erhöhen sich die Kosten und die Erlöse gleichermaßen. In Deutschland hingegen wird über die gesamte Projektlaufzeit hinweg dieselbe Einspeisevergütung vom Bund zugesichert. Bei der Projektplanung muss daher eine Inflationsrate für die anfallenden Betriebskosten angenommen werden. Falls die tatsächliche Inflationsrate die angenommene übersteigt, können so zusätzliche Kosten bei gleichbleibenden Erlösen entstehen.[105]

# 4. Risikoquantifizierung und -bewertung

Nachdem die einzelnen Risiken identifiziert und die dazugehörigen Maßnahmen erörtert wurden, ist es nötig in der sogenannten Risikoquantifizierung ihren Einfluss auf den Projekterfolg zu messen und dadurch eine Bewertung der Risiken zu ermöglichen. Hierzu wird im Folgenden kurz auf die Instrumente der Risikoquantifizierung eingegangen bevor mit Hilfe eines Cash-Flow-Modells eine Analyse der Risikostruktur des Beispiels aus Abschnitt 2.4 vorgenommen wird.

---

103 Vgl. Böttcher (2009), S. 80.
104 Vgl. Wertheschulte (2005), S. 87.
105 Vgl. Böttcher (2008), S. 107 f.

## 4.1. Instrumente der Risikoquantifizierung

### 4.1.1. Kennzahlen zur Projektbewertung

Es bestehen mehrere Kennzahlen, die zur Bewertung eines PV-Projektes herangezogen werden können. In diesem Beitrag soll auf den Debt Service Cover Ratio (DSCR) zurückgegriffen werden. Mit Hilfe des DSCR wird untersucht, ob in den einzelnen Perioden der Rückzahlungszeit der in der Ertragsanalyse ermittelte Cash Flow Available for Debt Service ausreicht, um den dazugehörigen Schuldendienst zu decken. Der DSCR nimmt somit eine Projektbewertung aus Sicht der Fremdkapitalgeber vor, in der der Einfluss von Risiken nicht anhand des direkten Projekterfolges sondern durch die periodenbezogene Tilgungsfähigkeit quantifiziert wird. Der Grenzwert wird erreicht sobald der jeweilige Cash-Flow gerade nicht mehr ausreicht, um den dazugehörigen Schuldendienst zu decken und der DSCR damit einen Wert kleiner eins besitzt. Falls eine Liquiditätsreserve aufgebaut wird, wird diese in die Berechnung des DSCR mit einbezogen, da diese zusätzlich zur Deckung des Schuldendienstes verwendet werden kann.[106]

$$DSCR_t = \frac{CFADS_t + Liquiditätsreserve_t}{Schuldendienst_t}$$

### 4.1.2. Verfahren zur Analyse der Risikostruktur

Zur Analyse der Risikostruktur wird bei Projektfinanzierungen regelmäßig auf die Sensitivitätsanalyse und die Szenarioanalyse zurückgegriffen.[107] Das Ziel der Sensitivitätsanalyse ist es, den Wirkungszusammenhang zwischen einzelnen unsicheren Einflussfaktoren und dem Erfolg des Projektes zu messen. Mit Hilfe des DSCR lassen sich dadurch Aussagen über die Reaktionsempfindlichkeit (Sensitivität) des Projektes gegenüber veränderten Umweltbedingungen treffen. Besonders sensitive Inputvariablen zeichnen sich dabei durch ihren hohen Einfluss auf den Projekterfolg bei bereits geringer Variation aus.[108]

Eine Abwandlung der Sensitivitätsanalyse stellt die Szenarioanalyse dar. In der Szenarioanalyse werden die Auswirkungen bestimmter Datenkonstellationen (Szenarien) auf die Cash-Flow-Prognose aufgezeigt. Im Gegensatz zur Sensitivitätsanalyse können alle unsicheren Inputvariablen zur gleichen Zeit verändert

---

106 Vgl. Tytko (1999), S. 156.
107 Vgl. Schmitt (1989), S. 167.
108 Vgl. Tytko (1999), S. 157.

werden. In der Szenarioanalyse werden aufbauend auf dem in der Ertragsanalyse ermittelten Basisszenario regelmäßig die zwei extremen Datenkonstellationen analysiert, das Best-Case-Szenario und das Worst-Case-Szenario. Aus Sicht der Fremdkapitalgeber ist vor allem bei der Analyse des Worst-Case-Szenarios interessant, ob das Projekt in der Lage ist den Schuldendienst zu erbringen. Die Analyse des Best-Case-Szenarios dient den Eigenkapitalgebern als Orientierung für ihren maximal möglichen Gewinn.[109]

## 4.2. Risikoquantifizierung und -bewertung anhand eines Cash-Flow-Modells

### 4.2.1. Methodik des Vorgehens

Im Folgenden sollen die einzelnen Risiken aus Abschnitt 3 quantifiziert und bewertet werden. Hierzu werden mit Hilfe eines Cash-Flow-Modells Sensitivitätsanalysen durchgeführt, die den Einfluss der Folgen der einzelnen Risiken auf das Projekt aufzeigen. Das Cash-Flow-Modell basiert auf dem in Abschnitt 2.4 vorgestellten Projekt. Zur Durchführung der Sensitivitätsanalyse wird als Bewertungskennziffer der DSCR verwendet. Nach der Quantifizierung der Risiken soll ein Versuch der Risikobewertung vorgenommen werden. Um eine Risikobewertung vornehmen zu können, wird nicht nur das Schadensausmaß eines Risikos sondern auch die dazugehörige Eintrittswahrscheinlichkeit benötigt. Das Schadensausmaß wird in der Quantifizierung ermittelt. Die Eintrittswahrscheinlichkeiten werden auf Basis von Angaben aus der Literatur und allgemeine wirtschaftliche Entwicklungen durchgeführt.

Bei der Untersuchung wurde auf eine Analyse der Force-Majeure-Risiken verzichtet, da der Umfang, die Wirkungsweise und die Eintrittswahrscheinlichkeit dieser Risiken schwer einzuschätzen ist. Eine Quantifizierung wäre durch die erhöhte Anzahl an Unbekannten willkürlich und eine Bewertung nicht möglich. Nach der Quantifizierung und Bewertung der einzelnen Risiken wird überprüft, wie durch die Änderung der Finanzierungsstruktur eine höhere Sicherheit des Projektes gegenüber kritischen Einflüssen erzielt werden kann und wie diese Änderung die interne Kapitalverzinsung der Eigenkapitalgeber beeinflusst.

### 4.2.2. Basisszenario

In Abbildung 1 ist der Verlauf des DSCR des Basisszenarios abgebildet. Es ist zu erkennen, dass im tilgungsfreien Jahr der Kapitaldienst nur aus Zinszahlungen besteht und deswegen der DSCR mit 3,2 höher als in den anderen Jahren ist. Im ersten Tilgungsjahr ist der DSCR aufgrund der hohen Zinszahlungen am

---

109 Vgl. Reuter (1999), S. 57.

niedrigsten. Der Wert befindet sich bei 1,14. Es bestehen verschiedene Angaben über die vom Kreditgeber geforderte Mindesthöhe des DSCR im Basisszenario. Für Projektfinanzierungen im Allgemeinen wird häufig ein Wert >1,5 angegeben.[110] Grell (2008) gibt für Projektfinanzierungen im Bereich Erneuerbarer Energien einen DSCR von mindestens 1,3 an, wobei Photovoltaikprojekte aufgrund ihrer geringen Betriebsrisiken auch geringere Werte aufweisen können.[111] Der „Risikopuffer" des Projektes zum Grenzwert des DSCRs von 1 ist somit vor der Analyse als gering einzuschätzen. Im Folgenden muss überprüft werden, in wie weit das Projekt trotzdem in der Lage ist einen ausreichenden Cash-Flow bei Risikoeintritt zu generieren.

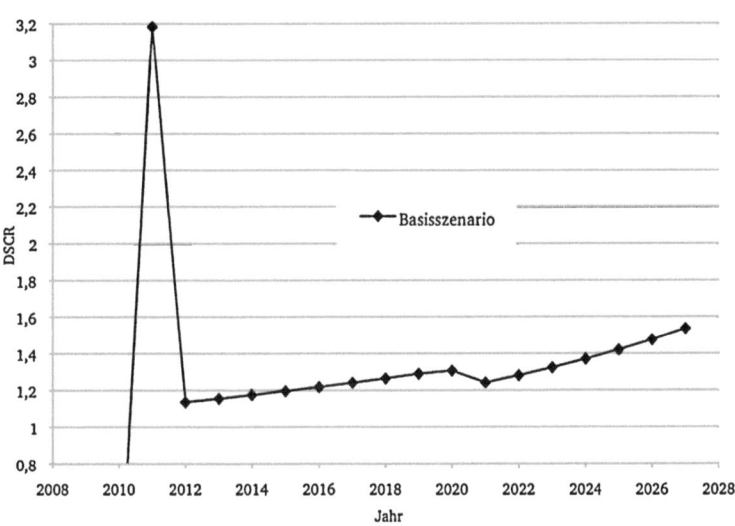

*Abbildung 1: DSCR-Verlauf im Basisszenario*

### 4.2.3. Erhöhte Anlagenkosten

Erhöhte Anlagenkosten gehören zu der Gruppe der Fertigstellungsrisiken. Sie haben einen erhöhten Kapitalbedarf zur Folge, der entweder durch Eigenkapital oder durch Fremdkapital gedeckt werden kann. Falls zusätzliches Eigenkapital eingesetzt wird, ändert sich die Schuldendienstdeckungsfähigkeit des Projektes nicht. Lediglich die interne Kapitalverzinsung des Eigenkapitalgebers verringert

---

110 Vgl. Tytko (1999), S. 155.
111 Vgl. Grell (2008), S. 52.

sich. Beim Einsatz von zusätzlichem Fremdkapital erhöht sich der Kapitaldienst durch steigende Zinszahlungen und einer höheren Kredittilgungsrate. Die Analyse hat ergeben, dass das Projekt eine Erhöhung der Anlagekosten von 5% und 10% „verkraften" würde. Eine Erhöhung um 15% würde dazu führen, dass der Kapitaldienst in den ersten drei Tilgungsjahren nicht vollständig erbracht werden könnte. Der kritische Wert liegt bei 10,5%.

Erhöhte Anlagekosten beeinflussen das Projekt nur, wenn die Projektgesellschaft die Errichtung übernimmt oder die Bonität des Generalunternehmers nicht zur Einhaltung der Anlagenverträge ausreicht. Falls die Projektgesellschaft die Errichtung übernimmt, muss der Fremdkapitalgeber einschätzen, ob ein „Risikopuffer" von 10,5% ausreicht. Eine allgemeine Bewertung des Wertes ist an dieser Stelle nicht möglich, da Probleme bei der Errichtung schwer einzuschätzen sind. Es ist lediglich zu erwähnen, dass die Modulpreise in den letzten Jahren geringe Schwankungen besaßen und insgesamt abgenommen haben, so dass zumindest der größte Teil der Anlagekosten als wenig volatil bewertet werden kann.[112]

### 4.2.4. Verspätete Fertigstellung der Anlage

Eine verspätete Fertigstellung der PV-Anlage kann durch den Eintritt von Länderrisiken oder Fertigstellungsrisiken bedingt sein. Sie kann zusätzlichen Zinsaufwand und eine Änderung der Förderbedingungen zur Folge haben. In Kreditverhandlungen muss geklärt werden, in wie weit die Tilgungsmodalitäten durch die verspätete Fertigstellung an die veränderte Situation angepasst werden.[113] Bei einem Kredit der KfW-Bank besteht die Möglichkeit bei gleichbleibender Laufzeit und gleichbleibendem Zinssatz eine Verlängerung der tilgungsfreien Zeit zu beantragen und somit lediglich die Tilgungsraten zu erhöhen.[114]

In der Analyse wurde zunächst untersucht, wie sich eine Verzögerung der Fertigstellung um ein Jahr auf das Projekt auswirkt, wenn die vollständige Kreditsumme bereits vor der Verspätung ausgezahlt wurde. Um die Variablen getrennt zu untersuchen, wurden die Förderkonditionen beibehalten. Eine Verzögerung um ein Jahr hat zunächst zur Folge, dass Zinszahlungen geleistet werden müssen bevor ein Ertrag erwirtschaftet wurde. Diese müssen durch die zusätzliche Aufnahme von Fremdkapital oder durch Einbringung von zusätzlichem Eigenkapital gedeckt werden. Nach Betriebsbeginn kann der Schuldendienst trotz erhöhter Kredittilgungsrate plangemäß gedeckt werden. Der niedrigste DSCR liegt bei 1,09. Eine weitere Verzögerung wurde nicht untersucht, da auf der ei-

---

112 Vgl. Bruns (2009), S. 278.
113 Vgl. Tytko (1999), S. 75.
114 Auskunft von KfW vom 27.10.2010.

nen Seite eine Bauzeit von einem Jahr angenommen wurde und somit die Verzögerung bereits einer Verdopplung der Bauzeit entspricht. Auf der anderen Seite muss erfahrungsgemäß spätestens nach dieser Verzögerung mit einer Anpassung des Förderprogramms zu rechnen sein, so dass eine getrennte Betrachtung der Variablen nicht mehr sinnvoll ist. Eine Bewertung dieses Risikos ist erneut schwierig, da Probleme bei der Errichtung schwer zu quantifizieren sind. Aus subjektiver Sicht könnte lediglich argumentiert werden, dass eine Verdopplung der Bauzeit bei einem technischen Projekt, das bereits häufig durchgeführt wurde, als unwahrscheinlich zu bewerten ist.

Führt eine verspätete Fertigstellung zu veränderten Förderbedingungen, kann dies einen großen Einfluss auf den Projektverlauf besitzen. In Deutschland ist die jährliche Abnahme der Förderung von der im Vorjahr installierten Anlagenleistung abhängig. Im Jahr 2011 beträgt die geplante Kürzung der Einspeisevergütung 11%. Die Analyse hat gezeigt, dass selbst bei Vernachlässigung zusätzlicher Zinszahlungen eine Kürzung der Einspeisevergütung um 11% im ersten Tilgungsjahr einen DSCR von unter 1 zur Folge hätte. Eine Kürzung um 10% würde die Kredittilgung gerade noch gewährleisten. Dieses Ergebnis zeigt auf der einen Seite, dass PV-Projekte stark von den geltenden Förderbedingungen abhängig sind und auf der anderen Seite, dass durch das EEG eine stetige Degression der Kosten von der PV-Branche gefordert wird. Projekte, die in 2010 eine ausreichende Schuldendienstdeckungsfähigkeit ermöglichen, können bereits in 2011 unter denselben Rahmenbedingungen nicht realisiert werden. Die Folgen des Risikos sind somit schwerwiegend. Eine Bewertung des Risikos ist vom zeitlichen Abstand der geplanten Fertigstellung zur nächsten Änderung des Förderprogramms und vom Umfang der Änderung abhängig.

### 4.2.5. Geringerer Stromertrag

Ein geringerer Stromertrag kann, abgesehen von Force-Majeure-Risiken, in Folge einer fehlerhaften Stromertragsprognose oder einer erhöhten Degradation der Zellen auftreten und somit zu den verfahrenstechnischen und den Fertigstellungsrisiken gezählt werden. Im ersten Fall ist mit einer konstanten Abweichung des Stromertrags vom Prognosewert zu rechnen. Die Analyse hat ergeben, dass bei einer jährlichen negativen Abweichung von bis zu 10,8% eine Deckung des Kapitaldienstes wie geplant möglich ist. Bei einer negativen Abweichung über 10,8% befindet sich der DSCR im ersten Tilgungsjahr unter eins. Böttcher (2009) gibt in seinen Analysen von PV-Anlagen eine Standardabweichung von 3% für Stromertragsgutachten an.[115] Genauere Angaben über die Herkunft dieses Wertes werden nicht gemacht. Falls diese Standardabweichung der Realität

---

115 Vgl. Böttcher (2009), S. 175.

entsprechen sollte, kann das Projekt als resistent gegenüber üblichen Prognosefehlern bewertet werden.

Eine höhere Degradation der Solarzellen hat im Gegensatz zu Prognosefehlern eine wachsende Abnahme des Stromertrags zur Folge. Die Analyse der Degradation hat einen kritischen Wert von 2,1% p.a. ergeben. Bei einer Degradation von über 2,1% p.a. kann der Schuldendienst im ersten Tilgungsjahr der Anschlussfinanzierung nicht plangemäß gedeckt werden. Vor dem Hintergrund, dass lediglich mit einer jährlichen Degradation von 0,3% gerechnet wurde und in der PV-Branche teilweise Verfügbarkeitsgarantien von 90% der Anfangsleistung nach 10 Jahren gegeben werden, ist eine jährliche Abnahme aller Zellen von 2,1% als unwahrscheinlich zu bewerten.[116] Zudem würde bei diesem Wert die Verfügbarkeitsgarantie greifen. Das Risiko der Degradation kann somit als gering bewertet werden.

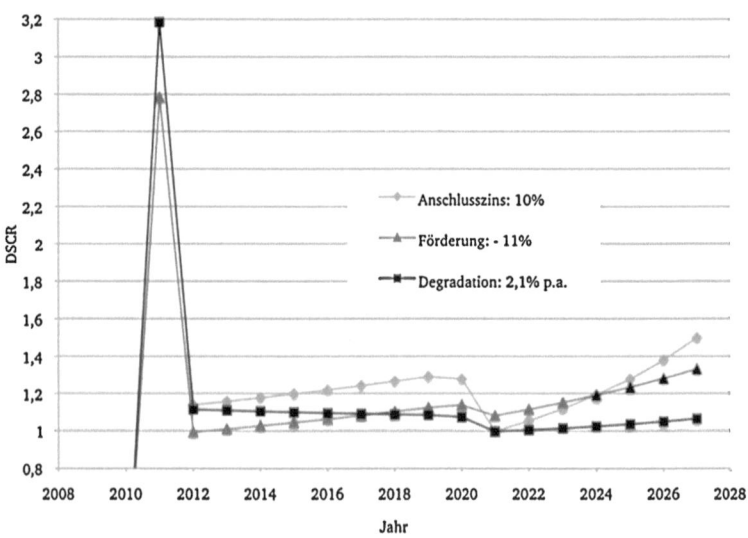

*Abbildung 2: Auswahl an kritischen Verläufen*

### 4.2.6. Erhöhter Anschlusszins

Der Anschlusszins wird nach 10 Jahren Projektlaufzeit anhand des dann aktuellen Marktzinses festgelegt. Er liegt somit weit in der Zukunft und ist schwer zu prognostizieren. In der Cash-Flow-Prognose wurde ein Anschlusszins von 5%

---

116 Vgl. Scozcek (2008), S. 239.

angenommen. Die Analyse hat gezeigt, dass das Projekt bis zu einem Anstieg des Anschlusszinses auf 10% den Kapitaldienst plangemäß leisten könnte. Eine Bewertung von Zinsrisiken ist im Allgemeinen schwierig, da der Marktzins von einer Vielzahl von Faktoren abhängt, die außerhalb des Projektes liegen. Ein Vergleich mit der oberen Grenze der Entwicklung des effektiven Marktzinssatzes der letzten 15 Jahre zeigt, dass dieser die Grenze von 8,6% nicht überschritten hat.[117] Zudem wird dem Projekt zum Zeitpunkt der Zinsverhandlungen noch über weitere 10 Jahre die Förderung vom Staat zugesichert. Die Risikostruktur ändert sich somit aus Sicht der Fremdkapitalgeber zumindest bzgl. der Erlöse nicht. Das Zinsrisiko kann somit als niedrig bewertet werden.

### 4.2.7. Erhöhte Betriebsausgaben

Erhöhte Betriebsausgaben können in Folge des Betriebs- und Managementrisikos eintreten. Die Betriebsausgaben betragen beim Projektbeispiel im ersten Betriebsjahr 1,3% der Investitionssumme. Die Analyse zeigt, dass bei einer Erhöhung der Betriebsausgaben um 84% der Kapitaldienst nicht mehr plangemäß geleistet werden kann. Bei dieser Erhöhung würden die Betriebsausgaben 2,4% der Investitionssumme ausmachen. Eine objektive Bewertung des Risikos ist durch diesen Wert nicht möglich. Es kann lediglich zum Vergleich die Annahme vom BMU herangezogen werden, das zur Kalkulation der Vergütungssätze des EEGs Betriebsausgaben i.H.v. 1,5% der Investitionssumme für PV-Anlagen annimmt.[118] Dies würde einer Erhöhung der Betriebsausgaben von 17% entsprechen. Zudem bezeichnet Böttcher (2009) die Resistenz gegenüber Erhöhten Betriebskosten als eine generelle Eigenschaft von Solar-Projekten.[119]

### 4.2.8. Erhöhte Inflationsrate

Abschließend soll der Einfluss der Inflationsrate analysiert werden. Der Cash-Flow-Prognose des Projektbeispiels wurde eine jährliche Inflationsrate von 2% zugrundegelegt. Die Analyse hat ergeben, dass das Projekt bis zu einer jährlichen Inflationsrate von 8,7% den Schuldendienst planmäßig decken kann. Bei einer jährlichen Inflationsrate über 8,7% wäre eine planmäßige Deckung des Schuldendienstes im letzten Tilgungsjahr nicht möglich. Vor dem Hintergrund, dass in Deutschland seit 1948 die höchste Inflationsrate, die jemals in einem

---

117 Vgl. Bundesbank (2009).
118 Vgl. BMU (2010c), S. 21.
119 Vgl. Böttcher (2009), S. 179.

Jahr erreicht wurde, 7,1% betrug, kann das Inflationsrisiko als niedrig bewertet werden.[120]

Tabelle 4: Zusammenfassung der Ergebnisse

| Risiko | Kritischer Wert | Bewertung |
|---|---|---|
| Erhöhte Anlagenkosten | + 10,5% | nicht möglich |
| Verspätete Fertigstellung: | | |
| Späterer Tilgungsbeginn | > 12 Monate | niedrig |
| Änderung der Förderbedingungen | - 11% | hoch |
| Geringerer Stromertrag: | | |
| Fehlerhafte Stromertragsprognose | - 10,8% | niedrig |
| Erhöhte Degradation | 2,1% p.a. | niedrig |
| Erhöhter Anschlusszins | 10% | niedrig |
| Erhöhte Betriebsausgaben | + 84% | nicht möglich |
| Erhöhte Inflationsrate | 8,7% p.a. | niedrig |

### 4.2.9. Änderung der Finanzierungsstruktur

Die Quantifizierung der Risiken hat gezeigt, dass die einzelnen Variablen einen unterschiedlich starken Einfluss auf die Schuldendienstdeckungsfähigkeit des Projektes besitzen. Da eine Bewertung der Risiken nicht immer möglich war und die Änderung des Förderprogramms einen DSCR kleiner eins zur Folge hatte, soll an dieser Stelle untersucht werden, wie durch die Änderung der Finanzierungsstruktur eine höhere Projektstabilität erreicht werden kann. Als Zielwert soll eine Mindesthöhe des DSCR von 1,3 angestrebt werden, welche Grell (2008) als Richtwert für Projektfinanzierungen von Erneuerbaren Energien angibt. Die Änderung der Finanzierungsstruktur soll durch eine Erhöhung des Eigenkapitalanteils, eine Verlängerung der Kreditlaufzeit und den Aufbau einer Liquiditätsreserve realisiert werden. Zum Vergleich der Maßnahmen wird die interne Kapitalverzinsung des Eigenkapitalgebers herangezogen.

Eine Erhöhung des Eigenkapitalanteils hat einen geringeren Kapitaldienst zur Folge und ermöglicht somit bei gleichbleibenden Erträgen einen höheren Schuldendienstdeckungsgrad. Um eine Mindesthöhe des DSCR von 1,3 errei-

---

120 Vgl. Statistisches Bundesamt (2010).

chen zu können, muss der Eigenkapitalanteil von 23,2% auf 33% erhöht werden. Diese Änderung hat auf der einen Seite eine höhere Kapitalbindung für den Eigenkapitalgeber zur Folge und auf der anderen Seite verringert sich durch die Substitution des „günstigen" Fremdkapitals durch Eigenkapital die interne Kapitalverzinsung für den Eigenkapitalgeber von 7,81% auf 6,85% p.a.

Als zweite Maßnahme wird die Kreditlaufzeit verlängert. Die Förderung des EEG gilt für einen Zeitraum von 20 Jahren nach Betriebsbeginn. Der Kredit sollte innerhalb des Förderungszeitraums getilgt werden, deshalb sollte die maximale Kreditlaufzeit 20 Jahre betragen. Eine Verlängerung der Kreditlaufzeit führt zu einem geringeren jährlichen Kapitaldienst bei gleichbleibenden Erlösen. Dies hat eine erhöhte Schuldendienstdeckungsfähigkeit zur Folge. Eine Verlängerung der Kreditlaufzeit von 17 auf 20 Jahre führt zu einer Mindesthöhe des DSCR von 1,27. Die geforderte Mindesthöhe kann somit nicht erreicht werden. Die interne Kapitalverzinsung erhöht sich von 7,81% auf 8,53% p.a. Dies ist dadurch zu erklären, dass zwar die Summe der Zinszahlungen durch die Laufzeitverlängerung steigt, im Gegensatz dazu aber die „teureren" Auszahlungen an den Eigenkapitalgeber gleichmäßiger über die Projektlaufzeit verteilt werden. Zunächst könnte man annehmen, dass durch eine höhere Projektstabilität und höhere Kapitalverzinsung beide betroffenen Parteien einen Vorteil aus der Maßnahme ziehen würden. Es ist jedoch fraglich, ob der Fremdkapitalgeber gewillt ist die Tilgung des Krediets bis zum letzten möglichen Tilgungsjahr hinauszuzögern.

In der letzten Maßnahme wird im ersten Betriebsjahr eine Liquiditätsreserve aufgebaut. Dieser Schritt ist durch das tilgungsfreie Jahr naheliegend. Die Liquiditätsreserve kann in unterschiedlicher Höhe angelegt werden. In der Analyse wurde ermittelt, dass zur Erreichung der Mindesthöhe des DSCR von 1,3 eine Liquiditätsreserve i.H.v. 60.000 € aufgebaut werden muss. Dies entspricht 25% einer jährlichen Tilgungsrate. Durch den Aufbau einer Liquiditätsreserve gewinnt das Projekt bei gleichbleibendem Eigenkapitalanteil und Kapitaldienst an Stabilität. Die zusätzliche Eigenkapitalbindung fällt geringer aus als bei der Erhöhung des Eigenkapitalanteils und die interne Kapitalverzinsung verringert sich von 7,81% auf lediglich 7,48%. Der Aufbau einer Liquiditätsreserve ist somit aus Sicht des Eigenkapitalgebers der Erhöhung des Eigenkapitalanteils vorzuziehen.

## 5. Fazit und Ausblick

Das Ziel dieses Beitrags war es, die wesentlichen Bestandteile einer PV-Projektfinanzierung herauszuarbeiten und ihren Einfluss auf die erfolgreiche Durchführung durch die Analyse eines Praxisbeispiels zu ermitteln.

Bei der Analyse des Ertrages hat sich gezeigt, dass die Determinanten des Projektes nicht einzeln zu betrachten sind sondern im direkten Bezug zueinander stehen. So beeinflusst die Entscheidung über die Ausführungsform der Anlage nicht nur die Anlagenkosten, den Kapitaldienst und die Erlöse, sondern auch den Planungsaufwand und die Betriebsausgaben, so dass eine umfassende Analyse erforderlich ist. Die Prognose des Erlöses stellt bei PV-Projektfinanzierungen eine Besonderheit dar und stellt sich aus dem Absatzpreis und der erzeugten Strommenge zusammen. Der Absatzpreis ist dabei nicht von Marktbedingungen sondern von den Förderprogrammen abhängig, wodurch dem Staat eine höhere Bedeutung bei der Realisierung zugesprochen werden muss. Die erzeugte Strommenge ist durch die Strahlungsbedingungen und die Ausführungsform der Anlage bedingt, wobei die Unterschiede nicht nur in den Kosten und dem Wirkungsgrad sondern auch in der Robustheit gegenüber äußeren Einflüssen liegen.

Die Risikoanalyse hat zunächst ergeben, dass sich der größte Teil der Risiken auf die Errichtung und den Erhalt der Leistungsfähigkeit der Anlage beziehen. Dabei bestehen zu jedem Risiko verschiedene ursachen- und wirkungsbezogene Maßnahmen, die nach Einschätzung der Projektbeteiligten zur Risikobewältigung verwendet werden können.

In der Quantifizierung und Bewertung wurde deutlich, dass das Projekt in der Erstellungsphase am sensibelsten auf Risiken reagiert. Vor allem eine Änderung der Förderbedingungen in Folge einer verspäteten Fertigstellung und erhöhte Anlagenkosten können einen Einfluss auf die wirtschaftliche Durchführbarkeit des Projektes besitzen. Erhöhte Zinszahlungen nach einer verspäteten Fertigstellung müssen zwar durch einen Zuschuss an Kapital gedeckt werden, haben ansonsten aber nur einen geringen Einfluss auf das Projekt. Während der Betriebsphase hat sich das Projekt trotz eines geringen „Risikopuffers" als weitestgehend resistent gegenüber Einflüssen erwiesen. Eine objektive Bewertung der Risiken war zwar nicht immer möglich, jedoch konnten zumindest die Risiken der geringeren Leistungsfähigkeit, das Inflationsrisiko und das Zinsänderungsrisiko als gering eingeschätzt werden. Insgesamt hat sich das Projekt im Vergleich zu der niedrigen Mindesthöhe des DSCR als stabil erwiesen. Eine abschließende Analyse hat zudem ergeben, dass eine höhere Stabilität des Projektes durch die Änderung der Finanzierungsstruktur zu erreichen ist. Insbesondere der Aufbau einer Liquiditätsreserve hat bei geringen Auswirkungen für den Eigenkapitalgeber einen hohen Effekt auf die Schuldendienstdeckungsfähigkeit des Projektes. Abschließend kann festgehalten werden, dass es sich bei PV-Projektfinanzierung nach einer erfolgreichen Fertigstellung der Anlage um risikoarme Vorhaben handelt, die sich durch ihre Abhängigkeit von Förderprogrammen auszeichnen.

Um weitestgehend unabhängig von den individuellen Förderprogrammen zu agieren, wird in den nächsten Jahren die Realisierung der Netzparität ein erreichbares Ziel darstellen. Netzparität stellt sich ein, wenn die PV-Freiflächenanlagen mit anderen dezentralen Kraftwerken preislich konkurrieren können. Prognosen zur Erreichung der Netzparität sind in der Literatur uneinheitlich. Eine Marktanalyse von Renewables Insight (RENI) prognostiziert die Erreichung der Netzparität für südliche Staaten, wie Spanien, USA, Indien und Nordafrika bereits in den kommenden Jahren und für weiter nördlich gelegene Staaten, wie Deutschland, Frankreich und Tschechien, bis 2015.[121] Unabhängig davon, wann genau die Netzparität erreicht wird, wird sie, besonders auf die Projektierung von Freiflächenanlagen, einen Einfluss besitzen. Zwar ist ein PV-Projekt bei der Wahl des Standortes dann nicht mehr von Förderprogrammen abhängig, im Gegensatz dazu sind aber auch die Abnahmemengen und das Verkaufspreisniveau nicht mehr konstant. Die Erstellung einer Cash-Flow-Prognose wird erschwert und bei der Planung und Realisierung einer PV-Projektfinanzierung nimmt der Energiemarkt eine neue Stellung ein.[122]

---

121 Vgl. RENI (2010), S. 9.
122 Vgl. Hille (2010), S. 41 f.

# Literatur

Antony, F. (2009): Photovoltaik für Profis, Solarpraxis, Berlin.

ARGE (2007): Monitoring des novellierten EEG auf die Entwicklung der Stromerzeugung aus Solarenergie, insbesondere der Photovoltaik-Freiflächen, BMU, Online im Internet: http://www.erneuerbare-energien.de/files/pdfs/allgemein/application/pdf/pv_bericht_end.pdf [Stand: 01.09.2010].

BMU (2010a): Kurz- und langfristige Auswirkungen des Ausbaus der erneuerbaren Energien auf den deutschen Arbeitsmarkt, dritter Bericht zur Bruttobeschäftigung, Online im Internet: http://www.bmu.de/files/pdfs/allgemein/application/pdf/ee_beschaeftigung_2009_bf.pdf [Stand: 31.08.2010].

BMU (2010b): Erneuerbare Energien in Zahlen, nationale und internationale Entwicklung, BMU, Berlin.

BMU (2010c): Analyse zur möglichen Anpassung der EEG-Vergütung für Photovoltaik-Anlagen, Online im Internet: http://www.bmu.de/files/pdfs/allgemein/application/pdf/anpassung_eeg_verguetung_photovoltaik.pdf [Stand: 29.08.2010].

Böttcher, J. (2009): Finanzierung von Erneuerbare-Energien-Vorhaben, Oldenbourg, München.

Bruns, E.; Ohlhorst, D.; Wenzel, B.; Köppel, J.(2009): Erneuerbare Energien in Deutschland, eine Biographie des Innovationsgeschehens, Universitätsverlag der TU Berlin, Berlin.

Deutsche Bundesbank (2010): Sollzinsen Banken, langfristige Festzinskredite an Unternehmen und Selbstständige von 500.000 € bis 5 Millionen €. Obergrenze Effektivzins, Online im Internet: http://www.bundesbank.de/statistik/statistik_zeitreihen.php?lang=de&open=&func=list&tr=www_s11b_sh3 [Stand: 20.10.2010].

GDV (2010): Erneuerbare Energien, Gesamtüberblick der Technischen Versicherer im GDV über den technologischen Entwicklungsstand und das technische Gefährdungspotenzial, Berlin.

Grell, A.; Lang, T. (2008): Photovoltaik, Leitfaden für Kreditinstitute, Forseo, Freiburg.

Grosse, P. (1990): Projektfinanzierung aus Bankensicht, in Backhaus, K.; Sandrock, O.; Schill, J.; Uekermann, H. (Hrsg.): Projektfinanzierung, Poeschel, Stuttgart, S. 41 – 63.

Held, A. (2007): Politikinstrumente zur Förderung erneuerbarer Energien, VDM Verlag, Saarbrücken.

Höpfner, K. (1995): Projektfinanzierung, erfolgsorientiertes Management einer bankbetrieblichen Leistungsart, Spitz, Berlin.

Hupe, M. (1995): Steuerung und Kontrolle Internationaler Projektfinanzierungen, Lang, Frankfurt am Main.

Jager, D.; Rathmann, M. (2008): Policy instrument design to reduce financing costs in renewable energy technology projects, Online im Internet: http://www.iea-retd.org/files/RETD_PID0810_Main.pdf [Stand: 19.08.2010].

Jäger-Waldau, A. (2010): PV Status Report 2010, Research Solar Cell Production and Market Implementation of Photovoltaics, Office for Official Publications of the European Union, Luxemburg.

Juwi (2010): Daten des Solarparks Lieberose, Online im Internet: http://www.juwi.de/solarenergie/referenzen/lieberose.html [Stand: 01.09.2010].

Kaltschmitt, M.; Streicher W.; Wiese, A. (2006): Erneuerbare Energien, Systemtechnik, Wirtschaftlichkeit, Umweltaspekte, Springer, Berlin, Heidelberg.

KfW (2005): Financing Renewable Energy, Online im Internet: http://www.kfwentwicklungsbank.de/DE_Home/Service_und_Dokumentation/Online_Bibliothek/PDF-Dokumente_Diskussionsbeitraege/38_AMD_Renewable_Energy.pdf [Stand: 23.08.2010].

KfW (2010): Telefonische Auskunft vom 27.10.2010, o.V., Abteilung zuständig für Projektfinanzierungen.

Komoto, K. (2009): Road to very large scale photovoltaic power generation systems, in Zeitschrift Elektrotechnik & Informationstechnik, Heft 9, S. 331 – 334.

Konrad, F. (2008): Planung von Photovoltaikanlagen, Grundlagen und Projektierung, 2. Aufl., Vieweg+Teubner, Wiesbaden.

Langniß, O.; Diekmann, J.; Lehr, U. (2007): Forschungsbericht, Die Förderung Erneuerbarer Energien als Regulierungsaufgabe. Online im Internet: http://www.fachdokumente.lubw.baden-wuerttemberg.de/servlet/is/40232/BWK24011SBer.pdf?command=downloadContent&filename=BWK24011SBer.pdf&FIS=203 [Stand: 13.09.2010].

Lüdeke-Freund, L.; Look, M. (2010): Determinants of Credit Allocation for Photovoltaic Projects, Centre for Sustainability Management, Lüneburg, St. Gallen.

Nevitt, P.; Fabozzi, F. (2000): Project Financing, 7. Aufl., Euromoney Books, London.

o.V. (2010): Schutz vor Diebstahl, Monitoring für PV-Anlagen, in Markt & Technik, Heft 37, S. 8.

Quaschning, V. (2010): Erneuerbare Energien und Klimaschutz, 2. Aufl., Hanser, München.

REN21 (2010): Renewables 2010 Global Status Report, Online im Internet: http://www.ren21.net/Portals/97/documents/GSR/REN21_GSR_2010_full_revised%20Sept2010.pdf [Stand: 25.10.2010].

RENI (2010): PV Powert Plants 2010, Industry Guide, Online im Internet: http://www.pv-power-plants.com/fileadmin/user_upload/PVPP_2010_web.pdf [Stand: 19.08.2010].

Reuter, A.; Wecker, C. (1999): Projektfinanzierung, Anwendungsmöglichkeiten, Risikomanagement, Vertragsgestaltung, bilanzielle Behandlung, Schäffer-Poeschel, Stuttgart.

Schmitt, W. (1989): Internationale Projektfinanzierung bei deutschen Banken, Fritz Knapp, Frankfurt am Main.

Schwarz, H.; Dees, P.; Lang, C.; Meier, S. (2008): Quotenmodell zur Förderung von Stromerzeugung aus Erneuerbaren Energien, Theorie und Implikationen, in IWE Working Paper, Nr. 1.

SEFI (2004): Scoping Study on Financial Risk Management Instruments for Renewable Energy Projects, Online im Internet: http://sefi.unep.org/fileadmin/media/sefi/docs/publications/RiskMgt_full.pdf [Stand: 27.08.2010].

Statistisches Bundesamt (2010): Verbraucherpreisindizes für Deutschland, Lange Reihen ab 1948, Wiesbaden.

Theiß, E. (2008): Regenerative Energietechnologien, Fraunhofer IRB Verlag, Stuttgart.

Tytko, D. (1999): Grundlagen der Projektfinanzierung, Schäffer-Poeschel, Stuttgart.

Uekermann, H. (1992): Risikopolitik bei Projektfinanzierungen, Deutscher Universitäts-Verlag, Wiesbaden.

Waffenschmidt, E. (2007): 100% Erneuerbare Energie – Mögliche Beiträge der Solarenergie, Online im Internet: http://www.waffenschmidt.homepage.t-online.de/100prozent/100prozent-solar-2007-04-06.pdf [Stand: 24.08.2010].

Wagemann, H. (2007): Photovoltaik, Solarstrahlung und Halbleitereigenschaften, Teubner, Wiesbaden.

Wagner, A. (2010): Photovoltaik Engineering, Handbuch für Planung, Entwicklung und Anwendung, 3. Aufl., Springer, Berlin, Heidelberg.

Wüstenhagen, R.; Wuebker, R. (2011 forthcoming): Handbook on Research in Energy Entrepeneurship, Edward Elger Publishing, Cheltenham UK, Lyme US.

# Projektfinanzierung von Müllheizkraftwerken

Robert Fraunhoffer, Benjamin J. Schröder

# 1. Einleitung

Mitte 2012 deutete sich eine große Übernahme am Müllverbrennungsmarkt an. Die Mannheimer MVV Energie hat nach Medienberichten zwischen 800 Millionen und einer Milliarde Euro für die E.ON-Abfallsparte Energy from Waste geboten (Mannheimer Morgen, 2012). Der geplante Kauf zielt auf das ganze Unternehmen mit 18 Müllverbrennungsanlagen ab, mit einer Jahreskapazität von ca. 4 Mio. Tonnen und einem Umsatz von 544 Mio. Euro in 2011 (N-TV, 2012). Im Dezember 2012 ist es letztendlich zu einem Verhandlungserfolg gekommen: Der schwedische Finanzinvestor EQT beteiligt sich mit 51% an einem Joint Venture mit E.ON (Wirtschaftswoche, 2012), (Euwid - Recycling und Entsorgung, 2012).

Dieser aktuelle Fall zeigt die gewachsene Relevanz des deutschen Müllverbrennungsmarktes in dem derzeit 73 Müllverbrennungsanlagen existieren, die Siedlungsabfälle wie Hausmüll und Gewerbeabfälle energetisch verwerten (BMU - Bundesministerium für Umwelt, Naturschutz und Reaktorsicherheit, 2012). Diese Anlagen benutzen jährlich etwa 18 Mio. Tonnen Abfälle, was einem Energiepotenzial von ca. 4,9 TWh entspricht. Insbesondere die knapper werdenden Rohstoffe und damit verbundenen Preissteigerungen in Verbindung mit der gewachsenen medialen Relevanz von Umweltschutz und Klimawandel haben den Antrieb gegeben, Abwässer und Abfälle möglichst optimal energetisch und stofflich zu verwerten. Eine moderne Abfallwirtschaft bedeutet daher Ressourcen- und Klimaschutz gleichermaßen. Moderne Anlagen können diese Kriterien erfüllen und produzieren ein hohes Maß an Wertstoff- und Energierückgewinnung (BMU - Bundesministerium für Umwelt, Naturschutz und Reaktorsicherheit, 2012). Mit der Konzentration auf die Ressourceneffizienz wird der letzte Schritt des Wandels „weg von der Entsorgungswirtschaft, hin zur Ressourcenwirtschaft" (Fricke, Bahr, Thiel, & Kugelstadt, 2009, S. 2ff.) eingeleitet. Der ökonomische und ökologische Wert des Abfalls wurde erkannt.

Jedoch hat die Entsorgungsbranche neben den ökologischen Zielen mittlerweile ganz neue Herausforderungen, was insbesondere die Müllverbrennungsanlagen (MVA) zu spüren bekommen. Die Rohstoffpreise sind in den letzten Jahren stark gestiegen während die Abfallmengen sinken. Zudem werden die politischen Rahmenbedingungen immer enger gesteckt. Somit sieht diese Branche trotz ihrer ökologischen Sinnhaftigkeit keine guten Vorzeichen für eine wirtschaftlich erfolgreiche Zukunft. So kam auch die Financial Times Deutschland zu der Einschätzung die Müllverbrennung sei „eine Branche, deren große Zeit vorbei ist" (Financial Times Deutschland, 2012). Die folgende Untersuchung soll daher analysieren, welche Aspekte die primären Kostentreiber darstellen und unter welchen Umständen zukünftige MVAs profitable operieren können.

Bisherige Studien zur Analyse der Kostenstrukturen in der Restabfallbehandlung konzentrieren sich fast ausschließlich auf eine Auswertung bestehender Anlagen zur Ermittlung von Kennwerten. Eine differenzierte Analyse der Investitions- und Betriebskosten im Hinblick auf Kosteneinflussfaktoren ist jedoch nicht durchgeführt worden. Eine geeignete Kostenplanungsmethodik mit stringenter Kostenplanung und -steuerung von der ersten Planungsidee bis zum Projektabschluss existiert nicht. Gerade im Hinblick auf die immer weiter ansteigende Zahl privater Investoren im gesamten Bereich der Abfallentsorgung ist eine Anpassung der Anforderungen an die Strukturen der Kostenplanung und -verfolgung unter dem Gesichtspunkt der Gesamtwirtschaftlichkeit erforderlich. Den Investitionskosten und der damit verbundenen Wirtschaftlichkeit der Restabfallbehandlung – von der Anlieferung in eine Behandlungsanlage bis zur endgültigen Ablagerung oder Recycling der Reststoffe – wurden bisher zu wenig Interesse geschenkt. Unter Wirtschaftlichkeit wird vielfach nur der kostengünstige Betrieb der Anlagen zur Restabfallbehandlung verstanden, weniger hingegen die Reduzierung der gesamten Behandlungskosten in solchen Anlagen.

Heute befindet sich die Abfallverbrennung auf dem Weg zur fünften Anlagengeneration. Die Entwicklung der Abfallverbrennungstechnik ist jedoch noch nicht abgeschlossen. Dies gilt vorrangig für die Verbesserung der energetischen Effizienz der Anlagen. Die Betreiber der Abfallverbrennungsanlagen setzen die möglichen Optimierungsmaßnahmen für eine höhere Energienutzung derzeit kaum um. Die Vielzahl der MVA unterscheiden sich auch in ihrer gesamten Konzeption durch Müllart, Verbrennungsprozess, Energieproduktion von Prozesswärme, Strom und Standortbedingungen, sowie durch bedingte unterschiedliche Vorgaben bezüglich Schadstoffen etc.

Um Müllheizkraftwerke optimal auslegen und planen zu können, sind die Kenntnisse der entscheidenden Parameter der Abfälle und deren Entwicklung von größter Bedeutung. Die regional sehr unterschiedliche Müllzusammensetzung und Müllmenge stellt die Grundlage, um die Einflussfaktoren für die Kostenplanung bestimmen zu können. Alle bestehenden MVA nutzen die vorhandene Wärmeleistung zur Produktion von Energie (Strom, Prozessdampf und/oder Fernwärme). Die maximale Feuerungswärmeleistung begrenzt die einzubringende Energiemenge. Je nach Höhe des Brennwertes wird der Durchsatz des Verbrennungsprozesses angepasst. Es ist ein optimaler Betriebspunkt zu finden, bei dem der Energieoutput und der Mülldurchsatz bei gegebenem Abfall-Marktpreis und -Heizwert maximiert werden (Büchner & Goedecke, 2010). Ist der Heizwert des Mülls zu hoch, müsste der Durchsatz reduziert werden. Der negative Marktpreis bei den eingesetzten Brennstoffen (Müll und Ersatzbrennstoffe) würde dann zu Mindereinnahmen auf Seiten des Anlagenbetreibers führen. In der aktuellen Situation mit einem leichten Angebotsüberhang an MVA ist mit sinkenden Preisen zu rechnen. Wenn gleichzeitig der Heizwert weiter steigt, wird der Erlös durch die Müllannahme gleich doppelt geschwächt. Die aktuelle Entwicklung auf der Energieabgabeseite, dass die Stromhandelspreise bedingt durch die EEG Gesetzgebung stark sinken, kann dann eine MVA unrentabel machen. Dieses Szenario muss sich nicht in der voller Härte niederschlagen. Die lokale Monopolstellung in der Müllbeseitigung und die Pflicht der Kommunen zur Entsorgung mindert diese Entwicklungen etwas, sowohl in der Härte, als auch in der Schnelligkeit der Veränderungen (Thomé-Kozmiensky & Beckmann, Energie aus Abfall (Bd.2), 2007, S. 322 ff.).

Seit der Veröffentlichung im April 2006 von möglichen Überkapazitäten bei der Ersatzbrennstoffverwertung ist die Entsorgungswirtschaft verunsichert und scheut langfristige Brennstofflieferverträge zu den derzeit üblichen Marktkonditionen (Thomé-Kozmiensky & Beckmann, Energie aus Abfall (Bd.2), 2007, S. 319 ff.). Derzeit sind ältere Anlagen mit langen Verträgen und fest zugesicherten Müllmengen in einer guten Ausgangslage. Viele dieser Anlagen haben Verträge mit einer Laufzeit von 20 Jahren. Diese Planungssicherheit stellt sich derzeit als enormer Vorteil heraus. Entsorgungsunternehmen haben teilweise Schwierigkeiten die vereinbarten Müllmengen zu liefern. So auch in Mainz: Das dortige Müllheizkraftwerk hat einen Vertrag mit dem Entsorgungsunternehmen EGM über die jährliche Lieferung von 100.000 Tonnen Abfällen. Doch bereits im Jahr 2009 gab es erste Probleme und es ist eine Lieferlücke von 7.300 Tonnen Müll entstanden. Nach einem Gerichtsverfahren ist das Entsorgungsunternehmen jetzt verpflichtet eine hohe Entschädigungszahlung zu tätigen (Renner, 2013).

## 2. Finanzierung von Müllheizkraftwerken

Für die Wirtschaftlichkeitsbetrachtung von Müllheizkraftwerken lassen sich die wichtigsten Einflussfaktoren zu folgenden vier Kostengruppen zusammenfassen:

- Kapitalgebundene Kosten (Bauliche Maßnahmen, Planung und Errichtung etc.)
- Verbrauchsgebundene Kosten (Brennstoffkosten, Betriebskosten etc.)
- Betriebsgebundene Kosten (Wartungskosten, Reinigungskosten etc.)
- Sonstige Kosten (Versicherungen, Steuern, Verwaltungskosten etc.)

Die Wertschöpfung in Müllverbrennungsanlagen erfolgt durch die Produktionsstufen Annahme von Abfällen, Dampf- und Stromproduktion, Abgabe von Fernwärme, Erzeugung von Straßenbaustoff und Abtrennung von Fe- und NE-Metallen. Auf der Kostenseite sind im Wesentlichen die Kapitalkosten sowie die fixen und durchsatzabhängigen Betriebskosten zu berücksichtigen. Erlöse werden erwirtschaftet durch die Einsammlung und Verwertung des Mülls, durch den Verkauf von elektrischer und thermischer Energie und zu einem geringeren Teil durch den Verkauf von nutzbaren Reststoffen.

Bei einem jährlichen Mülldurchsatz von 200.000 Tonnen werden Erlöse in einem Wert von ca. 29 Mio. Euro erwirtschaftet. Die erzeugte thermische Energie wird derzeit mit durchschnittlich 38,85 €/MWh an der Strombörse vergütet, das entspricht einem Erlös von 1.000.000 Euro pro Jahr. Die spezifischen Kosten von MVA liegen in einem Bereich von 65 Euro bis 230 Euro in Abhängigkeit vom jährlichen Mülldurchsatz von 50.000 Tonnen bis 600.000 Tonnen (Umweltbundesamt, 2005, S. 491 ff.). Die thermischen Abfallbehandlungsverfahren weisen eine hohe Empfindlichkeit gegenüber einer Unterauslastung auf. Bei einer Auslastung von 70% steigen die spezifischen Kosten im Vergleich zu einer vollständigen Auslastung um ca. 50%. Die Ursache ist der sehr hohe Fixkostenanteil von über 80%. Dieser Zusammenhang macht deutlich, wie wichtig eine fundierte und belastbare Ermittlung der wesentlichen Auslegungsparameter im Vorfeld der Dimensionierung einer Abfallbehandlungsanlage ist. Langfristige Abfalllieferverträge und eine überwiegend starre Kostenstruktur können diese Anlagen zu attraktiven Investitionsobjekten machen.

Der Hauptanteil an den Erlösen sind mit über 90% die Müllannahmegebühren. Auch die Einnahmen sind nahezu komplett fest planbar durch die Verträge und Sicherheit der Lieferungen und Abnahme an Industrie und Großkunden. Jedoch beginnen sich diese Sicherheiten aufzulösen, da Abfalllieferanten nicht mehr die zugesagten Mengen einhalten können und in Zukunft kein großes Interesse daran haben dürften, weiter teure langfristige Verträge abzuschließen. Zudem sinken die Strompreise, bedingt durch das starke Überangebot im Stromsektor durch die Regenerativen Energien (Petersen, Faber, & Herrmann, 1999). Anlagen, die sich im mittleren Alter befinden und bereits abbezahlt sind, haben in der Vergangenheit teilweise große Renditen eingefahren. Einer Analyse zufolge mit über 40% Umsatzrendite (Statista GmbH)[Nr. 219743].

Eine Recherche und Analyse der Kosten- und Erlösstruktur von MVA, dargestellt in Abbildung 1, kommt zu ähnlich hohen Ergebnissen. Bei einer derzeit realistischen Absatzmenge von 200.000 Tonne pro Jahr würde sich eine MVA in Jahr 11 amortisieren (siehe Abbildung 2).

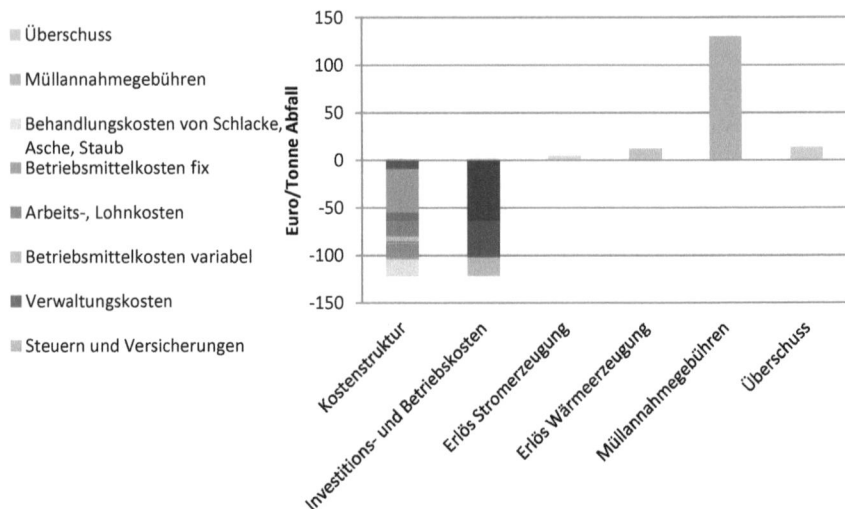

*Abbildung 1: Kosten- und Erlösstruktur einer MVA mit 200.000 t/a in Deutschland*

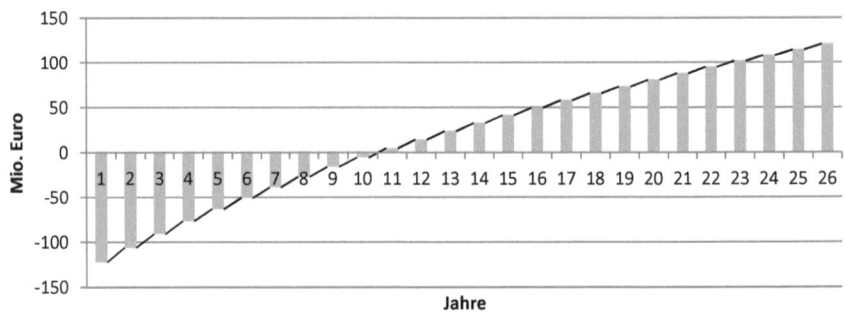

*Abbildung 2: Kumulierter Kapitalwert einer MVA mit 200.000 t / a Abfalldurchsatz*

Eine Sensitivitätsanalyse bestätigt die Wirtschaftlichkeit und Robustheit der Anlagen und zeigt, dass eine Abhängigkeit von den Annahmepreisen vorliegt. Allerdings zeigt sich auch, dass sich auf der Einnahmeseite in den nächsten Jahren ein nachteiliger Trend ergeben kann. Schon ein 15 prozentiges Absenken der Strompreise und Müllannahmegebühren bzw. Abfallmengen, führt zu 24 Prozent geringeren Jahresüberschüssen. Der Kapitalwert der Investition halbiert sich so auf einen Schlag. Das Szenario mit höheren Einnahmen durch steigende

Preise ist aus der jetzigen Sicht eher unwahrscheinlich und steigert den Kapitalwert auch nicht im selben Verhältnis (siehe Tabelle 1).

*Tabelle 1: Sensitivitätsanalyse mit 3 Szenarien*

| Zinssatz 7% | Veränderung gegenüber Realistisch | Zahlungs- überschüsse [Mio€] | Kapitalwert [Mio€] | Annuität [Mio €] | Amortisation [a] |
|---|---|---|---|---|---|
| Anschaffungs- auszahlung | | -121,9 | | | |
| Optimistisch | +24,43% | 21,4 | 180,2 | 19,8 | 8 |
| Realistisch | | 17,2 | 120,9 | 13,3 | 10 |
| Pessimistisch | -24,43% | 13,0 | 61,6 | 6,8 | 14 |

## 3. Finanzierungsstruktur

In der Praxis werden aufgrund der knappen öffentlichen Finanzmittel notwendige Infrastrukturprojekte immer häufiger verschoben (z.B. Brücken-, Abwasserkanal-, Straßen-Erneuerungen) und nach alternativen Finanzierungsmöglichkeiten gesucht. Die öffentliche Hand hat allerdings bei solchen Projekten kein Gewinnstreben, sondern möchte möglichst kostengünstig die Infrastruktur erhalten oder erneuern. Ist die private Wirtschaft organisatorisch beteiligt und „Mitbetreiber", so kommt automatisch der Gewinnanspruch und die permanente Kostenoptimierung zur Erhaltung (und Erhöhung) der Gewinnmargen dazu. Darin ist die öffentliche Hand nicht besonders geübt, und erfahrenen Unternehmern häufig unterlegen. So können sich die Anteile von Nutzen und Risiken im Projektverlauf und späteren Betrieb zwischen den Partnern durchaus verschieben (Weber, Alfen, & Maser, Projektfinanzierung und PPP, 2006, S. 16 ff.). Die möglichen Konzeptionen für die Durchführung der kommunalen Abfallentsorgung reichen dabei von der kommunalen Eigenentsorgung (z.B. Regie- oder Eigenbetriebe), bis zu verschiedenen Kooperationsformen mit privaten Entsorgungsunternehmen.

Generell wird zwischen vier Grundkooperationsformen unterschieden, dem Dienstleistungsmodell, dem Leasingmodell, dem Betreibermodell und dem Kooperationsmodell. Das gemeinsame Ziel ist in diesen Fällen, das Erreichen gemeinsamer Ziele und eine Erhöhung individueller Potenziale. Trotz oder gerade wegen der verschiedenen Interessen bei PPP gewinnen diese zunehmend an Bedeutung für die öffentliche Leistungsbereitstellung, insbesondere auf kommunaler Ebene. Zentrales Argument für deren Etablierung ist dabei stets der Verweis auf eine erhöhte Effizienz aufgrund der Integration privatwirtschaftlicher Anreiz- und Managementstrukturen im Vergleich zu rein öffentlicher Bereitstellung der Leistung (Schulze Wehninck, 2008, S. 190 ff.). MVA haben in Deutschland eine relativ homogene Betreiberstruktur. Laut der Prognos AG sind bei etwa 31% dieser Anlagen Kommunen oder öffentliche Unternehmen die Eigentümer. Der Anteil privat betriebener Anlagen liegt ebenfalls bei 31%. Public Private Partnerships (PPP) machen mit in etwa 38% den größten Anteil der thermischen Müllverbrennung aus. Im Vergleich dazu werden EBS-Kraftwerke und Anlagen zur Verbrennung von Abfällen fast komplett privat betrieben. Über 90% werden von privater Hand betrieben, 4% durch PPP-Modelle und 3% sind in öffentlicher Hand.

## 4. Fazit

Auch wenn derzeit ein leichter Angebotsüberhang seitens der thermischen Abfallbehandlung vorhanden ist, so ist die künftige Entwicklung nicht eindeutig. Es sind noch viele ältere Anlagen in Betrieb. 2015 sind in etwa 36% der Anlagen schon älter als 25 Jahre. In den nächsten 10 Jahren ist also davon auszugehen, dass viele dieser Anlagen außer Betrieb genommen werden. Gerade bei schwierigeren Verhältnissen auf der Einnahmeseite und höheren Ausgaben durch steigende Wartungs- und Instandhaltungskosten – sowie auch wahrscheinlich weiterhin verschärfter ökologischer Grenzwerte – wird der Bestand älterer Anlagen vermutlich tendenziell kleiner (Martin & Schade, 1998).

Der Fortschritt der Mülltrennung und des Recyclings ist in den vergangenen 20 Jahren enorm gewesen. Seit 1990 hat sich der Anteil des Restmülls von 87% auf 39% reduziert (BMU - Bundesministerium für Umwelt, Naturschutz und Reaktorsicherheit, 2010). Dadurch wurde die für die Verbrennung zur Verfügung stehende Müllmenge deutlich kleiner, auch wenn das Deponierungsverbot seit 2005 neue Impulse gesetzt hat.

Zusätzlich ist die Müllintensität real zurückgegangen, das Müllaufkommen hat sich von der wirtschaftlichen Entwicklung entkoppelt (Destatis, 2012). Thermische Abfallbehandlungsanlagen verwerten dennoch inzwischen 14% der Abfälle und darüber hinaus machen Feuerungsanlagen mit energetischer Verwertung von Abfällen einen Anteil von ca. 11% aus (Destatis - Statistisches Bundesamt Deutschland, 2011, S. 7-8). Die Prognos AG geht weiter davon aus, dass die Kapazität von MVA zukünftig wächst und sich um 6% bis zum Jahr 2015/2020 auf ca. 19,6 Tonnen/Jahr ausweitet (Prognos AG, 2008, S. 7).

Mittelfristig ist ein weiterer Rückgang der Abfallmengen in Deutschland sehr wahrscheinlich. Verschiedene voneinander unabhängige Einflussfaktoren verstärken jeweils den bereits vorhanden Trend, wie z.B. eine schrumpfende Bevölkerungsanzahl, der demographische Wandel, höhere Recyclingquoten, stärkere Abfallvermeidung und Preissteigerungen bei Sekundärstoffen und Rohstoffen.

Diese Verschiebungen hatten zudem Einfluss auf den Heizwert des Restmülls und der entstandenen Ersatzbrennstoffe. Die Brennwerte des Abfalls sind leicht gestiegen, was sich tendenziell negativ auf die Erlöse auswirkt. Sinkende Müllmengen erhöhen zusätzlich noch die Konkurrenzsituation unter den MVA in einer Region. Deutschland importiert mittlerweile mehr Müll, um eine hohe Auslastung der Verwertungsanlagen zu erreichen. Auf der anderen Seite gab es zuletzt deutlich sinkende Strompreise an der Strombörse, so dass nicht mit höheren Einnahmen zu rechnen ist.

Gerade hier spielt der Energiemix im Zusammenhang mit der Energiewende die entscheidende Rolle. Die Priorisierung verschafft den klassischen Energieversorgungsunternehmen ein geringeres Wachstum oder gar eine Stagnation der Umsätze. Das führt aber auch zu substantiellen Unsicherheiten in der Beurteilung der weiteren Entwicklung der Abfall- und Wertstoffmengen und der Auswirkungen auf die Marktpreise. Die noch vorhandenen langfristigen Mülllieferverträge schützen die MVA Betreiber, allerdings wird sich auch die Form und Laufzeit der Verträge ändern.

Großinvestoren werden die Entwicklung im Bereich Rohstoffe sowie Alternativer und Regenerativer Energien sorgfältig beobachten und vergleichen, und ihre Chancen nicht nur in der Müllverbrennung suchen, denn seit Abfall immer mehr zu Brennstoff und Rohstoff umgewandelt wird, wachsen die Märkte über das Thema Energie zusammen. Eine Kooperation über eine so genannte Public Private Partnership kann einige Unsicherheiten abfedern und bietet viele Vorteile. In der Praxis werden die meisten MVA durch eine PPP betrieben.

Abfallverbrennung unterliegt damit einem intensiven Wettbewerb und muss sich darin behaupten. Das bedingt eine stetige qualitative Weiterentwicklung der Technik und der Stoffausbeute.

# Literatur

AGFW. (Dezember 2012). *AGFW Hauptbericht 2011*. Von http://www.agfw.de/zahlen-und-statistiken/agfw-hauptbericht/ abgerufen

Auksutat, M. (05 2000). Investitions- und Betriebskosten thermischer Abfallbehandlungsanlagen. *Müllhandbuch*.

Büchner, H.-P., & Goedecke, H. (Mai 2010). Modernes MVA Anlagendesign aus der Sicht eines Betreibers. *Müll und Abfall*.

BMU - Bundesministerium für Umwelt, Naturschutz und Reaktorsicherheit. (9 2010). Abgerufen am 21. 10 2012 von http://www.bmu.de/abfallwirtschaft/statistiken/doc/5886.php

BMU - Bundesministerium für Umwelt, Naturschutz und Reaktorsicherheit. (Dezember 2012). Abgerufen am 2. März 2013 von http://www.bmu.de/themen/wasser-abfall-boden/abfallwirtschaft/abfallbehandlung-abfalltechnik/muellverbrennung/

Destatis - Statistisches Bundesamt Deutschland. (2011). *Abfallentsorgung - Vorläufiger Ergebnisbericht für ausgewählte Entsorgungsanlagen*.

Destatis. (2012). *Abfallintensität 1996 - 2010*.

*Euwid - Recycling und Entsorgung*. (20. Dezember 2012). Abgerufen am 18. März 2013 von http://www.euwid-recycling.de/news/wirtschaft/einzelansicht/Artikel/eon-verkauft-abfalltochter-energy-from-waste.html

*Financial Times Deutschland*. (28. März 2012). Abgerufen am 19. März 2013 von http://www.ftd.de/politik/deutschland/:muellverbrennung-ein-schoenes-problem/70014967.html

Fischedick, M., Schüwer, D., Venjakob, J., Merten, F., Mitze, D., Nast, M., et al. (2007). *Potenziale von Nah- und Fernwärmenetzten für den Klimaschutz bis zum Jahr 2020*. Dessau-Roßlau: Umweltbundesamt.

Fricke, K., Bahr, T., Thiel, T., & Kugelstadt, O. (2009). *Gaßner, Groth, Siederer & Coll. Seminare GmbH*. (S. o.-R. Abfallwirtschaft, Hrsg.) Abgerufen am 21. 10 2012 von GGSC-Seminare: http://www.ggsc-seminare.de/pdf/Fricke-Ressourceneffizientes-Handeln-in-der-Abfallwirtschaft.pdf

Konstantin, P. (2007). *Praxisbuch Energiewirtschaft*. Stuttgart: Springer Verlag.

*Mannheimer Morgen*. (26. Juni 2012). Abgerufen am 12. März 2013 von http://www.morgenweb.de/nachrichten/wirtschaft/markt-schwierig-aber-attraktiv-1.624901

Martin, K., & Schade, D. (1998). *Bewerten von thermischen Abfallbehandlungsanlagen : Planung, Genehmigung, Konzept und*

*Betrieb*. (A. f. Baden-Württemberg, Hrsg.) Stuttgart: Akad. für Technikfolgensbschätzung in Baden-Württemberg.

*N-TV*. (29. Juni 2012). Abgerufen am 20. Februar 2013 von http://www.n-tv.de/wirtschaft/Eon-bleibt-auf-Abfall-sitzen-article6617561.html

Petersen, T., Faber, M., & Herrmann, B. (September 1999). Vom "Müllnotstand" zum "Müllmangel". *Müll und Abfall*.

Prognos AG. (2008). *Der Abfallmarkt in Deutschland und Perspektiven bis 2020*. Berlin.

Renner, C. (9. April 2013). Müllgebühren: Erhöhung vorerst abgelehnt. *Mainzer Rhein-Zeitung*.

Schulze Wehninck, R. (2008). *Public Private Partnerships und Wettbewerb: Eine theoretische Analyse am Beispiel der kommunalen Abfallentsorgung*. (R. B.-A. Network, Hrsg.) Bayreuth: Gabler.

Statista GmbH. (kein Datum). Abgerufen am 9. März 2013 von http://de.statista.com

Thomé-Kozmiensky, K. J., & Beckmann, M. (2007). *Energie aus Abfall (Bd.2)*. Neuruppin, Deutschland: TK.

Umweltbundesamt. (2005). *Integrierte Vermeidung und Verminderung der Umweltverschmutzung - BVT-Merkblatt über beste verfügbare Techniken der Abfallverbrennung*. Dessau.

Weber, B., Alfen, H., & Maser, S. (2006). *Projektfinanzierung und PPP*. Bank-Verlag Köln.

*Wirtschaftswoche*. (19. Dezember 2012). Abgerufen am 18. März 2013 von http://www.wiwo.de/unternehmen/industrie/energiekonzern-eon-wird-grossteil-seines-abfallgeschaefts-los/7544966.html

# Finanzierungen über Private Equity im Maschinen- und Anlagenbau und Erkenntnisse für die Solarindustrie

Jan Röhlinger und Dirk Schiereck

# 1. Einleitung

Der Schweizer Solarkonzern Meyer Burger AG beliefert die Solarindustrie mit Maschinen und Systemlösungen für die Waferherstellung und erweitert zuletzt seine Basis durch den Kauf der deutschen Roth & Rau AG. Am 02.09.2011 berichtete die Börsen-Zeitung, dass die Zukunftserwartungen sich auch bei Meyer Burger nachhaltig eingetrübt haben und deshalb vor stürmischen Zeiten gewarnt wird. Mit schwächeren zukünftigen Erträgen wird auch die Aufnahme von neuem Eigenkapital zur Finanzierung weiteren Wachstums wieder schwieriger werden und die Frage damit neu aufgerufen, ob institutionelle Beteiligungsgeber hier eine als attraktiv wahrgenommene Alternative bieten können.

Diese Frage hat den deutschen Maschinen- und Anlagenbau auch allgemeiner in den letzten Jahren beschäftigt. Die Branche ist sehr mittelständisch geprägt, und weltweit haben deutsche Maschinenbauer einen exzellenten Ruf. Im Verlauf der zurückliegenden Finanzkrise seit 2008 wurde aber die Abhängigkeit dieser Kapitalnehmergruppe von der zyklischen Weltkonjunktur deutlich. Viele Unternehmen im Maschinenbau erlitten Umsatzeinbrüche von bis zu 30%. Einige gerieten daraufhin in massive Liquiditätsprobleme.

Gleichzeitig gab es in den letzten Jahren kaum eine Kapitalgebergruppe als Finanzmarktakteure, über die so viel diskutiert und die so heftig kritisiert wurde wie die des Private Equity mit einem verwalteten Kapital von über 36 Mrd. €. Ein starker Investmentfokus der Beteiligungsgesellschaften liegt seit einiger Zeit auf dem mittelständisch geprägten Maschinenbau, in dem viel Renditepotential gesehen wird. Die Finanzkrise ist aber auch an diesen Kapitalgebern nicht spurlos vorübergezogen. So sanken beispielsweise die Investitionen von ca. 9 Mrd. € im Jahr 2008 auf nur noch 2,4 Mrd. € im Jahr 2009. Viele der Portfoliounternehmen von Private Equity (PE) Gesellschaften sind in dieser Zeit in existenzielle Probleme geraten. Auch die Beteiligungsgesellschaften selbst waren betroffen. Die Praxis der schuldenfinanzierten Unternehmenskäufe hatte während der Krise die Folge, dass Banken ihre Kreditlinien nicht weiter öffneten bzw. diese sogar strichen. Liquiditätsengpässe und Refinanzierungsengpässe waren die Folge.

Welche Auswirkungen hatte die Finanzkrise auf die Investitionen der PE-Gesellschaften in den deutschen Maschinenbau? Bietet Private Equity eine als attraktiv wahrgenommene Alternative bei der Aufnahme neuen Eigenkapitals gerade auch für Anlagenbauer in der Solarindustrie? Wie haben sich die Rahmenbedingungen verändert? Wie hat sich das Image von Private Equity bei Maschinenbauunternehmen verändert? Diese Aspekte sollen nachfolgend genauer untersucht werden.

Die bislang hierzu vorliegende Literatur ist recht überschaubar. Als Begründung für diese Forschungslücke lässt sich anführen, dass viele der zur Beantwortung der oben genannten Fragen notwendigen Informationen auf Grund der Intransparenz der Private Equity Branche nicht öffentlich verfügbar sind. Einige Arbeiten behandeln zwar ähnliche Fragestellungen, beschränken sich aber meist auf die Auswirkungen auf die deutsche Wirtschaft oder die Private Equity Unternehmen als Ganzes. Eine branchenspezifische Differenzierung wurde bisher nicht vorgenommen.

Aus diesem Grund haben wir für unsere Analyse Interviews mit Experten auf diesem Gebiet geführt. So können zum einen die Beobachtungen der letzten Jahre, zum anderen auch die Erwartungen für die Zukunft über die subjektiven Erwartungen der direkt Betroffenen erfasst werden.

## 1.1. Der deutsche Markt für Private Equity und Maschinen- und Anlagenbau

### 1.1.1. Die deutschen Private Equity Unternehmen

Insgesamt sind in Deutschland 247 Beteiligungsunternehmen tätig[1], die insgesamt 6.593 Unternehmen, sowohl deutsche als auch ausländische Beteiligungen, in ihren Portfolios betreuen.

Wie die weltweite Wirtschaft wurde auch die Private Equity Branche in den letzten Jahren hart getroffen. Sowohl bei dem verwalteten Kapital als auch bei neu eingesammelten Mitteln hat die Branche gegenüber 2007 einen sehr starken Einbruch hinnehmen müssen. Dies hat sich wiederum auf die getätigten Neuinvestitionen und die Investitionsanlässe ausgewirkt. Die folgenden Zahlen, die den Jahresstatistiken des Bundesverbandes Deutscher Kapitalbeteiligungsgesellschaften (BVK) entnommen sind, unterstreichen die Entwicklung:

- Verwaltetes Kapital in 2010:  36,5 Mrd. € (2007: 31,9 Mrd. €)
- Fundraising in 2010:  1,2 Mrd. € (2007: 5,7 Mrd. €)
- Investitionen in 2010:  2,4 Mrd. € (2007: 10,6 Mrd. €)

Ein Großteil der Investitionen floss zuletzt in Buyout-Transaktionen, wobei hier in den letzten zwei Jahren ein sehr starker Rückgang zu verzeichnen war. Einen ähnlich großen Rückgang gab es bei Replacement-Investitionen, die von 544 Mio. € in 2007 auf nur noch 56 Mio. € in 2009 sanken. Während Early Stage- und Growth/ Expansion-Investitionen relativ stabil blieben, gewannen Inves-

---

1 Ausländische Private Equity Unternehmen mit Beteiligungen in Deutschland sind hier nicht berücksichtigt.

titionen mit dem Fokus auf Turnaround von 1 Mio. € in 2007 auf 56 Mio. € in 2009 an Bedeutung. Untergliedert in Branchenzugehörigkeit entfielen Investitionen in dem Bereich Unternehmens-/ Industrieerzeugnisse 552 Mio. €. Im Jahr 2007 lagen diese noch bei 1,8 Mrd. €.

### 1.1.2. Deutscher Maschinen- und Anlagenbau

Als größter Arbeitgeber in der deutschen Industrie nimmt der Maschinen- und Anlagenbau eine äußerst bedeutende Rolle in der deutschen Wirtschaft ein. In ca. 25.000 Unternehmen arbeiten knapp 1 Mio. Beschäftigte. Der Verband Deutscher Maschinen- und Anlagenbauer (VDMA) untergliedert den Maschinenbau in 39 Fachzweige. Die Industrie ist zwar sehr mittelständisch geprägt, jedoch gibt es auch einige große Mischkonzerne, die für einen Großteil des Umsatzes verantwortlich sind. So erwirtschaften die größten 11% der Unternehmen ca. 70% des Branchenumsatzes. Insgesamt erzielte die Branche 2009 Umsätze in Höhe von 161 Mrd. € (2007: 190 Mrd. € und 2008: 205 Mrd. €). Der relativ späte Einbruch der Umsatzzahlen ist auf die zu Krisenbeginn gut gefüllten Auftragsbücher zurückzuführen.

## 1.2. Finanzierungsquellen für den deutschen Maschinenbau

Die meistgenutzte und einfachste Quelle zur Finanzierung von Neuinvestitionen bilden in der deutschen Wirtschaft allgemein einbehaltene Gewinne. Hier müssen weder externe Geldgeber überzeugt werden, zusätzliches Kapital dem Unternehmen zu überlassen, noch müssen Unterlagen zusammengestellt oder aufwendige Dokumentationen erbracht werden. Erst wenn interne Quellen nicht mehr ergiebig genug sind, werden externe Finanzierungsquellen genutzt. Die Präferenzen der Unternehmen folgen dabei meist der Pecking-Order-Theorie, die auf der Basis von Renditeforderungen und Mitspracherechten argumentiert, dass Unternehmer zunächst Fremdkapital präferieren und erst als quasi letzte Option in Erwägung ziehen, Eigenkapital von externen Dritten zur Finanzierung heranzuziehen. Der Auftrags- und Gewinneinbruch in Folge der Finanzkrise hat die Selbstfinanzierungsmöglichkeiten der Maschinen- und Anlagenbauer insgesamt deutlich eingeschränkt, die Bedeutung externer Finanzquellen steigt dadurch. Dies sollte eigentlich vor allem zu einer Erhöhung der Kreditnachfrage geführt haben.

Wie Schauber (2010) berichtet, hat sich hier aber gerade bei den mittelständisch geprägten Mitgliedern des VDMA mit der Finanzkrise ein nachhaltiger Mentalitätswandel vollzogen. Insbesondere bei kleineren Mittelständlern im

Maschinenbau mit Jahresumsätzen unter 10 Mio. Euro hat sich das Verhältnis zur Hausbank stark verschlechtert. Kritisiert wird insbesondere, dass Banken

- mit der Kreditvergabe detailliert auch Vorgaben zum Personalabbau gemacht haben,
- monatliche Statusberichte verlangten und
- deutlich längere Kreditbearbeitungszeiten brauchten und hohe Risikoprämien in den Kreditkonditionen eingepreist haben.

Konsequent wird von den betroffenen Unternehmen nach Alternativen zur Bankfinanzierung gesucht. Dabei hat zum einen der deutsche Maschinen- und Anlagenbau seine traditionell sehr skeptische Einstellung gegenüber PE-Gesellschaften ein Stück weit revidiert, zum anderen sind die Finanzinvestoren inzwischen auch bereit, sich auf Minderheitsbeteiligungen zu beschränken. Als ein typisches Beispiel für ein Unternehmen, das auch von der Energiewende profitiert und einen Finanzinvestor als Minderheitseigentümer aufgenommen hat, ist die Krefelder Henkelhausen GmbH & Co. KG, u.a. ein Spezialist für komplette Notstromanlagen und Spitzenlastaggregate sowie Schaltanlagen, Netzersatzanlagenservice und elektrotechnische Sonderlösungen für Notstromversorgungssysteme.[2]

Obwohl inzwischen auch verschiedene Unternehmen der Solarindustrie Anleihen und Genussrechte zur Deckung externer Finanzierungsbedürfnisse für sich erschlossen haben, bleibt Eigenkapital ein limitierender Faktor, auf den sich die weitere Analyse deshalb auch beschränkt. Ob sich jenseits der Beteiligungsfinanzierung weitere Finanzquellen für den deutschen Maschinenbau erschließen, konnte in unserer Untersuchung nicht ermittelt werden.

## 1.3. Herleitung der Forschungsleitfragen

Vor dem Hintergrund der bislang eher anekdotischen Evidenz wurden im Jahr 2010 Experteninterviews mit leitenden Angestellten von deutschen Private Equity- Unternehmen geführt. Die Gesprächspartner wurden unter dem Kriterium ausgewählt, dass zumindest ein Großteil der Investitionen im Bereich Maschinen- und Anlagenbau getätigt sind.

---

2   Auch andere Unternehmen der Energiebranche wie der Energiedienstleister Ista, nach Techem die Nummer 2 auf dem deutschen Markt für Energiekostenabrechnungen mit einem Marktanteil von 25,9%, berichtet sehr positiv über den Private Equity-Eigentümer Charterhouse. Vgl. Becker (2011).

Gegenstand der Interviews waren Fragen zu folgenden 3 Themengebieten:
- Beobachtungen zu bestehenden Investments – Im Mittelpunkt hierbei standen die Maßnahmen, die Investoren ergriffen haben oder derzeit noch anwenden, um ihre Portfoliounternehmen im Umgang mit den Folgen der Krise zu unterstützen. Dabei war auch zu klären, ob im Maschinen- und Anlagenbau bei der Finanzierung gemäß der Pecking-Order-Theorie das externe, institutionelle Beteiligungskapital eine nur untergeordnete Rolle spielt.
- Auswirkungen der Krise auf zukünftige Investments – Ein immer wieder mit großem Misstrauen adressierter Aspekt sind die Renditen, die Private-Equity-Unternehmen erzielen wollen. Nach einer Krise, wie sie die Branche in den letzten Jahren erlebt hat, drängt sich die Frage auf, ob es hier Korrekturen gab. Eng damit verbunden ist das Financial Engineering mit der Wahl des Verhältnisses von Eigenkapital zu Fremdkapital bei neuen Investitionen zu hinterfragen.
- Darüber hinaus wurde nach Einstellungsänderungen zu Finanzierungsfragen aus zwei Blickwinkeln gefragt. Einerseits richtete sich der Fokus auf die Frage, ob zukünftig eine breitere Diversifizierung des Portfolios angestrebt wird, um Risiken, die mit dem sehr zyklischen Maschinenbau zusammenhängen, zu reduzieren. Andererseits wurde aus Sicht der Kapitalnehmer adressiert, inwiefern bedeutende Altgesellschafter bei den Maschinenbauunternehmen, in der Regel die Gründer und Familieneigentümer, durch die Erfahrungen während der Krise offener für privates Beteiligungskapital geworden sind.
- Allgemeine Beobachtungen während der Krise – Im letzten Fragenblock wurde stärker auf allgemeine Aspekte während der Krise eingegangen. So wurden Beobachtungen zum Deal Flow, gute Investitionszeitpunkte und die Attraktivität der Branche Maschinenbau für Investoren abgefragt.

## 2. Wesentliche Erkenntnisse der Untersuchung

Für bestehende Investments setzten die Beteiligungsgesellschaften als Reaktion auf die Folgen der Finanzkrise auf sehr unterschiedliche Strategien, um die Liquidität bei ihren Portfoliounternehmen zu sichern. Generell wurde vorrangig auf Kostenreduktion gedrungen, die möglichst schnell vollzogen werden musste. Dazu nutzte man vor allem die Inanspruchnahme der Kurzarbeit und die Entlassung von Leiharbeitern. Änderungen in der Wertschöpfungskette wurden sehr unterschiedlich angegangen. So finden sich sowohl Beispiele, in denen Produktionsprozesse ausgelagert wurden als auch solche, wo man Aufträge an Zulieferer zurückgefahren hat, um die eigene Belegschaft besser auszulasten.

Als zweite wichtige Maßnahme wurde dann die Rekapitalisierung durch neues Eigenkapital genannt, meist in Form eines Gesellschafterdarlehens. Dies kam erwartungsgemäß nur dann zum Einsatz, wenn das Private Equity-Haus vom Geschäftsmodell des Unternehmens überzeugt war. Eng mit dem Aufstocken der Eigenkapitalbasis zusammen hängen auch die Verhandlungen mit den kreditgebenden Banken. Oft war ein Eigenkapitalzuschuss eine wesentliche Voraussetzung, damit Banken ihre Kreditlinien offen gehalten oder einer Stundung zugestimmt haben.

Jenseits von Kosten- und Kapitalstrukturmanagement bot die Krise aber auch Optionen zur Weiterentwicklung der Unternehmensstruktur. In einigen Fällen wurden verlustbringende Unternehmensteile in der Krise verkauft. Auf der anderen Seite konnten manche Unternehmen das Umfeld nutzen und bspw. dort Unternehmen hinzukaufen, wo eine komplementäre Produktpalette gegeben war und es Cross Selling-Potential gab, wenn aus der Insolvenz günstig übernommen werden konnte.

Für zukünftige Investments stand zunächst die Frage im Mittelpunkt der Diskussion, inwiefern sich das Image der Branche und die Bedeutung des externen Eigenkapitals durch die Krise verändert haben. Eine Kernaussage lautete hier, dass diese Wahrnehmung davon abhängt, in welcher Form Unternehmen mit Private Equity in Kontakt gekommen sind und welche Erfahrungen sie dabei gemacht haben. Eine für die Finanzkrise typische Situation war die eintretende oder drohende Insolvenz von Maschinenbauunternehmen. Oft war in diesen Fällen die Übernahme durch Private Equity-Gesellschaften die letzte Möglichkeit der Rettung. Alleine durch diese Tatsache hat das externe Eigenkapital während der Krise an Bedeutung gewonnen. Die Bereitschaft, externes Eigenkapital aufzunehmen, ist also gestiegen, wenn auch nicht ganz freiwillig. Kam es in diesen Situationen nicht zu einer Transaktion, hatten die enttäuschten Erwartungen der Unternehmen natürlich zur Folge, dass sich das Image nicht verbesserte. Hat sich hingegen ein Investor an dem Unternehmen beteiligt und schaffte es, das Unternehmen erfolgreich durch die Krise hindurchzuführen und somit Arbeitsplätze zu sichern, hatte dies positivere Imagewirkungen erreicht.

In der Regel sind Private Equity-Unternehmen weiterhin vorrangig an Mehrheitsbeteiligungen interessiert, bei denen sie nicht nur mit dem eingesetzten Kapital haften, sondern auch Mitsprache- bzw. Alleinentscheidungsrechte bekommen. Der damit einhergehende Kontrollverlust wird aber laut den Experten auch weiterhin von den (Alt-)Unternehmern als sehr kritisch empfunden. Ein Bereich, bei dem Private Equity allerdings an Bedeutung dennoch gewinnt, sind Situationen, in denen eine Nachfolgelösung im Unternehmen gesucht wird.

Die Frage nach den angestrebten Renditen der Investoren spaltete die Experten ebenfalls in zwei Lager. Die Mehrheit der Experten geht davon aus, dass sie an den Renditeerwartungen aus den Zeiten vor der Finanzkrise festhalten. Sie glauben, dass Renditen von 25-30% nach der Krise wieder erwirtschaftet werden können. Ein Abschwung, wie ihn momentan der Maschinenbau durchlebt, sei in den Renditeerwartungen schon berücksichtigt, da diese immer risikoadjustiert seien. Auf der anderen Seite argumentierten mehrere Experten, dass sie schon seit Jahren rückläufige Renditen am Markt beobachten. Dies liege an der Professionalisierung und Institutionalisierung der Private Equity-Branche. Es gibt immer mehr Fonds mit immer mehr Kapital, das investiert werden will. Dadurch werden bei Auktionen höhere Preise bezahlt, die die Renditen schrumpfen lassen. Nachdem früher Zielrenditen bei 30% gelegen haben, wäre man heute froh, wenn 12% erreicht werden würden. Dabei muss man auch die veränderten Transaktionsstrukturen berücksichtigen.

Die zurückliegende Finanzkrise hat sehr starke Auswirkungen auf die Finanzierungsstrukturen bei Transaktionen gehabt. Die Experten stellen dabei drei Hauptveränderungen fest:

- Kreditknappheit – In Folge der Finanzkrise sind Banken deutlich restriktiver bei der Vergabe von Krediten geworden. Während der Krise mussten die Banken mit Kreditausfällen kämpfen und konnten sich selbst oft nur schwer refinanzieren. Dies hatte in der Folge auch Auswirkungen auf die Kreditvergabe bei Neuinvestitionen von Private Equity-Gesellschaften.
- Rückgang des Leverage – Reichten in den Boomzeiten vor der Finanzkrise ca. 30% an Eigenkapital aus, um eine Buyout-Finanzierung zu attraktiven Konditionen zu erhalten, müssen Unternehmen heute ca. 50% Eigenkapital aufbringen.
- Zunahme an verfügbarem Kapital – Nach dem Einsetzen der Krise ist der Private Equity-Markt relativ schnell zum Erliegen gekommen. Es wurden kaum noch Transaktionen getätigt. Im Gegenzug aber wurde weiterhin Kapital bei Investoren eingesammelt. Folglich ist die Summe des für Investitionen zur Verfügung stehenden Kapitals stark angestiegen.

Die Finanzkrise hatte auch Auswirkungen auf die Anzahl der verschiedenen möglichen Finanzinstrumente. Vor der Krise gab es eine ganze Palette an Alternativen zur Strukturierung des Fremdkapitals. Die Kreditverträge hatten teilweise einen Umfang von ganzen Büchern. Als Folge der Krise hat sich der Markt hier massiv bereinigt. Die Finanzierungen sind weniger komplex und viel transparenter geworden.

Bei den allgemeinen Beobachtungen zu den Folgen der Finanzkrise war die Breite der Meinungen eher überschaubar. Große Einmütigkeit zeigten die Experten bei der Einschätzung, wie sich die Anzahl der Investitionsmöglichkeiten im Maschinenbau im Verlauf der Krise entwickelt hat. Es wurde unterschieden zwischen dem qualitativ hochwertigen Deal Flow, der stark rückläufig war, und Investitionsmöglichkeiten mit geringer Qualität, wo ein starker Anstieg an Angeboten beobachtet werden konnte.

Die Krise war ein ungünstiger Zeitpunkt, um aus bestehenden Beteiligungen im Maschinenbau auszusteigen, auch wenn das im Vorfeld eigentlich geplant war. Im Gegensatz zum Maschinenbau gab es laut Aussagen der Experten Branchen, für die die Krise kein großes Hindernis war, um Unternehmen zu verkaufen. Gerade bei konjunkturunabhängigeren Industrien wie z.B. Healthcare gab es in den letzten Jahren mehrere Divestments.

Als abschließende Frage dieser Untersuchung wurde um Einschätzungen ersucht, inwiefern die Attraktivität der Branche Maschinenbau unter der derzeitigen Krise gelitten hat. Nach der einhelligen Expertenmeinung ist der Maschinebau bei Investoren weiterhin eine Branche mit guten Aussichten. Der Maschinenbau sei krisenerprobt, die Investoren sind in der Regel sehr professionell und kennen sich im Maschinenbau aus und da der Maschinen- und Anlagenbau in Deutschland eine sehr dominante Rolle spielt, kommen Investoren in vielen Fällen auch gar nicht um Investitionen in diesem Bereich herum. Damit kann auch für die Zukunft von einer hohen Bereitschaft zur Beteiligung an Maschinen- und Anlagenbauern auch im Bereich der erneuerbaren Energien ausgegangen werden.

## 3. Fazit

Die Finanzkrise hat ein langsames Umdenken sowohl bei Beteiligungsgesellschaften als auch bei Kapital suchenden Unternehmen bewirkt. Private Equity-Investoren sind heute tendenziell eher bereit, auch Minderheitsbeteiligungen einzugehen und niedrigere Zielrenditen zu akzeptieren. Dabei zwingen die Fremdkapitalmärkte sie, höhere Eigenkapitalquoten und damit geringere Finanzierungsrisiken anzusetzen.

Die Eigentümer von Maschinen- und Anlagenbauern haben die Gefahren einer großen Bankabhängigkeit in einer Finanzkrise erfahren und hatte manchmal schlichtweg keine Finanzierungsalternativen zum Private Equity. Die dann gemachten Erfahrungen waren aber überwiegend positiv.

In der Zusammenführung zeichnet sich damit auch für Maschinenbauer aus dem Bereich der erneuerbaren Energien für die Zukunft verbesserte Konditionen für den Zugang zu Private Equity ab, durch den die Eigenkapitalbasis der Kapital suchenden Unternehmen gesteigert werden kann.

# Literatur

Becker, Walther (2011): Energiedienstleister Ista erwärmt sich für stärkere Effizienz, in: Börsen-Zeitung, 08.07.2011, S. 11.

Geiger, Florian und Dirk Schiereck (2012): The Influence of Industry Concentration on Merger Motives - Empirical Evidence from Machinery Industry Mergers, erscheint in: Journal of Economics and Finance.

Pfeil, Marcus (2011): Lieber eine Heuschrecke als der Vetter, in: Die Zeit, 24.02.2011, Nr. 9, S. 37.

Schauber, Daniel (2012): Maschinenbau stichelt gegen Banken, in: Börsen-Zeitung, 21.12.2010, S. 11.

# Eigenkapitalkosten der europäischen Photovoltaikindustrie

Daniel Schmidt und Julian Trillig

# 1. Einführung

„Wouldn't you say green is the new bubble?", fragt Gordon Gecko in den letzten Minuten des Films Wall Street – Money Never Sleeps. Liegt der Investmentbanker mit dieser These völlig falsch oder werden wir in den nächsten Jahren tatsächlich den Niedergang der um die „Grüne Energie" gewachsenen Branche erleben? Ein wichtiger Vertreter dieser neuen grünen Energie ist die Photovoltaiktechnologie.

Zu Beginn des 21. Jahrhunderts gelang der Photovoltaiktechnik produzierenden und vertreibenden Branche ein beispielloses Wachstum. Nach Umsätzen i.H.v. 200 Mio. € im Jahr 2000 setzte die Branche bereits 2009 allein in Deutschland rund 9 Mrd. € um und beschäftigte etwa 63.000 Mitarbeiter (BSW, 2010). Diese Entwicklung geriet jedoch ab Ende 2008 unter Druck, was vor allem auf die hohe Sensibilität der Branche auf Änderungen von politischen Rahmenbedingungen und die Preisvolatilität des wichtigsten Rohstoffs – Silizium – zurückzuführen ist. Die Branche reagierte in unterschiedlicher Art und Weise auf die sich verändernden Marktbedingungen: Teilweise sahen Unternehmen in einer breiteren Aufstellung ihres Geschäftsmodells durch vertikale Integration die Versicherung für Unabhängigkeit und Wettbewerbsfähigkeit und hatten dabei explizit eine ausgewogene Risikoverteilung im Blick (Q-Cells, 2010). Andere Unternehmen setzten auf die „Rückbesinnung auf Kernkompetenzen", also die Konzentration auf nur eine oder wenige Stufen der Wertschöpfungskette.

Bereits vor 30 Jahren wurde beschrieben, welche Vor- und Nachteile mit der Strategie der vertikalen Integration verbunden sind (u.a. Buzzell, 1983). Der Kapitalbedarf und seine Kosten wurden schon damals als Risikofaktor identifiziert. Die Folgen hoher Kapitalkosten liegen auf der Hand: hohe Renditeerwartungen der Eigenkapitalgeber und dadurch hohe Kosten bei der Aufnahme von „frischem" Kapital. Dadurch haben auch schon geringe Änderungen des Eigenkapitalkostensatzes Auswirkungen auf den weiteren Geschäftserfolg. Darüber hinaus steht außer Frage, dass das mit dem Geschäftsmodell eines Unternehmens verbundene Risiko direkte Auswirkungen auf die Fremdkapitalkosten hat. „An welcher Stelle der Wertschöpfungskette kann mit Erneuerbaren Energien Geld verdient werden?", fragt daher der Investor Henk Keilmann (2010).

Ziel dieser Arbeit ist es, die Eigenkapitalkosten der einzelnen Wertschöpfungsstufen der Photovoltaikindustrie zu ermitteln. Dadurch wird das der jeweiligen Geschäftstätigkeit anhaftende Risiko beziffert und die Auswirkungen auf die Finanzierungstätigkeiten dargestellt. Letztendlich sollen so Entscheidungen für oder gegen eine vertikale Integration in dieser Branche unterstützt werden.

Die Eigenkapitalkosten in der Photovoltaikindustrie sollen in dieser Untersuchung hinsichtlich zweier Dimensionen analysiert werden: Zum einen können die Wertschöpfungsstufen untereinander verglichen werden, zum anderen ist es auch angestrebt, die zeitliche Entwicklung der Kapitalkosten auf einzelnen Wertschöpfungsstufen nachzuvollziehen. Die Untersuchung beschränkt sich dabei weitestgehend auf den europäischen Raum.

In Kapitel 2 werden die einzelnen Wertschöpfungsstufen durch eine Marktuntersuchung identifiziert und die jeweiligen Marktteilnehmer ermittelt. Kapitel 3 widmet sich den Grundlagen der Unternehmensbewertung und dem Capital Asset Pricing Model (CAPM). Hier werden die für die Untersuchung notwendigen Kennzahlen erfasst. Nach dieser Vorarbeit werden in Kapitel 4 zunächst Annahmen zu notwendigen Parametern getroffen, um anschließend die Berechnung der Kapitalkosten durchführen zu können. Diese werden sowohl für einzelne Unternehmen, als auch ganze Wertschöpfungsstufen identifiziert. Abschließend beinhaltet Kapitel 5 die Aufarbeitung und Diskussion dieser Ergebnisse. Der Fokus liegt hier auf dem Verhältnis der Kapitalkosten der einzelnen Wertschöpfungsstufen untereinander und der zeitlichen Entwicklung in den letzten fünf Jahren.

## 2. Photovoltaik

### 2.1. Hintergrund

Nachdem Photovoltaik (PV) in den 1970er und 1980er Jahren fast ausschließlich als Insellösung in entlegenen Gegenden eingesetzt wurde, initiierte das damalige Bundesministerium für Wissenschaft und Technik das sog. 1000-Dächer-Programm zur Bewertung und der Ableitung des Forschungsbedarfs der Photovoltaik. Durch das Gesetz für den Vorrang Erneuerbarer Energien in Deutschland (EEG) wurde die Technologie dann ab der Einführung am 1. April 2000 durch eine umfangreiche Einspeisevergütung gefördert.

Wie in Abbildung 1 dargestellt lag die weltweit installierte Photovoltaikkapazität noch im Jahr 2000 bei nur etwa 1.100 MW (Quaschning, 2010; EurObserv'ER, 2010; IREC, 2010; IEA, 2010). In den letzten neun Jahren wurde diese Kapazität etwa 19 Mal hinzu gebaut, was einer Zubaurate von jährlich 38% entspricht. Bemerkenswert ist, dass auch die Zubaurate mit wenigen Ausnahmen stetig gestiegen ist (sie lag 2008 bei über 60% des Bestands).

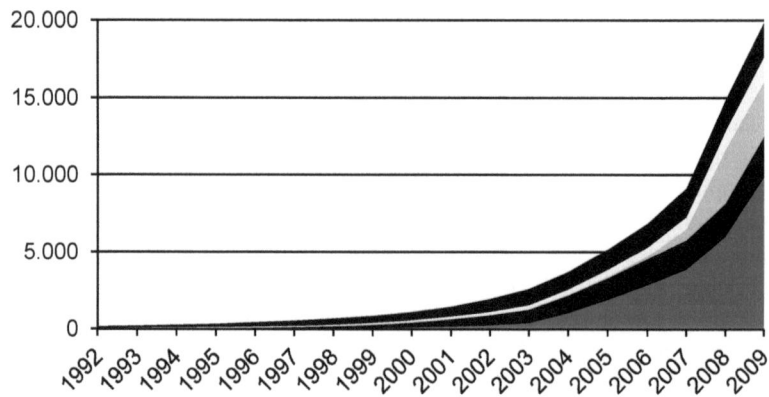

*Abbildung 1: Weltweit installierte PV-Kapazität in MW*

Der Großteil der heute installierten Leistung entfällt mit etwa 9,8 GW (Ende 2009) auf Deutschland. Auch in den USA (1,6 GW), Japan (2,6 GW) und Spanien (3,5 GW) sind bereits größere Kapazitäten installiert. Angesichts eines weltweiten Stromverbrauchs von 20.181 TWh (IEA, 2010) ist die Stromproduktion der Photovoltaikanlagen in Höhe von etwas mehr als 13 GWh (BMU, 2010) fast vernachlässigbar. Sonnenstrom trägt etwa 0,0006 ‰ zur weltweiten Stromproduktion bei. In Deutschland stammt im Jahr 2010 etwa 2% der gesamten Stromproduktion von PV-Anlagen. Sie verdoppelten damit ihren Anteil im Vergleich zum Vorjahr (Nickel, 2010).

Intuitiv kann man für die Photovoltaikindustrie noch von großen Wachstumschancen ausgehen. Entscheidend für die beschriebene Entwicklung in den letzten Jahren waren allerdings Förderprogramme mit finanziellen Anreizen der jeweiligen nationalen Politik. Trotz ständiger Innovationen ist die Technik ohne politische Unterstützung noch immer nicht wirtschaftlich. Die Förderung steht jedoch nicht nur aufgrund ihrer hohen Kosten in der Kritik. So führe beispielsweise das Handelssystem für Emissionszertifikate der Europäischen Union (EU) zumindest kurzfristig nicht zu einer Verringerung des Gesamtausstoßes, sondern nur zu einer Verschiebung der Emissionen zwischen Branchen oder Technologien (Pecka, 2009). Langfristig ist dennoch mit positiven Auswirkungen auf das Klima zu rechnen. Zwar mag die durch das EEG vorgegebene Förderpolitik nicht effizient sein – dennoch fördert sie die Entwicklung von klimaschonender Technologie: „Zum Anschub der Zukunftstechnologien brauchen wir Förderinstrumente, wie wir sie in Deutschland mit dem EEG erfunden haben." (Vahrenholdt, 2009). Es ist dann zu hoffen, dass die so entwickelte Technologie in Zukunft effizient und klimaschützend eingesetzt wird.

## 2.2. Überblick Wertschöpfungskette

In der Photovoltaikindustrie liegt eine Wertschöpfungskette vor, zu deren einzelnen Stufen sich Unternehmen teilweise direkt zuteilen lassen. Der Schwerpunkt dieser Arbeit liegt auf der Ermittlung der Kapitalkosten, die diesen Stufen zugeordnet werden können.

Viele Unternehmen sind heute bereits vertikal integriert, weshalb zusätzlich folgende Kriterien zur Definition der Wertschöpfungsstufen herangezogen werden:

- Der Einsatz einer bestimmten *Produktionstechnologie* verknüpft bestimmte Produktionsschritte zu logischen Einheiten.
- Die Arbeitsschritte müssen sich von anderen Branchen *abgrenzen*. Ihre Erzeugnisse werden hauptsächlich für die Photovoltaikindustrie gefertigt und fließen höchstens in geringem Umfang in Produktionsprozesse anderer Branchen ein.
- Um die ausführliche Analyse einer Wertschöpfungsstufe zu rechtfertigen, muss diese einen nennenswerten *Beitrag zur Gesamtwertschöpfung* leisten.

Ausgangspunkt der Identifikation der Wertschöpfungsstufen sind die Untersuchungen von EuPD Research und des Instituts für Wirtschaftsforschung (ifo) (EuPD/ifo, 2008) sowie die Branchen- und Exportanalyse des Vereins Deutscher Ingenieure (VDI) und des Verbands der Elektrotechnik Elektronik Informationstechnik (VDE) (VDI/VDE, 2007). Die in diesen Studien zugrundegelegten Wertschöpfungsketten weisen einen grundsätzlich gleichen Aufbau auf, der dieser Untersuchung zugrunde liegt.

Von großem Interesse ist die Risikobewertung der unterschiedlichen Solarzellentechnologien, da der Geschäftserfolg in der Photovoltaikindustrie maßgeblich vom Output in kW/€ abhängt. Dies ist der Output an Zellen oder Modulen – gemessen in kW – in Relation zu dem eingesetzten Kapital. Dessen Grenzen sind durch die Solarzellentechnologie vorgegeben. Jedoch muss festgestellt werden, dass eine Unterscheidung hinsichtlich Dünnschicht- oder kristalliner Technologie aufgrund mangelnder Datenbasis kaum möglich ist. Auch für die unterschiedlichen Produktionstechnologien kristalliner Zellen und Module – mono- und polykristalline Technik – sowie verschiedene Solarzellen der dritten Generation ist eine weitere Unterscheidung in der Berechnung der Kapitalkosten nicht zu leisten. Dies liegt einerseits daran, dass eine zu weite Untergliederung der ohnehin überschaubaren Zahl von Marktteilnehmern zu einem Verlust der statistischen Aussagekraft der Ergebnisse führt. Auf der anderen Seite findet besonders die Entwicklung zukünftiger Solartechnologien der dritten Generation weniger in börsennotierten Unternehmen, als im universitätsnahen Raum und in kleineren Personengesellschaften statt. Daher konzentriert sich diese Untersuchung auf den kristallinen Photovoltaikmarkt, ohne zwischen mono- oder polykristalliner Technik zu unterscheiden.

Die Wertschöpfungskette beginnt mit der Gewinnung von Rohsilizium, das erst durch aufwendige Raffination den hohen Reinheitsanforderungen der PV-Industrie von > 99,99% genügt (Wagemann & Eschrich, 2010). Als Zwischenprodukt erhält man Ingots (Einkristalle zur Herstellung mono- oder polykristalliner Solarzellen) oder polykristallines Silizium, mit dem polykristalline Zellen gegossen werden können. Der Preis für hochreines Silizium schwankte in der Vergangenheit sehr stark.

Die zweite Stufe bildet das Sägen der Wafer (Siliziumscheiben). Aufgrund der geringen Komplexität dieses Arbeitsschritts sind die Markteintrittsbarrieren niedrig. Daher ist es jederzeit möglich, dass Silizium- oder Solarzellenhersteller ihr Geschäftsmodell auf die Waferherstellung ausdehnen.

Die anschließende Solarzellproduktion umfasst als dritte Stufe die Waferreinigung, Hochtemperaturprozesse sowie das Aufbringen der Vergütungsschicht und der Kontakte (Wagemann & Eschrich, 2010). Fertige Solarzellen werden anschließend in Modulen verbaut

Im vierten Schritt unterscheidet sich die Herstellung von kristallinen und Dünnschicht-Photovoltaikmodulen nicht grundsätzlich: Die wichtigsten Bestandteile – die Solarzellen – werden zwischen EVA-Folien (Ethylenvinylacetat) und Glasscheiben einlaminiert. Abschließend muss das Modul lediglich vermessen und gerahmt werden.

Die fünfte Stufe bilden Hersteller von BOS-Komponenten (Balance of System). BOS umfasst viele Komponenten, die zusätzlich zum Photovoltaikmodul zum Betrieb einer Solaranlage notwendig sind. Dazu zählen z.B. Wechselrichter, Montage- oder Nachführsysteme. Die zukünftigen technologischen Herausforderungen werden vor allem in der Integration der Photovoltaikanlagen in ein intelligentes Stromnetz und der Speicherung von temporär überschüssiger Energie liegen (Rutschmann, 2010).

Daran schließt die sechste Wertschöpfungsstufe, der Handel an. Sie umfasst in dieser Untersuchung nicht den Verkauf selbsthergestellter Module. Vielmehr sind unter diesem Begriff klassische Großhändler und Systemanbieter zusammengefasst, die Photovoltaikmodule (mehrerer) anderer Hersteller verkaufen.

Die siebte Wertschöpfungsstufe Projektierung umfasst die für die Projektentwicklung typischen Dienstleistungen der Entstehungsphase nach Held

(2010): Projektakquise, -konzeptionierung, -realisierung und -vermarktung. Die eigentliche handwerkliche Installation stellt, wie von EuPD Research/ifo dargestellt, zweifelsfrei eine eigene Wertschöpfungsstufe dar. Diese kann hier jedoch nicht untersucht werden, da es sich bei den Unternehmen im Allgemeinen um Kleinbetriebe mit wenigen Mitarbeitern und nicht um börsennotierte Unternehmen handelt.

Als achte Wertschöpfungsstufe werden hier vor allem Unternehmen betrachtet, die Monitoring-Systeme offerieren. Die meisten der Anbieter sind auch als BOS-Hersteller auf einer vorgelagerten Wertschöpfungsstufe aktiv.

Die letzte und neunte Stufe ist der Betrieb von Solarparks. Die Untersuchung von Betreibern erscheint besonders dann sinnvoll, wenn statt der Installation einer Solaranlage „Sonnenstrom" als Endprodukt angesehen wird. Entsprechend dieser Sichtweise wurde in der jüngsten Vergangenheit eine Vielzahl von Photovoltaikparks mit mehr als 20 MW installiert, an deren Betrieb sich auch Projektentwickler und Modulhersteller beteiligen (Juwi, 2010).

Maschinebauer im Sinne dieser Betrachtung treten in den Wertschöpfungsstufen Silizium, Wafer, Solarzellen und Module als Zulieferer auf. Sie entwickeln und stellen die erforderlichen Produktionslinien bereit. Der Maschinenbau ist die einzige Stufe der Wertschöpfungskette, auf der deutsche Unternehmen nicht nur heute eine marktbeherrschende Stellung einnehmen, sondern ihren Weltmarktanteil beibehalten werden. Dieser liegt aktuell bei etwa 50% und soll sich in den nächsten zehn Jahren nicht verändern. Der Umsatz soll im gleichen Zeitraum jedoch von 2,0 auf 6,0 Mrd. € steigen (Roland Berger, 2010b).

Damit ergibt sich die hier untersuchte Wertschöpfungskette in Abbildung 2. Stufen ähnlicher Tätigkeit wurden zur Verbesserung der Übersichtlichkeit gruppiert. In hellem Ton werden die der Rohstoffverarbeitung nahen Wertschöpfungsstufen Silizium- und Waferherstellung dargestellt. Die Produzenten von Zellen, Modulen und BOS-Elementen sowie die Dienstleister vor der Inbetriebnahme einer Solaranlage werden mit intensiveren Grautönen, die Betreiber von Solarparks und Anbieter von After Sales Services schwarz markiert. Die die Branche in der Abbildung flankierenden Zulieferer sind schwarz umrandet.

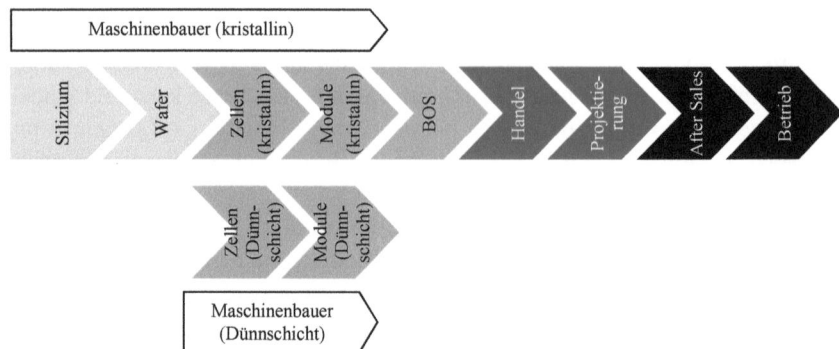

*Abbildung 2: Erweiterte Wertschöpfungskette Photovoltaik (eigene Darstellung)*

## 2.3. Unternehmen im Photovoltaikmarkt

Tabelle 1 bildet eine Gesamtübersicht, welche Unternehmen in die Untersuchung mit einbezogen wurden und auf welchen Wertschöpfungsstufen sie aktiv sind. Durch Angaben in den oben genannten Studien (EuPD/ifo, 2008 und VDE/VDI, 2007), Überprüfung der Mitglieder nationaler Solarverbände und Internetrecherche können 76 europäische Unternehmen identifiziert werden, die auf den genannten Wertschöpfungsstufen agieren und einen Umsatz von mindestens 15% im Photovoltaikbereich erwirtschaften. Von 26 dieser Unternehmen, die an europäischen Börsen gehandelt werden, können Kapitalmarktdaten gewonnen werden. Auf den ersten Blick zeigt sich ein uneinheitliches Bild: Während sich einige Unternehmen auf bestimmte Stufen der Wertschöpfungskette konzentrieren, sind vor allem SolarWorld und Conergy vertikal stark integriert. Für die meisten Wertschöpfungsstufen sind Daten von ausreichend vielen Unternehmen vorhanden, um von ihnen auf die Wertschöpfungsstufe schließen zu können. Mit zwölf Unternehmen ist die Datenbasis im Bereich Projektierung am aussagekräftigsten.

Dahingegen muss der Technologiezweig Dünnschicht von der weiteren Untersuchung ausgeschlossen werden. Von den elf Unternehmen, die in diesem Segment aktiv sind, werden nur zwei an der Börse gehandelt. Dabei handelt es sich zusätzlich noch um ein sehr kleines Unternehmen (PowerFilm Inc.) mit nur 6,6 Mio. € Umsatz und die Q-Cells SE. Q-Cells wiederum ist noch wesentlich stärker im Markt für kristalline Photovoltaik engagiert und erwirtschaftete 2009 nur etwa 2% des Gesamtumsatzes mit Dünnschichtzellen und -modulen. Daher ist es nicht gerechtfertigt, von diesen beiden Unternehmen auf die Eigenkapitalkosten und damit das Geschäftsrisiko der Dünnschichttechnologie zu schließen.

*Tabelle 1: Untersuchte Unternehmen*

|  | Silizium | Wafer | Zellen (dünn-schicht) | Module (dünnschicht) | BOS | Handel | Projektierung | After Sales | Betrieb |
|---|---|---|---|---|---|---|---|---|---|
| produzierende Unternehmen | 4 | 4 | 7 (1) | 11 (1) | 5 | 6 | 12 | 4 | 3 |
| Maschinenbauer | 5 | 8 | 9 (7) | - | - | - | - | - | - |

Kritisch muss auch die weitere Betrachtung der Wertschöpfungsstufe After Sales behandelt werden. Nur eines der vier aus diesem Bereich untersuchten Unternehmen erwirtschaftet mehr als 10% seines Umsatzes im Bereich „after sales".

Fraglich ist auch, ob Unternehmen auf einer Wertschöpfungsstufe ohne weiteres miteinander verglichen werden können. Durch die unterschiedliche vertikale Integration haben Unternehmen, die auf derselben Wertschöpfungsstufe tätig sind, nicht zwangsläufig ähnliche Geschäftsmodelle: Während Phoenix Solar beispielsweise 18% des Umsatzes durch den Betrieb, also den Verkauf des produzierten Stroms, erwirtschaftet, sind es bei S.A.G. Solarstrom nur 1%. Auf diese Problematik wird im Folgenden jedoch noch detaillierter eingegangen.

# 3. Grundlagen Unternehmensbewertung

Von einer Vielzahl an Bewertungsverfahren gibt es nicht ein „richtiges" Verfahren und nicht den einen „richtigen" Unternehmenswert: „Da Unternehmenswertermittlungen sehr unterschiedlichen Zwecken dienen können, ist der richtige Unternehmenswert der jeweils zweckadäquate." (Moxter, 1983).

Das Discounted-Cash-Flow-Gesamtwertmodell (DCF-Modell) hat sich in den 1980er Jahren zunächst im angelsächsischen Raum und daraufhin zunehmend auch in Deutschland durchgesetzt (Drukarczyk, 2003). Das DCF-Modell bietet verschiedene Berechnungsweisen, je nach Situation des Unternehmens bzw. je nach Datenbasis: Neben dem Equity-Ansatz (Diskontierung der Zahlungsströme mit Eigenkapitalzinsen, nachdem die Kosten des eingesetzten Fremdkapitals bereits abgezogen wurden) existieren mehrere Methoden des Entity Ansatzes. Dazu gehören der Adjusted Present Value Ansatz (APV), der Weighted Average Cost of Capital Ansatz (WACC) und der Economic Value Added Ansatz (EVA). Die unterschiedlichen Verfahren der Unternehmenswertermittlung kommen bei konsistenter Anwendung und gleicher Kapitalstruktur zum selben Ergebnis.

Entscheidend für Bewertungen nach den DCF-Methoden sind neben richtig prognostizierten zukünftigen Cash Flows, sorgfältig kalkulierte Kapitalkosten (Weber, 2006). Während sich die Kosten des Fremdkapitals aus Zinsen und etwaigen Steuervorteilen eindeutig ermitteln lassen, sind die Eigenkapitalkosten schwieriger zu bestimmen. Es geht dabei um die Bestimmung der Opportunitätskosten, d.h. um den Ertrag, den der investierte Betrag bei einer anderen Anlage hätte erwirtschaften können. Diese sind jedoch schwer zu schätzen, da sie nicht direkt am Kapitalmarkt beobachtet werden können (Copeland et al., 2002). Außerdem muss beachtet werden, dass Kapitalgeber bei einer Investition, die mit hohem Risiko behaftet ist, eine höhere Renditeerwartung haben, als bei einer vergleichsweise sicheren Anlage.

Zur Ermittlung der Renditeforderungen des Kapitalmarkts gilt heute das Capital Asset Pricing Model (CAPM) als Standardmodell (Gebhardt & Daske, 2004). Cochrane (2005) beschreibt es als „the first, most famous, and (so far) most widely used model in asset pricing". Diese Einschätzung teilt Michael R. King (2009) in seiner Untersuchung der Eigenkapitalkosten in der Finanzindustrie. Es wurde in den 1960er Jahren von William F. Sharp (1964), John Lintner (1965) und Jan Mossin (1966) entwickelt und baut auf der Portfoliotheorie von Harry Markowitz (1952) auf.

Die Bewertung einzelner Wertpapiere lässt sich im CAPM anhand der Wertpapierlinie (Security Market Line - SML) erklären. Dabei wird das Risiko, mit dem ein Wertpapier i behaftet ist, in ein Verhältnis zu dem Risiko eines Marktportfolios gesetzt. Die SML bezeichnet einen linearen Zusammenhang zwischen der erwarteten Rendite $E(R_i)$ eines Wertpapiers i und dem als $\beta_i$ bezeichneten Risiko, das dem Wertpapier anhaftet. Dieser Risikofaktor $\beta$ bestimmt sich aus der Kovarianz des Erwartungswertes der Rendite des Wertpapiers $E(R_i)$ und der Rendite des Marktportfolios $E(R_M)$, dividiert durch die Varianz der Rendite des Marktportfolios.

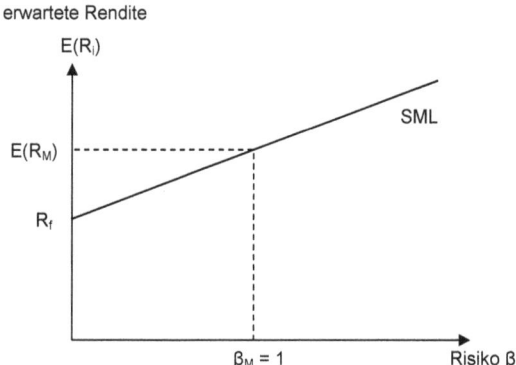

*Abbildung 3: Security Market Line (SML)*

Für den Risikofaktor β gilt somit der formale Zusammenhang

$$\beta_i = \frac{\sigma_{iM}}{\sigma^2_M} = \frac{\text{cov}(R_i, R_M)}{\text{var}(R_M)}.$$

Per Definition beträgt der Beta-Faktor eines bestimmten Portfolios bezogen auf sich selbst 1. Hat eine bestimmte Investition bezogen auf ein Referenzportfolio den Beta-Faktor 1 bedeutet dies, dass das mit ihr verbundene Risiko genauso groß ist, wie das des damit verglichenen Portfolios. Der Beta-Faktor als spezifisches Volatilitätsmaß beschreibt, in welchem Umfang der Kurs eines Wertpapiers die Bewegung des damit verbundenen Portfolios nachvollzieht.

Die Eigenkapitalkosten $r_{EK}$ setzen sich nach dem CAPM aus einer risikofreien Verzinsung und einem Risikoaufschlag zusammen, der das systematische Risiko dieses Wertpapiers umfasst (Gebhardt & Daske, 2004). Der systematische Teil des Risikos lässt sich im Gegensatz zum unsystematischen Anteil nicht durch Diversifikation eliminieren. Er beziffert somit den Teil des Gesamtrisikos, für dessen Übernahme der Investor ein Entgelt verlangt. Der Formale Zusammenhang lautet damit

$$r_{EK} = E(R_i) = R_f + (E(R_M) - R_f) \cdot \beta.$$

Dabei bezieht sich $E(R_i)$ auf die erwartete Rendite des Wertpapiers, $R_f$ auf den risikofreien Zinssatz und $E(R_M)$ auf die erwartete Rendite des Marktportfolios. Die Differenz der erwarteten Rendite des Marktportfolios und der risikofreien Verzinsung $E(R_M) - R_f$ wird als Marktrisikoprämie bezeichnet. Auf eine

Eliminierung des unterschiedlichen Verschuldungsgrades der Unternehmen und damit eine Umrechnung von levered zu unlevered Beta (siehe z.B. Fernández, 2003) wird hier verzichtet.

## 4. Methodik und Annahmen

In diesem Abschnitt werden die einzelnen Bestandteile (risikofreier Zins und Marktrisikoprämie) der Eigenkapitalkosten erörtert. Folgend lassen sich daraus die Beta-Faktoren ermitteln, die in einem weiteren Schritt durch die Bestimmung von Gewichtungsfaktoren ein verbessertes Abbild entlang der Wertschöpfungskette darstellen sollen.

### 4.1. Risikofreie Rendite

Sowohl in der Rechtsprechung, als auch in der Bewertungspraxis ist die risikofreie Rendite als zentrales Element zur Bildung der Kapitalkosten akzeptiert (Metz, 2007). Zunächst war auch die Bestimmung dieses Teils der Kapitalkosten umstritten. Diskutiert wurde die Verwendung öffentlicher Anleihen, die Branchenrendite, eine durchschnittliche Aktienrendite, die Rendite von langfristigen Spareinlagen, Industrieanleihen und andere Durchschnittswerte.

Aus dieser Vielzahl von alternativen Bestimmungsansätzen konnte man sich auch in der Rechtsprechung auf einen „landesüblichen Zinssatz" als anzunehmende risikofreie Rendite einigen.[1] Dieser „landesübliche Zinssatz" wurde auch vom Bundesgerichtshof als Rendite von risikolosen festverzinslichen Wertpapieren der öffentlichen Hand konkretisiert.[2] Diese Auffassung teilt auch das Institut der Wirtschaftsprüfer (IDW). Der Standard IDW S1.120 fordert für eine objektive Unternehmensbewertung den Ansatz eines landesüblichen Zinssatzes, wobei grundsätzlich auf die langfristig erzielbare Rendite öffentlicher Anleihen abzustellen sei (Gebhardt & Daske, 2004).

Umstritten ist die Frage, ob für diesen risikofreien Basiszins die alternative Rendite der öffentlichen Anleihe am Bewertungsstichtag anzusetzen oder aber ein Zinssatz in zukünftiger Periode zu prognostizieren ist (Drukarczyk, 2003). Eine Prognose erscheint umso sinnvoller, wenn man die Entwicklung der Zinsen für deutsche Bundesanleihen mit einer Laufzeit von zehn Jahren betrachtet. Dabei ist zu beobachten, dass der Zinssatz gerade in den letzten 20 Jahren kontinuierlich von rund 9% auf unter 3% gesunken ist.

---

1 Vgl. zunächst OLG Hamm, Urteil vom 23.01.1963 – 8 AR 1/60 oder auch OLG Düsseldorf, Urteil vom 22.01.1999 – 19 W 5/96 AktE.
2 Vgl. BGH, Urteil vom 31.09.1981 – IV a ZR 127/80.

Drukarczyk (2003) führt aus, dass dennoch der Zinssatz am Bewertungsstichtag anzusetzen ist – insofern die Laufzeitäquivalenz beachtet wird. Danach sollen die zu bewertende Investition und das alternative Investment (hier in Staatsanleihen) den gleichen zeitlichen Horizont aufweisen und somit zur gleichen Zeit zurückgezahlt bzw. veräußert werden (Gebhardt & Daske, 2004). Obermaier (2005) argumentiert, möglichst langfristige Anleihen für die Bestimmung des risikolosen Zinssatzes heranzuziehen. Die staatlichen Anleihen mit der längsten Laufzeit sind üblicherweise 30-jährige Anleihen. Da für die Berechnung des risikolosen Zinssatzes im Rahmen einer Unternehmensbewertung jedoch regelmäßig 10-jährige Anleihen betrachtet werden (Gebhardt & Daske, 2004), soll auch hier daran festgehalten werden. Der Einfachheit halber soll auch von einer Schätzung zukünftiger Zinssätze abgesehen und stattdessen der Zinssatz zum Bewertungsstichtag angenommen werden. Beide Annahmen sind ohne tiefer gehende Diskussion besonders vor dem Hintergrund gerechtfertigt, dass der Fokus dieser Arbeit nicht auf der absoluten Höhe der Kapitalkosten, als vielmehr auf dem Verhältnis der durchschnittlichen Kapitalkosten auf den Wertschöpfungsstufen liegt.

Für die Berechnung der risikofreien Verzinsung für europäische Unternehmen – dazu zählen alle hier untersuchten Unternehmen – soll daher auf die Rendite 10-jähriger Bundesanleihen zurückgegriffen werden. Diese bewegte sich im Dezember 2010 knapp unter 3%. Daher wird für die Berechnungen eine risikolose Rendite von 2,9% herangezogen. Grund für diesen Bezug auf die Bundesrepublik ist, dass Deutschland gemein hin als solventer Schuldner gilt (Pache, 2010) und damit als „bester Schuldner" für die Betrachtung des risikofreien Zinses infrage kommt (Weber, 2006).

## 4.2. Marktrisikoprämie

Die Marktrisikoprämie ergibt sich aus der Differenz der erwarteten Rendite des Marktportfolios und der risikofreien Verzinsung $E(R_M) - R_f$. Das Marktportfolio sollte möglichst breit angelegt sein, um eine ausreichende Diversifikation zu erreichen (Rebien, 2007). In dem optimalen Fall besteht es daher aus allen Aktien und darüber hinaus aus Immobilien, Rohstoffen und auch Kunstgegenständen (Hachmeister, 2000) und wird daher von keiner Zusammenstellung von Wertpapieren vollständig repräsentiert werden können.

Ab einer gewissen Anzahl von Wertpapieren im Portfolio kann jedoch auch aus statistischen Gründen keine relevante weitere Diversifikation mehr erreicht werden. Dieses darüber hinaus verbleibende Risiko wird als Marktrisiko (systematisches Risiko) bezeichnet (Weber, 2006).

Die Marktrisikoprämie ist ein weit diskutierter Finanzparameter. Die Höhe der Prämie variiert über zeitliche und geografische Einflüsse sowie aufgrund unterschiedlicher Berechnungsmethoden zwischen 3 und 10%. Verschiedene Untersuchungen berechnen Marktrisikoprämien unter wechselnden Einflüssen (Drukarczyk, 2003; Fernández 2010; Stehle, 2004) und beobachten in der kürzeren Vergangenheit eine typische Marktrisikoprämie von über 5%.

Das Institut der Wirtschaftsprüfer setzt in der Untersuchung *Kapitalkosten 2010 für die Unternehmensbewertung* eine Marktrisikoprämie von 4,5% an (Dörschell et al., 2010). Unter Berücksichtigung dieser Quellen und aufgrund der Fokussierung auf das unsystematische Risiko in dieser Untersuchung soll auf eine gesonderte Berechnung des Marktrisikos verzichtet werden. Stattdessen wird eine Marktrisikoprämie von 4,5% für die weitere Untersuchung verwendet.

### 4.3. Beta-Faktoren

Wie in der Marktübersicht deutlich wurde, sind viele Unternehmen der Photovoltaikindustrie nicht börsennotiert. Um den Beta-Faktor bzw. die Eigenkapitalkosten eines nicht an einer Börse gehandelten Unternehmens zu ermitteln, wird häufig der Rückgriff auf eine Peer Group, also ähnlich aufgestellte Unternehmen, empfohlen (u.a. Rebien, 2007). Hier steht dieser Vorgehensweise jedoch der eigentliche Zweck der Untersuchung entgegen. Während der Rückgriff auf eine Peer Group dann sinnvoll ist, wenn der Beta-Faktor eines bestimmten Unternehmens ermittelt werden soll, liegt hier die umgekehrte Situation vor: Mithilfe von bestimmten Unternehmenswerten sollen Beta-Faktoren für die Wertschöpfungsstufen eines Industriezweigs ermittelt werden, die dann wiederum selbst als Peer Group angesehen werden können.

Die Berechnung der Unternehmens-Betas erfolgt mittels einer Regressionsanalyse. Die notwenigen Annahmen und die Durchführung werden im Folgenden beschrieben.

#### 4.3.1. Annahmen

Beta-Faktoren unterscheiden sich je nach Wahl der Parameter sehr stark (Rebien, 2007). Tabelle 2 zeigt Beta-Faktoren, die von verschiedenen Finanzdienstleistern am 03. August 2004 für die DaimlerChrysler AG angegeben wurden (Gebhardt & Daske, 2004). Die Bandbreite der Ergebnisse ist groß und reicht von 0,95 (etwas stabiler als der Index) bis zu 1,7 (deutlich größeres Risiko als der Index).

Es ist zunächst fraglich, für welche Intervalllänge Kurse zur Berechnung der Beta-Faktoren erfasst werden sollen. Denkbar sind tägliche, wöchentliche oder monatliche Intervalle. In dieser Untersuchung wird als Intervall ein Tag betrachtet. Dabei ist zu beachten, dass kurze Intervalle zu niedrigeren Beta-Faktoren und einem niedrigen Bestimmtheitsmaß führen. Dieser Effekt wird als Intervalling bezeichnet (Rebien, 2007).

*Tabelle 2: Beta-Faktoren verschiedener Finanzdienstleister für DaimlerChrysler*

| Datenanbieter (entgeltlich) | Beta | Datenanbieter (Internet) | Beta | Datenanbieter (Printmedien) | Beta |
|---|---|---|---|---|---|
| Bloomberg | 0,97/0,95* | Yahoo! Finance | 1,436 | Börsenzeitung | 1,16 |
| Datastream | 1,082 | Yahoo! Finanzen | 1,7 | | |
| Reuters | 1,01 | Bloomberg | 0,968 | | |
| Barra | 1,12/1,36** | CNN Money | 1,44 | | |

\* Adjusted Beta/Raw Beta, \*\* Basisindex DAX / STOXX 50

Für die Berechnung werden Zeitreihen für die Aktienkurse der untersuchten Unternehmen und entsprechender Indizes als Referenzportfolios benötigt. Die Unternehmen wurden bereits dargestellt, offen bleibt die Wahl des Vergleichsindexes. Festzulegen ist darüber hinaus, über welchen Zeitraum Beta-Faktoren berechnet werden sollen.

Vergleichsindex: Weber (2006) empfiehlt und verwendet in seiner Untersuchung der Eigenkapitalkosten für den europäischen Raum den MSCI Europe Index. Das Institut der Wirtschaftsprüfer empfiehlt den Euro STOXX als Vergleichsindex (Dörschell et al., 2010). Im Rahmen dieser Untersuchung wird auf den Euro STOXX 50 zurückgegriffen.

Zeitraum: Die von Finanzdienstleistern zugrunde gelegten Betrachtungszeiträume unterschieden sich ähnlich stark wie die beispielhaft dargestellten Beta-Faktoren für DaimlerChrysler. Der Datenanbieter Datastream berechnet den Beta-Faktor erst, wenn Daten für die letzen zweieinhalb Jahre zur Verfügung stehen. Der Onlinedienst OnVista bietet Beta-Werte auf Basis der letzten 30 und 250 Tage, die Börsenzeitung lässt in ihre Berechnung ebenfalls Daten der letzen 250 Tage einfließen, Bloomberg greift bei dem angegebenen Wert auf die letzten beiden Jahre zurück und Yahoo! Finance bzw. Yahoo! Finanzen gibt einen Beta-Faktor erst an, wenn Kursdaten für die letzten drei Jahre vorliegen.

Bei der Auswahl des Zeitraums für diese Arbeit ist einerseits zu beachten, dass die Branche noch vergleichsweise jung ist. So waren am 01. Januar 2005 gerade einmal die Hälfte (13) der untersuchten Unternehmen an einer Börse gelistet. Auf der anderen Seite ist es erklärtes Ziel dieser Arbeit, nicht nur den Status quo, sondern auch die Entwicklung in den letzten Jahren zu untersuchen.

Es werden daher unterschiedliche Zeiträume zur Berechnung von Beta-Faktoren betrachtet: Für die grundsätzliche Bewertung der gesamten Photovoltaikindustrie soll ein vergleichsweise langfristiges Beta für die letzten beiden Jahre berechnet werden. Um die temporäre Entwicklung insbesondere einiger

Wertschöpfungsstufen nachvollziehen zu können, werden darüber hinaus kurzfristigere Beta-Faktoren für jeweils ein Jahr berechnet. Angesichts der vergleichsweise geringen Anzahl an relevanten Unternehmen muss die Analyse auf die letzten vier Jahre beschränkt werden.

Sowohl bei der Ermittlung des 1-Jahres und des 2-Jahres Beta wird der Zeitraum von Juli bis Juni des nächsten bzw. übernächsten Jahres betrachtet. Dies ist auf den Zeitpunkt der Datenerhebung im September 2010 zurückzuführen.

### 4.3.2. Berechnungsmethodik

Für die Berechnung werden zunächst die täglichen Renditen der jeweiligen Unternehmen und Indizes benötigt. Sie können mit der dazugehörigen ISIN-Kennnummer vom Datenservice Datastream bezogen werden. Dabei wird stets ein Total-Return Wert abgefragt. Im Gegensatz zu Price-Indizes wird dabei angenommen, dass die vom Unternehmen ausgeschütteten Dividenden und alle sonstigen Bezüge, die aus dem Besitz der Aktie entstehen in dieselben Wertpapiere wieder angelegt werden.

Man erhält so für jeden Tag ein Renditepaar, das die Rendite des Indexes und des Wertpapiers umfasst. Trägt man diese in einem Diagramm auf, ergibt sich eine Punktewolke wie in Abbildung 4 dargestellt. Hier ist die Rendite der Renewable Energy Corporation über die Rendite des Euro STOXX 50 aufgetragen. In der Abbildung wurde in diese Wolke eine Regressionsgrade nach der Methode kleinster Quadrate gelegt. Die Steigung dieser Graden entspricht dem Beta-Faktor.

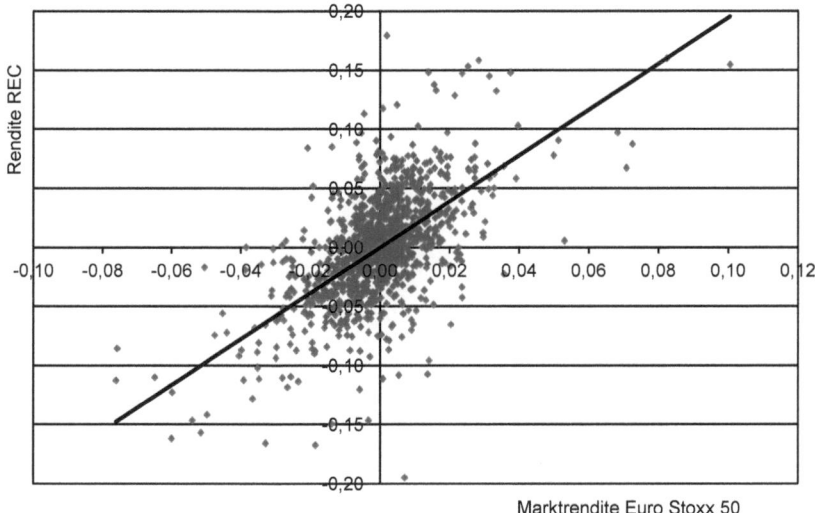

*Abbildung 4: Regressionsanalyse der Renewable Energy Corporation*

### 4.3.3. Beta-Faktoren und EK-Kosten der Unternehmen

Die so berechneten Beta-Faktoren sind in Tabelle 3 dargestellt. Der erste angegebene Wert ist für den Zeitraum vom 01. Juli 2008 bis zum 30. Juni 2010 berechnet und umfasst somit zwei Jahre. Die Beta-Faktoren in den weiteren Spalten beziehen sich jeweils auf ein Jahr und umfassen einen Zeitraum vom 01. Juli bis zum 30 Juni des darauffolgenden Jahres. Ein „ - " bedeutet, dass ein Unternehmen zu diesem Zeitpunkt noch nicht an der Börse notiert war und daher keine Werte berechnet werden konnten.

Für das 2-Jahres Beta ergeben sich positive Werte von 0,184 (Ralos New Energies) bis 1,731 (Renewable Energy Corporation). Lediglich beim 1-Jahres Beta von Juli 2006 bis Juni 2007 kommt es bei zwei Unternehmen (Ralos New Energies und Payom Solar) zu leicht negativen Werten. In diesem Zeitraum haben sich die Aktien dieser Unternehmen also tendenziell gegen den Markt bzw. gegen den Euro STOXX 50 entwickelt.

Mithilfe der ermittelten risikofreien Rendite (2,9%), der angenommenen Marktrisikoprämie (4,5%) und oben aufgeführten Beta-Faktoren lassen sich nun die Eigenkapitalkosten der betrachteten Unternehmen berechnen. Dafür wird hier das 2-Jahres Beta verwendet. Die Ergebnisse sind ebenfalls in Tabelle 3 dargestellt.

*Tabelle 3: Beta-Faktoren der untersuchten Unternehmen*

|  | Beta I 7.08-6.10 | Beta II 7.06-6.07 | Beta III 7.07-6.08 | Beta IV 7.08-6.09 | Beta V 7.09-6.10 | Kapitalkosten [%] |
|---|---|---|---|---|---|---|
| Wacker Chemie | 1,165 | 1,056 | 1,470 | 1,207 | 1,043 | 8,14 |
| ISRA Vision | 0.438 | 0.372 | 0.330 | 0.420 | 0.485 | 4.87 |
| Kuka Systems | 0.766 | 1.049 | 1.169 | 0.765 | 0.766 | 6.35 |
| Singulus Technologies | 1.075 | 0.769 | 1.081 | 1.018 | 1.223 | 7.74 |
| Solarworld | 1,233 | 1,249 | 1,686 | 1,323 | 0,986 | 8,45 |
| REC | 1,731 | 1,087 | 1,726 | 1,892 | 1,280 | 10,69 |
| PV Crystalox Solar | 1,143 | - | 0,893 | 1,273 | 0,670 | 8,04 |
| Conergy | 1,538 | 1,119 | 1,666 | 1,707 | 1,052 | 9,82 |
| Q-Cells | 1,537 | 1,368 | 1,765 | 1,722 | 1,016 | 9,82 |
| Sunways | 1,016 | 0,979 | 0,977 | 1,003 | 1,039 | 7,47 |
| Solar-Fabrik | 0,566 | 0,907 | 1,110 | 0,596 | 0,476 | 5,45 |
| Solon | 1,407 | 1,067 | 1,851 | 1,515 | 1,100 | 9,23 |
| aleo solar | 0,702 | - | 1,539 | 0,893 | 0,149 | 6,06 |
| Centro Solar Group | 0,960 | 1,147 | 1,314 | 1,109 | 0,532 | 7,22 |
| Romag Holdings | 0,266 | 0,797 | 0,353 | 0,325 | 0,007 | 4,10 |
| Schneider Electric | 1,213 | 0,982 | 1,217 | 1,262 | 1,072 | 8,36 |
| COLEXON Energy | 0,633 | 1,392 | 1,476 | 0,726 | 0,376 | 5,75 |
| Phoenix Solar | 0,796 | 1,147 | 1,520 | 0,813 | 0,749 | 6,48 |
| S.A.G. Solarstrom | 0,574 | 0,636 | 0,796 | 0,686 | 0,255 | 5,49 |
| Ralos New Energies | 0,184 | -0,221 | 0,046 | 0,243 | 0,027 | 3,73 |
| Payom Solar | 0,719 | -0,009 | 1,186 | 0,684 | 0,817 | 6,14 |
| solarparc | 0,480 | 0,938 | 0,815 | 0,559 | 0,248 | 5,06 |
| Centrotherm | 1,295 | - | - | 1,399 | 1,001 | 8,73 |
| Roth & Rau | 1,558 | 0,518 | 1,827 | 1,665 | 1,253 | 9,91 |
| PVA TePla | 1,127 | 0,886 | 1,395 | 1,225 | 0,839 | 7,97 |
| Manz Automation | 1,389 | - | 2,111 | 1,434 | 1,253 | 9,15 |
| swiss solar systems | 0,408 | 0,890 | 1,431 | 0,569 | -0,053 | 4,74 |
| Oelikon | 1,087 | 0,973 | 1,185 | 1,216 | 0,715 | 7,79 |

## 4.3.4. Beta-Faktoren und EK-Kosten entlang der Wertschöpfungskette

Von den oben für einzelne Unternehmen ermittelten Werten gilt es nun, auf die Beta-Faktoren und Eigenkapitalkosten der Wertschöpfungsstufen zu schließen. Dafür werden zunächst die Mittelwerte aller Unternehmen gebildet, die auf einer Wertschöpfungsstufe aktiv sind. Die so erhaltenen Beta-Faktoren sind in Tabelle 4 aufgelistet.

*Tabelle 4: Beta-Faktoren der Wertschöpfungsstufen*

|  | Beta I 7.08-6.10 | Beta II 7.06-6.07 | Beta III 7.07-6.08 | Beta IV 7.08-6.09 | Beta V 7.09-6.10 |
|---|---|---|---|---|---|
| Silizium | 1,318 | 1,131 | 1,444 | 1,423 | 0,995 |
| Wafer | 1,411 | 1,152 | 1,493 | 1,548 | 0,997 |
| Zellen (krist.) | 1,270 | 1,118 | 1,488 | 1,374 | 0,975 |
| Module (krist.) | 1,096 | 1,080 | 1,399 | 1,208 | 0,764 |
| BOS | 1,117 | 1,034 | 1,356 | 1,199 | 0,879 |
| Handel | 0,785 | 1,115 | 1,293 | 0,951 | 0,557 |
| Projektierung | 0,865 | 0,872 | 1,178 | 0,942 | 0,639 |
| After Sales | 0,766 | 0,926 | 1,087 | 0,830 | 0,581 |
| Betrieb | 0,621 | 1,028 | 1,152 | 0,696 | 0,407 |
| Anlagen (krist.) | 1.007 | 0.747 | 1.335 | 1.062 | 0.846 |
| Anlagen (dünn.) | 1,148 | 0,794 | 1,638 | 1,257 | 0,834 |

Im Folgenden werden die Eigenkapitalkosten auf den verschiedenen Wertschöpfungsstufen berechnet. Dies kann auf zwei Wegen geschehen: Entweder über das Beta der Wertschöpfungsstufe mit dem zuvor bestimmten risikofreien Zins und der Marktrisikoprämie, oder über eine Mittelwertbildung der Eigenkapitalkosten der entsprechenden Unternehmen in Tabelle 3. Beide Wege führen zu demselben Ergebnis. Abbildung 5 stellt die Eigenkapitalkosten der Wertschöpfungsstufe dar.

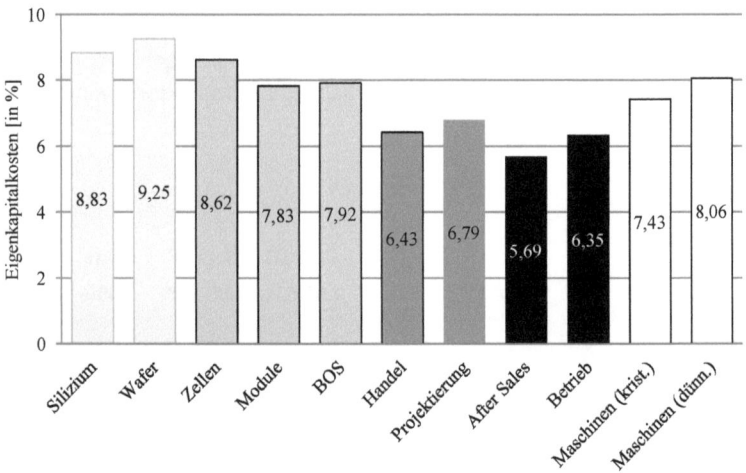

Abbildung 5: EK-Kosten der Wertschöpfungsstufen

Problematisch ist diese Berechnung von Beta-Faktoren und Eigenkapitalkosten durch Mittelwertbildung vor allem dann, wenn in die Berechnung einer Wertschöpfungsstufe Werte von nur wenigen Unternehmen eingehen, die darüber hinaus auch noch stark unterschiedliche Geschäftsmodelle haben. Dies ist besonders auf den Wertschöpfungsstufen „Maschinen (krist.)", „Maschinen (dünn.)", After Sales" und „Betrieb" der Fall.

So erwirtschaften beispielsweise die Betreiber von Solarparks Colexon Energy, Phoenix Solar und Solarparc jeweils zwischen 13 und 18% des Jahresumsatzes durch die Einspeisung des in ihren Parks produzierten Stroms. S.A.G. Solarstrom verkauft ebenfalls Solarstrom, erzielt damit jedoch nur etwa 1% des Umsatzes. Phoenix Solar ist im After Sales Bereich sehr aktiv und erzielt hier 36% des Umsatzes. Bei den anderen Unternehmen, die auf dieser Wertschöpfungsstufe aktiv sind, sind es jeweils nur 6-8%. Die Maschinenbauer haben sich teilweise auf eine bestimmte Photovoltaiktechnologie spezialisiert. Centrotherm erwirtschaftet etwa 90% des Jahresumsatzes mit Anlagen für die Produktion kristalliner Photovoltaikzellen und -module. Bei Roth & Rau dagegen tragen Anlagen für kristalline Technik und Anlagen für Dünnschichttechnik etwa gleich viel zum Umsatz bei.

## 4.3.5. Gewichtung der Beta-Faktoren

In all diesen vorgestellten Fällen ist es fraglich, ob eine Gleichgewichtung der Unternehmen bei der Bildung des Beta-Faktors zu einer guten Abbildung der Wertschöpfungsstufen führt. Es werden daher im Folgenden die Beta-Faktoren einzelner Unternehmen je nach Bedeutung der Wertschöpfungsstufe für das Unternehmen in die Berechnung des Beta-Faktors dieser Wertschöpfungsstufe einbezogen. Zunächst ist daher für die betroffenen Unternehmen zu ermitteln, welchen Anteil die unterschiedlichen Wertschöpfungsstufen an ihrem Geschäftsmodell haben.

Die praktikabelste Messgröße für die Bedeutung einer Wertschöpfungsstufe ist der Umsatz, den ein Unternehmen auf einer Stufe erwirtschaftet. Er lässt sich bei fast allen Unternehmen auch für einzelne Geschäftsbereiche den Geschäftsberichten entnehmen. Diesem Ansatz kann entgegenhalten werden, dass letztlich auch der Umsatz die Bedeutung einer Wertschöpfungsstufe nicht zweifelsfrei widerspiegelt. Auch entspricht die Verteilung der Umsätze von Geschäftsbereichen in einer vergangenen Periode nicht unbedingt der zukünftigen Verteilung. Diese Kritik gilt jedoch für fast alle messbaren Größen. Der Umsatz wird jedoch, im Gegensatz z.B. zum Gewinnbeitrag, häufig als einzige Kenngröße für alle Geschäftsbereiche gesondert ausgewiesen.

Nicht ohne weiteres lässt sich dieser Ansatz auf Unternehmen anwenden, die bereits stark vertikal integriert sind, da im Geschäftsbericht in der Regel nur Außenumsätze dokumentiert werden. So beobachtet man z.B. bei Conergy eine Linienfertigung, bei der aus gesägten Wafern direkt im Anschluss Solarzellen und Solarmodule hergestellt werden. Obwohl Conergy somit die Waferfertigung in erheblichem Umfang selbst verantwortet, würde das Unternehmen bei der Berechnung des Wertschöpfungsstufen-Betas nach diesem Modell mangels Außenumsätzen im Wafergeschäft ignoriert.

Wertschöpfungsstufen, bei denen diese Gewichtung nach dem Umsatz vorgenommen werden soll, weisen dieses Problem nicht auf. Die Maschinenbauer „veredeln" keine bereits hergestellten Anlagen für kristalline Solarzellen für die Dünnschichttechnologie. Und keiner der After Sales Anbieter bietet die Services vornehmlich für die selbst betriebenen Parks an.

Somit ergibt sich der Gewichtungsfaktor für das Unternehmen $AB_i$ und Wertschöpfungsstufe j bei insgesamt 1 bis n Wertschöpfungsstufen und den Umsätzen $U_{AB_i,j}$ zu

$$g_{AB_i, WSS_j} = \frac{U_{AB_i,j}}{U_{AB_i,1} + ... + U_{AB_i,n}}.$$

Der Beta-Faktor einer Wertschöpfungsstufe $\beta_{WSS_j}$ wird dann durch

$$\beta_{WSS_j} = \frac{\sum_i \beta_{AB_i} \cdot g_{AB_i,WSS_j}}{\sum_i g_{AB_i,WSS_j}}$$

berechnet. Tabelle 5 beinhaltet die Gewichtungsfaktoren der Unternehmen, die in die Berechnung der Beta-Faktoren der Wertschöpfungsstufen Betrieb, After Sales und Maschinen (krist.) bzw. Maschinen (dünn.) einfließen.

*Tabelle 5: Gewichtungsfaktoren (nach Umsatz)*

|  | Betrieb | After Sales | Maschinenbau (krist.) | Maschinenbau (dünn.) |
|---|---|---|---|---|
| COLEXON Energy | 0,15 | - | - | - |
| Phoenix Solar | 0,18 | 0,37 | - | - |
| S.A.G. Solarstrom | 0,01 | 0,06 | - | - |
| Solarparc | 0,13 | 0,08 | - | - |
| Schneider Electric | - | 0,08 | - | - |
| Centrotherm | - | - | 0,90 | 0,10 |
| ISRA Vision | | | 0,40 | 0,15 |
| Kuka Systems | | | 0,35 | 0,20 |
| Singulus | | | 0,10 | 0,10 |
| Roth & Rau | - | - | 0,40 | 0,40 |
| PVA TePla | - | - | 0,42 | - |
| swiss solar systems | - | - | 0,80 | 0,20 |
| Manz Automation | - | - | 0,27 | 0,27 |
| Oerlikon | - | - | - | 0,15 |

Damit ergeben sich neue Beta-Faktoren für diese Wertschöpfungsstufen (siehe Tabelle 6), die daraus resultierenden Eigenkapitalkosten sind in Abbildung 6 dargestellt.

*Tabelle 6: Beta-Faktoren der Wertschöpfungsstufen (gewichtet)*

|  | Beta I 7.08-6.10 | Beta II 7.06-6.07 | Beta III 7.07-6.08 | Beta IV 7.08-6.09 | Beta V 7.09-6.10 |
|---|---|---|---|---|---|
| Betrieb | 0,652 | 1,157 | 1,296 | 0,712 | 0,481 |
| After Sales | 0,721 | 1,003 | 1,252 | 0,758 | 0,675 |
| Anlagen (krist.) | 1,062 | 0,763 | 1,343 | 1,049 | 0,724 |
| Anlagen (dünn.) | 1,226 | 0,708 | 1,730 | 1,330 | 0,925 |

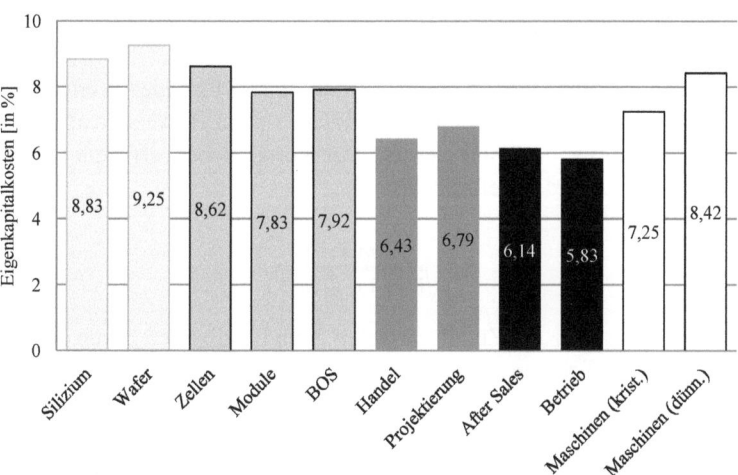

*Abbildung 6: EK-Kosten der Wertschöpfungsstufen (gewichtet)*

Die Kapitalkosten der in den Bereichen Betrieb, After Sales und Anlagenbau tätigen Unternehmen sind auch hier entsprechend der Umsatzgenerierung gewichtet in die Berechnung der Kapitalkosten der Wertschöpfungsstufe eingeflossen. Der sich dadurch ergebende Unterschied ist zwar relativ gering (max. 0,37%-Punkte), die Herangehensweise trägt jedoch den unterschiedlichen Geschäftsmodellen der Unternehmen in stärkerem Maße Rechnung. Außerdem werden so Unterschiede hinsichtlich der angebotenen Produktionstechnologie der Maschinenbauer (kristalline Technik bzw. Dünnschicht) deutlicher.

# 5. Validierung und Diskussion der Ergebnisse

In diesem Kapitel werden die zuvor berechneten Beta-Faktoren und Eigenkapitalkosten diskutiert. Dabei wird die Aussagekraft der statistischen Kennzahl Beta-Faktor bewertet, die resultierenden Eigenkapitalkosten auf den verschiedenen Wertschöpfungsstufen miteinander verglichen, sowie die temporäre Entwicklung der Beta-Faktoren betrachtet.

## 5.1. Aussagekraft der Beta-Faktoren

Die Beta-Faktoren wurden durch Berechnung der Steigung einer Regressionsgeraden durch eine Punktewolke von Renditepaaren (Rendite Wertpapier und Rendite Marktportfolio) bestimmt. Diese hat nur dann eine hohe Aussagekraft, wenn den Wertepaaren ein nahezu linearer Zusammenhang unterstellt werden kann.

Dies soll hier zunächst überprüft werden, indem für jedes Wertpapier bzw. Unternehmen auch der Korrelationskoeffizient r nach Bravais/Pearson und das Bestimmtheitsmaß r² bestimmt werden. Der Korrelationskoeffizient ist für zwei Zufallsvariablen X und Y definiert als

$$r = \frac{Cov(X,Y)}{\sqrt{Var(X)} \cdot \sqrt{Var(Y)}},$$

also als Kovarianz der Zufallsvariablen X und Y dividiert durch das Produkt ihrer Standartabweichungen. Er kann Werte zwischen -1 und +1 annehmen. Bei einem Wert von +1 liegt ein absolut linearer Zusammenhang vor (Rößler & Ungerer, 2010).

Für alle Unternehmen soll das Bestimmtheitsmaß r² berechnet werden. Es misst die „Stärke der statistischen Erklärung" von Y durch X (Rößler & Ungerer, 2010) und kann hier durch einfaches Quadrieren des Korrelationskoeffizienten berechnet werden. Der Wert liegt stets zwischen 0 und +1. Das Bestimmtheitsmaß ist jedoch eine relative Größe. Während ein hoher r²-Wert bei einer großen Steigung auch trotz relativ hoher Streuung der Werte auftreten kann, ist genauso der umgekehrte Fall denkbar. Die so resultierenden Korrelationskoeffizienten und Bestimmtheitsmaße sind für alle relevanten Unternehmen in Tabelle 7 aufgelistet.

*Tabelle 7: Korrelationskoeffizient und Bestimmtheitsmaß*

| | Korrelations-koeffizient (r) | Bestimmt-heitsmaß ($r^2$) | | Korrelations-koeffizient (r) | Bestimmt-heitsmaß ($r^2$) |
|---|---|---|---|---|---|
| Wacker Chemie | 0,686 | 0,470 | COLEXON Energy | 0,325 | 0,106 |
| Solarworld | 0,571 | 0,326 | Phoenix Solar | 0,445 | 0,198 |
| REC | 0,639 | 0,408 | S.A.G. Solarstrom | 0,308 | 0,095 |
| PV Crystalox Solar | 0,530 | 0,280 | Ralos New Energies | 0,097 | 0,009 |
| Conergy | 0,357 | 0,127 | Payom Solar | 0,354 | 0,125 |
| Q-Cells | 0,586 | 0,343 | solarparc | 0,285 | 0,081 |
| Sunways | 0,401 | 0,160 | Centrotherm | 0,560 | 0,314 |
| Solar-Fabrik | 0,273 | 0,074 | Roth & Rau | 0,660 | 0,435 |
| Solon | 0,537 | 0,288 | PVA TePla | 0,564 | 0,318 |
| aleo solar | 0,415 | 0,172 | Manz Automation | 0,604 | 0,365 |
| ISRA Vision | 0,306 | 0,093 | Singulus | 0,495 | 0,245 |
| Centro Solar Group | 0,443 | 0,196 | Kuka Systems | 0,474 | 0,225 |
| Romag Holdings | 0,158 | 0,025 | swiss solar systems | 0,259 | 0,067 |
| Schneider Electric | 0,846 | 0,715 | Oerlikon | 0,436 | 0,190 |
| | | | **Mittelwert** | **0,451** | **0,230** |

Das Ergebnis ist ein mittlerer Korrelationskoeffizient von r = 0,451 und ein mittleres Bestimmtheitsmaß von $r^2$ = 0,230. Diese Werte erscheinen zunächst niedrig. Nur ein Viertel der Varianz der Unternehmenswerte ist im Schnitt durch den Markt zu erklären. Trotzdem sind sie jedoch nicht unüblich. Weber (2006) erhält bei einer ähnlichen Berechnung von Kapitalkosten in der Holz-, Papier- und Druckindustrie vergleichbare Werte. Rebien (2007) erhält bei der Untersuchung von DAX-Unternehmen ein mittleres Bestimmtheitsmaß zwischen 0,19 (im Jahr 1997) und 0,65 (2003) in Relation zum deutschen Leitindex DAX.

Weitere Untersuchungen des Beta-Faktors als Risikomaß lassen erkennen, dass die in der vorliegenden Arbeit betrachtete Branche ohnehin ein Bestimmtheitsmaß unter dem Indexmittel aufweist (Thiele et al., 2000). Die hier bei der Berechnung der Beta-Werte gewählten Parameter (geringe Zeitintervalllänge: täglich, langer Berechnungszeitraum: ein bzw. zwei Jahre, Marktindex: international) führen tendenziell ebenfalls zu niedrigen Werten des Bestimmtheitsmaßes (Berner et al., 2005). Darüber hinaus deutet ein niedriges Bestimmtheitsmaß nicht auf einen Mangel innerhalb des CAPM hin. Vielmehr sagt es aus, dass das Risiko zum größten Teil nicht markt-, sondern anlagespezifischen Ursprungs ist (Entorf, 2006). Diese Situation liegt hier insbesondere mit Hinblick auf die starke Abhängigkeit von politischen Fördermodellen vor, die marktspezifische Einflüsse in den Hintergrund treten lassen.

## 5.2. Eigenkapitalkosten auf den Wertschöpfungsstufen

Für den Vergleich der Eigenkapitalkosten entlang der Wertschöpfungskette sollen diese Anbieter der Produktionstechnologie (Maschinenbauer) zunächst nicht beachtet werden. Wie in Abbildung 2 dargestellt, flankieren sie die Photovoltaikindustrie als Zulieferer über mehrere Wertschöpfungsstufen hinweg und bilden nicht etwa ihren Anfang oder ihr Ende.

Zunächst kann festgehalten werden, dass die zuvor aufgrund der Art der Tätigkeit vorgenommene farbliche Gruppierung der Unternehmen durch nur geringe Unterschiede der Eigenkapitalkosten der enthaltenen zwei oder drei Stufen bestätigt wird. Es fällt weiter auf, dass die Eigenkapitalkosten steigen, je weiter man sich auf der Wertschöpfungskette vom Endkunden, dem Stromabnehmer, entfernt. So betragen die Eigenkapitalkosten der „verbrauchernahen" Wertschöpfungsstufen Betrieb und After Sales 5,83 bzw. 6,14%. Die erwartete Rendite auf den „rohstoffnahen" Stufen Silizium und Wafer liegt mit 8,83 bzw. 9,25% um etwa die Hälfte oder rund 3%-Punkte höher. Für Kapitalanlagen im Bereich der Herstellung von Zellen, Modulen und BOS-Komponenten erwarten Investoren einen Ausgleich in Höhe von rund 8%. Die Eigenkapitalkosten auf den Stufen Handel und Projektierung liegen zwischen 6 und 7%.

Zum Vergleich liegen die derzeitigen durchschnittlichen Eigenkapitalkosten der DAX-Unternehmen nach dieser Berechnung bei 7,04%. Dabei wurden identische Annahmen getroffen, die Beta-Faktoren stammen von Bloomberg (20. Dezember 2010). Dem entsprechend weisen die Unternehmen zu Beginn der Photovoltaik-Wertschöpfungskette höhere, die Unternehmen näher am Endkunden niedrigere EK-Kosten auf.

Diese Spreizung der Eigenkapitalkosten entlang der Wertschöpfungskette ist hoch. Angesichts der für alle hier betrachteten Unternehmen gleichen risikolosen Zinsen unterscheidet sich gerade der Risikoaufschlag über die Wertschöpfungskette stark. Er liegt im Bereich der Waferherstellung um über 125% höher, als der für Betreiber von Solarparks.

Diese Tendenz ist nicht verwunderlich: Nach § 21 EEG ist die Vergütung für Strom aus Photovoltaikanlagen ab der Inbetriebnahme für 20 weitere Jahre mit einem festen Satz determiniert. Der Umsatz der Betreiber schwankt nur nach Zahl der Sonnenstunden, für den Vergütungssatz besteht ein Vertrauensschutz. Demnach muss der Betreiber nicht fürchten, dass der Vergütungssatz für eine Anlage in den 20 Jahren nach der Inbetriebnahme noch rückwirkend von der

Politik gekürzt wird. Diese Investitionssicherheit muss sich in einem niedrigen Risikoaufschlag bemerkbar machen. Unsicher sind nur die durch neue Parks zu ermöglichenden Umsätze, da die Höhe der Vergütungssätze vom zukünftigen Zeitpunkt der Inbetriebnahme anhängt. Dieser Aspekt – die Abhängigkeit neu installierte Leistung von zukünftigen Fördersätzen – ist für Händler von Modulen und Projektentwickler entscheidend. Sie profitieren überwiegend vom Zubau neuer Anlagen und erhalten in der Regel keine Einnahmen aus dem Betrieb bereits installierter Anlagen.

Sinkende Preise können, im Gegensatz zu selbst produzierenden Herstellern, für diese Unternehmen sogar vorteilhaft sein. Durch fallende Einkaufspreise und damit niedrigeren Preisen für PV-Anlagen kann eine höhere Nachfrage hervorgerufen werden (Söllner, 2010). Diese Konkurrenz bedeutet jedoch für die produzierenden Unternehmen in der Wertschöpfungskette ein zusätzliches Risiko zu den politischen Rahmenbedingungen. Nicht nur Schwankungen auf der Nachfrageseite durch sich möglicherweise ändernde Vergütungssätze, sondern insbesondere auch eine Ausweitung des Angebots durch zusätzliche Hersteller aus Asien führen zu einem höheren Risikoaufschlag. Dementsprechend äußern sich auch Analysten: Aufgrund der hohen Renditen, besonders aber der garantierten Einspeisevergütung sei das Ende der Wertschöpfungskette, der Betrieb, ein erfolgreiches Investment (Keilmann, 2010). Die Berater von Roland Berger haben in einer mangelnden Positionierung im Projektgeschäft die größte Schwäche vieler Photovoltaik-Anbieter ausgemacht (Roland Berger, 2010). „Derzeit sind es eher die Downstream-Unternehmen mit direktem Kontakt zu den Endkunden, die sich positiv entwickeln werden", so auch Fawer (2009) von der Bank Sarasin.

Die Eigenkapitalkosten der Hersteller von Anlagen zur Produktion von Wafer, Zellen und Modulen liegen bei 7,15% für Anbieter kristalliner Technik und bei 7,80% für Anbieter von Dünnschichttechnik. Damit liegen ihre Kosten auf dem Niveau ihrer Kunden.

Die Anbieter der noch weniger ausgereiften Dünnschichttechnik müssen offenbar noch mit höheren Eigenkapitalkosten rechnen als die Hersteller von Anlagen zur Produktion kristalliner Elemente. Aufgrund von Technologie bedingten Schwierigkeiten einiger Dünnschichtanbieter könnte diese Spreizung je nach favorisierter Technologie sogar noch zunehmen. Von den jeweils fünf zu dem Durchschnittswert der Stufe beitragenden Unternehmen sind allerdings vier in beiden Technologiezweigen aktiv. Dies relativiert den Unterschied zwischen kristalliner Technik und Dünnschicht, der erst durch die Berücksichtigung der unterschiedlichen Gewichtung von Unternehmen herausgestellt werden kann.

## 5.3. Temporäre Entwicklung der Beta-Faktoren

Nachdem dieses grundsätzliche Gefälle der Eigenkapitalkosten über die Wertschöpfungskette identifiziert ist, soll die Entwicklung in den letzten Jahren untersucht werden. Der Fokus liegt dabei allerdings nicht auf den gesamten Eigenkapitalkosten, sondern nur auf dem Beta-Faktor. Dieser steht für das unternehmensspezifische bzw. als Wertschöpfungsstufen-Beta für das wertschöpfungsstufenspezifische Risiko.

Abbildung 7 stellt auf der Abszisse den 2-Jahres Beta-Faktor von Juli 2008 bis Juni 2010 dar, auf der Ordinate ist die Veränderung des 2-Jahres Beta-Faktors vom Betrachtungszeitraum Juli 2006 - Juni 2008 zum Betrachtungszeitraum Juli 2008 - Juni 2010 abgetragen (delta-Beta 08-10/06-08).

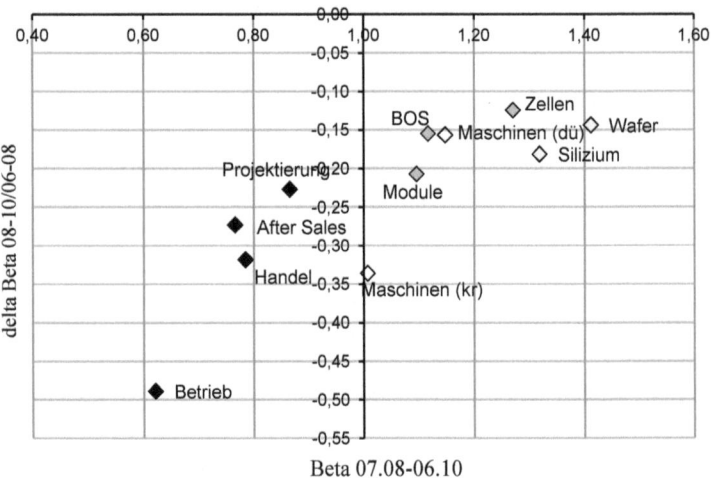

*Abbildung 7: Temporäre Entwicklung der Beta-Faktoren.*

Bereits festgehalten wurde das Gefälle der EK-Kosten bzw. des Beta-Faktors über die Wertschöpfungskette. Es ist jedoch zu bemerken, dass auch das delta-Beta 08/10-06/08 eine eindeutige Tendenz aufweist. Zwar sind die Beta-Werte auf allen Wertschöpfungsstufen gesunken. Zum Ende der Wertschöpfungskette hin hat der Kennwert im untersuchten Zeitraum jedoch wesentlich stärker abgenommen als an ihrem Anfang. Auf den produzierenden Stufen (Silizium, Wafer, Zellen, Module, BOS) ging der Faktor um 0,12 bis 0,20 Punkte zurück, auf den Stufen Projektierung und Handel um 0,23 bzw. 0,32 Punkte.

Demgegenüber ist der Beta-Faktor von Unternehmen aus den Bereichen After Sales und Betrieb um 0,27 bzw. 0,49 Punkte gefallen.
Diese Entwicklung soll im Folgenden genauer analysiert werden. Dafür werden für jede Stufe Beta-Faktoren für den Zeitraum von nur einem Jahr berechnet. Aus vier Beta-Faktoren für die Zeiträume Juli 2006 - Juni 2007, Juli 2007 - Juni 2008, Juli 2008 - Juni 2009 und Juli 2009 - Juni 2010 lassen sich drei delta-Betas folgern. In Abbildung 7 werden Wertschöpfungsstufen gemeinsam in einer durchgezogenen Kurve dargestellt, die schon zuvor aufgrund ähnlicher Tätigkeiten gruppiert wurden. Die kleinste Raute auf einer Kurve steht dabei für den Beta-Faktor im Zeitraum Juli 2007 - Juni 2008 und dem delta-Beta 2006-2007/2007-2008, die beiden größeren Punkte für die Beta/delta-Beta Paare der beiden nächsten Jahre.

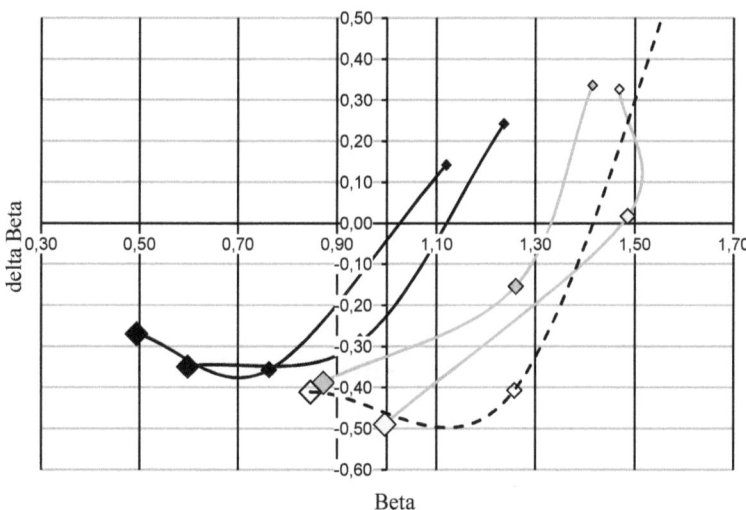

*Abbildung 8: Entwicklung des der Beta-Faktoren*

Eine einzelne Untersuchung der Unternehmen bestätigt die Zusammenfassung von zwei bzw. drei Wertschöpfungsstufen: Die Kennzahlen der in Abbildung 7 zusammengefassten Wertschöpfungsstufen weisen sehr ähnliche Verläufe auf.

Es können jedoch vor allem zwei Beobachtungen festgehalten werden: Zunächst soll der Korridor betrachtet werden, indem sich das delta-Beta der gruppierten Wertschöpfungsstufen bewegt: Die Änderung der Beta-Faktoren der schwarz eingefärbten Stufen After Sales und Betrieb liegt etwa zwischen +0,14 und -0,38 Punkten. Sie umfasst also einen Korridor von etwa 0,52 Punkten. Die Kennzahlen der dunkelgrauen Bereiche Handel und Projektierung änderten sich ebenfalls in einem Bereich von etwa 0,6 Punkten. Die Änderungen der Beta-Faktoren der Zell-, Modul- und BOS-Hersteller umfassen demgegenüber eine Spanne von mehr als 0,7 Punkten, die der hellgrauen Silizium- und Waferproduzenten einen Korridor von mehr als 0,8 Punkten. Das heißt, dass die Risikozuschläge am Beginn der Wertschöpfungskette dynamischer und an ihrem Ende stabiler waren.

Betrachtet man nun den Verlauf der Änderungen der Beta-Faktoren entsteht der Eindruck, dass die Unternehmen am Ende der Wertschöpfungskette denen am Anfang der Wertschöpfungskette vorauseilen: Während die Stufen Betrieb und After Sales die größte Verringerung ihrer Betafaktoren von 2007/2008 auf 2008/2009 hatten, erreichten die Händler und Projektierer diesen Punkt erst von 2008/2009 auf 2009/2010. Die Kennzahlen der Hersteller von Zellen, Modulen und BOS-Bauteilen vielen von 2008/2009 auf 2009/2010 noch deutlich stärker als in dem Jahr zuvor, die Beta-Faktoren der Silizium- und Waferproduzenten von 2008/2009 auf 2009/2010 sogar zum ersten Mal.

Die Frage, ob der Verlauf des Beta-Faktors der Unternehmen aus den Bereichen Betrieb und After Sales den Verlauf der Unternehmen am vorderen Ende der Wertschöpfungskette zuverlässig vorschreibt, lässt sich jedoch mit dieser Datenbasis nicht sicher beantworten. Für eine Überprüfung dieser Hypothese waren in den Jahren zuvor nicht genügend Unternehmen an einer Börse notiert.

## 6. Zusammenfassung und Ausblick

Der Beitrag von Photovoltaik zur weltweiten Stromerzeugung ist fast vernachlässigbar und beträgt auch in Deutschland nur rund 2% (2010). Bedeutender ist die Rolle der Photovoltaikindustrie als Wirtschaftsfaktor: In Deutschland setzte die PV-Industrie 2009 etwa 9 Mrd. € um und beschäftigte 63.000 Menschen.

Die Photovoltaikindustrie wird in die Wertschöpfungsstufen Silizium, Wafer, Solarzellen, Solarmodule, BOS-Komponenten, Handel, Projektierung, After Sales und Betrieb aufgeteilt. Außerdem werden die zuliefernden Maschinenbauer als flankierende Wertschöpfungsstufe untersucht.

Es können 76 europäische Unternehmen identifiziert werden, die auf den genannten Wertschöpfungsstufen agieren und einen Umsatz von mindestens 15% im Photovoltaikbereich erwirtschaften. Bei 26 dieser 76 Unternehmen ist es möglich, Kapitalmarktdaten zu erfassen.

Eigenkapitalkosten sind eine wichtige Größe bei der Finanzierung eines Unternehmens. Sie werden hier nach dem Capital Asset Pricing Model berechnet und setzen sich aus dem risikofreien Zinssatz und einem Risikoaufschlag zusammen. Der Risikoaufschlag wiederum besteht aus einer Marktrisikoprämie, die mit dem Beta-Faktor gewichtet wird.

Für die Berechnungen werden der risikofreie Zinssatz mit 2,9% und die Marktrendite mit 4,5% angenommen. Die Beta-Faktoren können mittels einer Regressionsanalyse aus den vorliegenden Kapitalmarktdaten errechnet werden. In dieser Untersuchung werden Beta-Faktoren für einen Zeitraum von einem Jahr und von zwei Jahren berechnet.

Um Aussagen für das Risiko und die Kapitalkosten auf einer Wertschöpfungsstufe treffen zu können, werden zwei Berechnungen durchgeführt: Zunächst wird der Mittelwert aller auf einer Wertschöpfungsstufe tätigen Unternehmen gebildet. In einer zweiten Rechnung werden diese Beiträge nach dem Umsatzanteil gewichtet, den das Unternehmen auf dieser Stufe erzielt.

Bei Betrachtung der Beta-Faktoren ergibt sich ein Gefälle über die Wertschöpfungskette: Die nahe am Stromkunden liegenden Stufen Betrieb und After Sales haben niedrige Beta-Faktoren von 0,65 bzw. 0,72. Über den mittleren Teil der Wertschöpfungskette (Handel und Projektierung mit 0,79 und 0,87, BOS, Module und Zellen mit 1,12, 1,10 und 1,27) steigt der Wert auf 1,32 (Silizium) und 1,41 (Wafer) an. Dementsprechend steigen auch die Eigenkapitalkosten von 5,69% (Betrieb) auf bis zu 9,25% (Wafer). Dieses Ergebnis ist dadurch zu erklären, dass die Einspeisevergütung nach Inbetriebnahme einer Photovoltaikanlage nach dem EEG für 20 Jahre fixe Einnahmen garantiert und das finanzielle Risiko damit sehr gering ist. Auf der anderen Seite wächst der Druck durch die Konkurrenz, insbesondere aus dem asiatischen Raum, auf den Beginn der Wertschöpfungskette.

Die Maschinen- und Anlagenbauer liegen mit Beta-Faktoren von 1,06 (kristalline Technik) und 1,23 (Dünnschicht) und den daraus resultierenden Eigenkapitalkosten von 7,68 bzw. 8,42% auf einem mittleren Niveau.

Die Beta-Faktoren sind auf allen Wertschöpfungsstufen seit Sommer 2008 gefallen. Davor waren die Werte besonders am Beginn der Wertschöpfungskette gestiegen. Insgesamt ergibt sich der Eindruck, dass Veränderungen der Beta-Faktoren bzw. Eigenkapitalkosten zunächst zu Beginn der Wertschöpfungskette auftreten, bevor sie verstärkt auch auf den produzierenden und rohstoffnahen Stufen sichtbar werden.

Ein Vergleich der Technologien kristalline Photovoltaik und Dünnschichttechnik konnte aufgrund der kaum verfügbaren Daten im Dünnschichtbereich nicht direkt durchgeführt werden. Lediglich die Daten der im jeweiligen Gebiet tätigen Maschinenbauer lassen den Schluss zu, dass kristalline Technik als weniger risikoreich bewertet wird.

Es ist für Unternehmen der Photovoltaikbranche daher ratsam, die eigene Wertschöpfung auf den hinteren Teil der Wertschöpfungskette auszudehnen. Das erleichtert die Aufnahme von neuem Eigenkapital und wird sich auch günstig auf die Fremdkapitalkosten auswirken. Hinsichtlich der Vorprodukte sind langfristige Bezugsverträge wahrscheinlich günstiger als die teure Sicherung der Rohstoffe durch eigene Produktionsanlagen. Für die Projektierer und Betreiber von Solarparks wird eine internationale Aufstellung immer wichtiger.

Um auf Gordon Geckos Frage in der Einleitung, ob grüne Technologie die nächste große Blase sei, zurückzukommen: Die Geschäftsmodelle vieler Unternehmen der Branche wurden bereits in den letzten Jahren auf die Probe gestellt. Vor allem aber ist und bleibt die Branche auch auf absehbare Zeit von politischer Förderung abhängig. Dennoch ist nicht zu erwarten, dass der weltweite Photovoltaikmarkt in naher Zukunft schrumpfen wird. Die generelle Notwendigkeit, dem Klimawandel durch eine weitgehend kohlendioxidfreie Energieerzeugung entgegenzuwirken, ist weitgehend anerkannt. Viele Länder haben die Regelungen des EEG übernommen. Die Unternehmen sind jedoch gefordert, ihre Geschäftsmodelle sowohl regional, als auch entlang der Wertschöpfungskette erfolgreich aufzustellen.

# Literatur

Berner, C., Rojahn, J., Kiel, O. & Dreimann, M. (2005). Die Berücksichtigung des unternehmensindividuellen Risikos in der Unternehmensbewertung – Eine empirisch gestützte Untersuchung des Beta-Faktors. Finanz Betrieb. (Aufl. 11/2005, S. 711-718).

Bundesministerium für Umwelt, Naturschutz und Reaktorsicherheit (BMU), (2010). *Erneuerbare Energien in Zahlen – Nationale und internationale Entwicklung.* Abgerufen am 10. September 2010 unter http://www.erneuerbare-energien.de/inhalt/2720/.

Bundesverband Solarwirtschaft e. V. (BSW), (2010). *Statistische Zahlen der deutschen Solarbranche.* Abgerufen am 16. August 2010 unter http://www.solarwirtschaft.de/medienvertreter/marktdaten.html.

Buzzell, R. D. (1983). Is vertical integration profitable? *Harvard Business Review, Januar-Februar 1983.* S. 92-102.

Cochrane, J. H. (2005). *Asset Pricing.* (2. überarb. Aufl.). Princeton: Princeton University Press.

Copeland, T., Koller, T. und Murrin, J. (2002). *Unternehmenswert – Methoden und Strategien für eine wertorientierte Unternehmensführung.* (3., völlig überarb. und erw. Aufl.). Frankfurt a.M.: Campus Verlag.

Dörschell, A., Franken, L. und Schulte, J. (2010). Kapitalkosten 2010 für die Unternehmensbewertung. Düsseldorf: IDW Verlag.

Drukarczyk, J. (2003). *Unternehmensbewertung.* (4., überarb. und erw. Aufl.). München: Verlag Franz Vahlen.

Energiewirtschaftliches Institut der Universität zu Köln (EWI), (April 2010). *European RES-E Policy Analysis - Zusammenfassung.* Abgerufen am 22. Dezember 2010 unter http://www.ewi.uni-koeln.de/fileadmin/user/Veroeff/2010_RES-E_Zusammenfassung.pdf.

Enkhardt, S. (21. Dezember 2010). *Diskussion um Solarförderung geht weiter.* Abgerufen am 22. Dezember 2010 unter http://www.photovoltaik.eu/nachrichten/ details/ beitrag/ diskussion-um-solarfrderung-geht-weiter_100004239/.

Enkhardt, S. (06. August 2010). *EU will Förderung erneuerbarer Energien vereinheitlichen.* Abgerufen am 22. Dezember 2010 unter http://www.photovoltaik.eu/nachrichten/details/beitrag/eu-will-frderung-erneuerbarer-energien-vereinheitlichen_100003474/.

Entorf, H. (2006). *Empirische Kapitalmarktforschung* (Skript zur Vorlesung im Sommersemester 2006).

EuPD Research, ifo Institut für Wirtschaftsforschung (2008). *Standortgutachten Photovoltaik in Deutschland*. Bonn, München. Abgerufen am 29. August 2010 unter http://www.solarwirtschaft.de/fileadmin/content_files/kf_standort_ga.pdf.

EurObserv'ER (2010). Baromètre Photovoltaïque. *Système Solaire – le journal du photovoltaïque*, 3, 129-160.

Fawer, M. (2009). *Erneuerbare Energien bleiben ein Mega-Thema*. Börsen-Zeitung, Nr. 116, 23. Juni 2009.

Fawer, M. (2010). *Solarindustrie: Neue attraktive Märkte*. Handelszeitung, 16. Juni 2010.

Fernández, P. (2003). *Levered and Unlevered Beta*. Working Paper No. 488. IESE Business School - Universidad de Nevarra. Abgerufen am 30. August 2010 unter http://www.iese.edu/research/pdfs/DI-0488-E.pdf.

Fernández, P. (2010). *The Equity Premium in 150 Textbooks*. Working Paper. IESE Business School.

Gebhardt, G. & Daske, H. (2004). *Zukunftsorientierte Bestimmung von Kapitalkosten für die Unternehmensbewertung*. Frankfurt a.M.: Working Paper Series: Finance & Accounting, Johann Wolfgang Goethe Universität.

Hachmeister, D. (2000). *Der Discounted Cash Flow als Maßstab der Unternehmenswertsteigerung*. Frankfurt a.M.: Peter Lang.

Held, T. (2010). *Immobilien-Projektentwicklung*. Heidelberg: Springer.

Hoffmann, V. (2008). Damals war's – Ein Rückblick auf die Entwicklung der Photovoltaik in Deutschland. *Sonnenenergie*, 2008, 38-39.

International Energy Agency Photovoltaic Power Systems Program (IEA PVPS), (2010). *PV Market in selected IEA PVPS countries*. Abgerufen am 10. September unter http://www.iea-pvps.org/ → PV statistics → latest edition.

International Energy Agency (IEA), (2010). Key World Energy Statistics. Abgerufen am 10.September 2010 unter http://www.iea.org/publications/free_new_Desc.asp?PUBS_ID=1199.

Interstate Renewable Energy Council (IREC), (2010). *U.S. Solar Market Trends 2009*. Abgerufen am 10. September 2010 unter http://irecusa.org/wp-content/uploads/2010/07/IREC-Solar-Market-Trends-Report-2010_7-27-10_web1.pdf.

Juwi Solar GmbH. (2010). *Solarpark Lieberose – ein ökologisches Leuchtturmprojekt*. Abgerufen am 30. August 2010 unter http://www.solarpark-lieberose.de/dwnld/Lieberose_Stand%20Mai%202009.pdf.

Keilmann, H. (2010*). Solarfonds – mehr als nur ein Megahype*. Börsen Zeitung, 24.November 2010, Verlagsbeilage.

King, M. R. (2009). The cost of equity for global banks: a CAPM perspective from 1990 to 2009. *BIS Quarterly Review*. September 2009, S. 59-73.

Lintner, J. (1965). *The Valuation of Risk Assets and the Selection of Risky Investments in Stock Portfolios and Capital Budgets*. Review of Economics and Statistics. Vol. 47, S. 13-37.

Markowitz, H. (1952). *Portfolio Selection*. The Journal of Finance. Vol. 7, Nr. 1, S. 77-91.

Metz, V. (2007). *Der Kapitalisierungszinssatz bei der Unternehmensbewertung*. (1. Aufl.). Wiesbaden: Deutscher Universitäts-Verlag.

Mossin, J. (1966). *Equilibrium in a Capital Asset Market*. Econometrica. Vol. 34, Nr. 4, S. 768-783.

Moxter, A. (1983). *Grundsätze ordnungsgemäßer Unternehmensbewertung*. Wiesbaden.

Nickel, M. (2010). *Primärenergieverbrauch 2010* – Foliensatz zur Sitzung der Arbeitsgemeinschaft Energiebilanzen. Abgerufen am 02. Januar 2011 unter http://www.ag-energiebilanzen.de/viewpage.php?idpage=65.

Obermaier, R. (2005). *Unternehmensbewertung, Basiszinssatz und Zinsstruktur*. Regensburg: Regensburger Diskussionsbeiträge zur Wirtschaftswissenschaft.

Pecka, M. (2009). *Ein Paradebeispiel für Verschwendung*. Energie & Management.

Photovoltaik (2010). *EU will Förderung erneuerbarer Energien vereinheitlichen*. Abgerufen am 21. Dezember 2010 unter http://www.photovoltaik.eu/nachrichten/details/beitrag/eu-will-frderung-erneuerbarer-energien-vereinheitlichen_100003474/.

Q-Cells SE (2010). Pressemitteilung: *Breiteres Produktportfolio stärkt Ertragskraft*. 24. März 2010.

Quaschning, V. (2010). *Weltweit installierte Photovoltaikleistung*. Abgerufen am 10. September 2010, unter http://www.volker-quaschning.de/datserv/pv-welt/index.php.

Rebien, A. (2007). *Kapitalkosten in der Unternehmensbewertung*. Aachen: Shaker Verlag.

Reese, R. (2007). *Schätzung der Eigenkapitalkosten für die Unternehmensbewertung*. Frankfurt a.M.: Peter Lang Verlag.

Roland Berger Strategy Consultants (2010). *Licht und Schatten – Deutsche PV-Unternehmen im globalen Wettbewerb*.

Roland Berger Strategy Consultants (2010b). *Wegweiser Solarwirtschaft*.

Rößler, I. & Ungerer, A. (2010). *Statistik für Wirtschaftswissenschaftler*. (2. Überarb. Aufl.) Berlin: Springer.

Sharp, W. F. (1964). Capital Asset Prices: *A Theory of Market Equilibrium under Conditions of Risk.* The Journal of Finance. Vol. 19, Nr. 3, S. 425-442.
Söllner, F. (2010). *Flucht ins sonnige Italien.* Der Aktionär. Ausg. 48, S. 30-31.
Stehle, R. (2004). *Die Festlegung der Risikoprämie von Aktien im Rahmen der Schätzung des Wertes von börsennotierten Kapitalgesellschaften.* Die Wirtschaftsprüfung, Ausgabe 17. S. 906-927.
Thiele, D., Cremers, H. & Robé, S. (2000). *Beta als Risikomaß – Eine Untersuchung am europäischen Aktienmarkt.* Frankfurt a.M.: Hochschule für Bankwirtschaft.
Varenhold, F. (2009). *Die Welt beneidet uns.* Spiegel Online, abgerufen am 11.November 2010 unter http://www.spiegel.de/wissenschaft/natur/0,1518,666595,00.html.
VDI/VDE Innovation + Technik (2007). Stand und Bewertung der Exportförderung sowie Evaluierung der Exportinitiative Erneuerbare Energien. Berlin.
Wagemann, H.-G. & Eschrich, H. (2010). *Photovoltaik – Solarstrahlung und Halbleitereigenschaften, Solarzellenkonzepte und Aufgaben* (2. überarb. Aufl.). Wiesbaden: Vieweg+Teubner.
Weber, G. (März 2006). *Eigenkapitalkosten ausgewählter Unternehmen auf Basis der modernen Kapitalmarkttheorie.* (1. Aufl.). Wiesbaden: Deutscher Universitäts-Verlag.

# Die Novellierung des EEG und Werteffekte in der Solarindustrie

Julian Trillig

# 1. Einleitung

Die Solarbranche in Deutschland zählt zu den führenden auf dem Weltmarkt. Neben den Unternehmen, die Wafer, Zellen oder ganze Module herstellen, sind deutsche Maschinenbauer für weltweit führende Produktionstechnik zur Herstellung von Solarkomponenten verantwortlich. Diese herausragende Marktposition lässt sich maßgeblich auf die besonderen Rahmenbedingungen zurückführen, die durch europäische und nationale Politik für die Solarbranche bereitgestellt werden. Mit der Einführung des Stromeinspeisegesetzes 1991 und des anschließenden Erneuerbare-Energien-Gesetzes (EEG)[1] 2000 sind Anreize geschaffen worden, die neben ökologischen vor allem wirtschaftliche Motivation für eine Entwicklung dieses Sektors erzeugt haben. Die staatlich zugesicherten Vergütungen für solar[2] erzeugten Strom führen zu einem wirtschaftlich interessanten Geschäftsmodell. Denn bis heute ist es nahezu keinem Unternehmen in der Solarbranche möglich, ohne die Vorteile aus dem EEG Gewinne zu erwirtschaften. Diese Entwicklung gibt Anlass dazu, den Einfluss der politischen und regulatorischen Maßnahmen auf die Unternehmen der Solarbranche zu analysieren. Die Bildung dieser Rahmenbedingungen kann als Summe regulatorischer Ereignisse interpretiert werden.

Dabei ist von besonderem Interesse, wie sich die politischen Maßnahmen auf die Aktienrendite und das systematische Eigenkapitalrisiko der Unternehmen auswirken. Zur Messung des systematischen Eigenkapitalrisikos wird die Volatilität der Kursrenditen verwendet. Diese Größen und insbesondere das Verhältnis dieser beiden sind ausschlaggebend, wenn Investoren ihre Investitionsentscheidungen treffen. Es wird erwartet, dass die fördernden politischen Rahmenbedingungen zu einem verringerten Risiko/Rendite-Verhältnis führen und somit attraktive Beteiligungsmöglichkeiten für Investoren erzeugen. Auf diese Weise kann der technologische Fortschritt auf dem Weg zur Energiewende beschleunigt werden.

Der Einfluss von politischem Risiko auf die Aktienrenditen und das Eigenkapitalrisiko betroffener Unternehmen ist ein verbreitetes Untersuchungsfeld. Dabei besteht kein einheitlicher Tenor, in welche Richtung sich Regulierung auf Rendite und Risiko der am Markt gehandelten Unternehmen auswirkt. Brennan & Schwartz (1982) zeigen, dass von einer Regulierung betroffene Unternehmen

---

1 Der vollständige Name lautet „Gesetz für den Vorrang Erneuerbarer Energien (Erneuerbare-Energien-Gesetz - EEG)".
2 Das EEG regelt nicht nur den Vorrang von Strom aus solarer Energie, sondern auch weiteren erneuerbaren Energiequellen, wie beispielsweise Wind- und Wasserenergie oder Geothermie.

einem höherem Risiko ausgesetzt sind, als dies bei nicht regulierten Unternehmen der Fall ist. Riddick (1992) findet theoretische und empirische Ergebnisse, die ein geringeres systematisches Risiko in einem regulierten verglichen mit einem nicht regulierten Unternehmen belegen. Neben diesen allgemeinen Ansätzen lassen sich zahlreiche Untersuchungen finden, die Aussagen über einzelne (De-) Regulierungsmaßnahmen oder spezifische Branchen treffen. Für die Regulierung des amerikanischen Markts für Kabelfernsehen erarbeiten Havenner et al. (2001) ein Ansteigen des systematischen Risikos in Phasen von regulatorischen Änderungen. Im Zuge der Privatisierung öffentlicher Versorger in Großbritannien argumentiert Parker (2003), dass das regulatorische Risiko in Abhängigkeit von der Art der Regulierung und der spezifischen Umsetzung steht. Alexander & Irwin (1996) spezifizieren, dass *Rate of Return (RoR)*[3] Regulierungen ein geringeres Risiko erzeugen als Preisregulierungen[4]. Sie führen dies auf die höheren garantierten Umsätze bei RoR Regulierungen zurück. Cambini & Rondi (2009) untersuchen, ob Investitionsentscheidungen europäischer Energieversorger zwischen 1997 und 2007 in Abhängigkeit des regulatorischen Rahmens ausfallen. Sie finden eine erhöhte Investitionstätigkeit bei Anreizregulierung als bei RoR Regulierung. Für den deutschen Markt zeigen Kobialka & Rammerstorfer (2009), dass regulatorische Maßnahmen zwischen Februar 2005 und Februar 2008 keine einheitliche Auswirkung auf die vier großen Energieversorger hatten und keine persistenten Einflüsse auf Risiko und Rendite gefunden werden können. Die absehbare Regulierung nach der Atomkatastrophe von Fukushima hatte dagegen nachhaltigen Niederschlag, wie Schiereck & Trillig (2011) zeigen.

Mit dieser Studie wird an die bestehende Literatur angeknüpft, indem sie die Auswirkungen regulatorischer Maßnahmen auf die Aktienrenditen und das systematische Risiko deutscher Solarunternehmen analysiert. Dabei können Anzeichen gegeben werden, dass sich die politische „Förderung" im Rahmen des EEG in der Unternehmens- und der Risikobewertung von Unternehmen aus dem Bereich der erneuerbaren Energien durch den Kapitalmarkt widerspiegelt. Diese Ergebnisse enthüllen zahlreiche Aspekte, die auf dem Weg zur Energiewende sowohl für politische Akteure als auch für Investoren von zentralem Interesse sind.

Dieser Beitrag steht zudem im Einklang mit der existierenden Literatur zu politischer Instabilität und dem Verhalten von Aktienmärkten. Schwert (1989) zeigt, dass die Volatilität der Aktienmarktrenditen in den USA, während der großen Depression 1929-1939, auf politische Instabilität bezüglich des Fortbestehens des kapitalistischen Systems zurückzuführen ist. Für die Märkte in Hong

---

3 „Rate of return" Regulierungen limitieren die zu erzielende Rendite auf Investitionen.
4 Bei Preisregulierungen werden die maximalen Preise für ein Gut festgeschrieben.

Kong ermitteln Kim & Mei (2001) einen signifikanten Einfluss von politischen Ankündigungen auf die Renditen und die Volatilität der Märkte. Zu gleichen Ergebnissen kommen Beaulieu et al. (2005), die den Einfluss einer möglichen Separation Quebecs von Kanada auf kanadische Unternehmen analysieren.

Die vorliegende Studie ist in zwei Schritten aufgebaut. Zunächst wird überprüft, ob regulatorische Ankündigungen bezüglich der Novellierung des EEG von den Kapitalmärkten berücksichtigt werden. Dabei wird eine Ereignisstudie verwendet, anhand derer abnormale Aktienrenditen verglichen mit einem Marktportfolio ermittelt werden können. Diese Über- oder Unterrenditen können als Ausdruck einer Bewertungsanpassung des Kapitalmarkts gedeutet werden. In einem zweiten Schritt wird der Einfluss von Ankündigungen mit signifikanten Kursbewegungen auf die Volatilität der Aktienrenditen und somit auf das systematische Eigenkapitalrisiko der Unternehmen modelliert. Eine steigende (fallende) Volatilität der Kurse führt ein erhöhtes (verringertes) Risiko mit sich.

Dieser Beitrag ist wie folgt aufgebaut. Im zweiten Abschnitt werden zum einen die wichtigsten Schritte in der Entwicklung des EEG beschrieben und zum anderen wird abgeschätzt inwieweit sich politische Ankündigungen auf die Unternehmen auswirken können. In Abschnitt drei werden die Datenbasis und die Untersuchungsmethodik beschrieben, bevor in Abschnitt vier die Ergebnisse analysiert und diskutiert werden. Abschließend wird im fünften Abschnitt eine Zusammenfassung und ein Ausblick formuliert.

## 2. Institutioneller Rahmen und empirische Evidenz

### 2.1. Das Erneuerbare Energien Gesetz (EEG)

Vorläufer des EEG ist das Stromeinspeisegesetz (StrEG) aus dem Jahr 1990. Es enthielt zum ersten Mal in Deutschland festgeschriebene Einspeisevergütungen für Strom aus erneuerbaren Energiequellen.[5] Ziel war es, damit den technologischen Fortschritt der Energiegewinnung aus erneuerbaren Quellen anzustoßen und zu fördern (Dagger, 2009).

Das am 1.4.2000 in Kraft getretene EEG löste das Stromeinspeisegesetz ab. Auch hier war es wieder Ziel „eine nachhaltige Entwicklung der Energieversorgung zu ermöglichen und den Anteil erneuerbarer Energien an der Stromversor-

---

5   Energieversorgungsunternehmen waren ab diesem Zeitpunkt verpflichtet Strom, der von Dritten aus regenerativen Energiequellen produziert wird, abzunehmen und dafür einen vorgeschriebenen Vergütungssatz zu entrichten.

gung deutlich zu erhöhen"[6]. Abnahme- und Vergütungspflicht waren bereits im Stromeinspeisegesetz festgeschrieben. Durch das EEG wurden jedoch Neuerungen eingeführt, die entscheidenden Einfluss auf die Entwicklung der Solarindustrie nahmen. Besonders die neugeschaffene Planungs- und Vergütungssicherheit führte zu einem Aufschwung im Bereich der erneuerbaren Energien. Denn jetzt waren die Vergütungssätze für den produzierten Strom einer erneuerbaren Energien-Anlage für die folgenden 20 Jahre festgesetzt.[7] Es wurde somit eine Planungssicherheit geschaffen, die zusammen mit angehobenen Vergütungssätzen ein attraktives Risiko/Rendite-Verhältnis erzeugte und somit ein lukratives Modell für Investitionen lieferte.[8]

In zweijährigen Abständen schreibt das EEG die Erstellung eines Erfahrungsberichts (EB) vor, der über „den Stand der Markteinführung und die Kostenentwicklung von Anlagen zur Erzeugung von Strom" berichtet. Zudem soll der Bericht Vorschläge für „eine Anpassung der Höhe der Vergütungen [...] und der Degressionssätze entsprechend der technologischen und Marktentwicklung für Neuanlagen"[9] enthalten.

Der erste Erfahrungsbericht Ende 2002 und darüber hinaus die EG-Richtlinie von 2001[10] gaben der Bundesregierung Anlass, eine Novelle des EEG zu entwickeln. Wichtige Verhandlungspunkte waren die Erhöhung des Anteils erneuerbarer Energien an der Stromversorgung im Jahr 2010 und 2020 und die Änderung der Vergütungssätze für Anlagenbetreiber. Neben Biomasse und Geothermie wurde die Photovoltaik (PV) deutlich besser gestellt (Dagger, 2009). Zudem wurde mit dem neugeschaffenen § 3 eine erweiterte Begriffsdefinition der erneuerbaren Energien eingeführt und somit die Abschaffung begrifflicher Unklarheiten bewirkt.

Die dritte[11] Novellierung des EEG 2009 umfasst die Zeitspanne von Juli 2007 mit der Vorlage des Erfahrungsberichts des BMU und endet mit in Krafttreten des novellierten EEG am 1.1.2009. Die Gründe, die zu einer wiederholten Novellierung des EEG führten, sind auf der einen Seite der Regierungswechsel

---

6 Vgl. EEG vom 29.3.2000, § 1.
7 Vgl. EEG vom 29.3.2000, § 9.
8 So schließt Dixit (1992), dass es entscheidend ist, das Risiko (durch staatliche Regulierung) zu verringern, wenn die Beschleunigung von Investitionen oder neue Markteintritte von Unternehmen das Ziel sind.
9 Vgl. EEG vom 29.3.2000, § 12.
10 EG-Richtlinie 2011/77/EG vom 27.09.2001.
11 Anfang 2006 wurde das EEG zum zweiten Mal novelliert. Am 1.12.2006 trat die „kleine Novelle" des EEG in Kraft. Sie bezieht sich jedoch nur auf sogenannte Härtefallregelungen von energieintensiven Unternehmen und ist somit für die weitere Untersuchung nicht interessant.

und der damit verbundene Beschluss in den Koalitionsverhandlungen, das EEG zu novellieren, und auf der anderen Seite das Bestreben auf europäischer Ebene, die Ausbauziele weiter voranzutreiben. Entscheidende Neuerung für die Solarbranche war die Einführung einer gleitenden Degression[12] der Vergütungssätze. Demnach hängt die zukünftige Vergütung von der erreichten Zubaurate von PV-Anlagen ab. Überschreitet die Zubaurate zu festgelegten Zeitpunkten ebenfalls vorab bestimmte Grenzwerte, verringern sich die Vergütungssätze. Dabei gilt je größer die Rate, desto mehr sinken auch die Vergütungssätze für weitere Anlagen.

## 2.2. Regulatorisches Risiko und Aktienkursrenditen

Der an der Börse ermittelte Wert eines Unternehmens spiegelt die Summe der zukünftigen Zahlungsströme (Cashflows) wider, die zu einem Diskontsatz auf den heutigen Wert der Zahlungen abgezinst werden. Bestehende Unsicherheiten – sowohl des tatsächlichen Eintretens der erwarteten Zahlungsströme als auch in ihrer Höhe – wirken sich auf deren Varianz aus. Es ist zu erwarten, dass ein unsicheres Eintreten des Zahlungsstroms eine hohe Varianz in den Zahlungen zur Folge hat, wohingegen mit großer Sicherheit vorhersehbare Zahlungen nur eine geringe Varianz aufweisen. Im Folgenden wird erörtert, inwieweit sich die Novellierungen des EEG auf die Vorhersehbarkeit und somit auf die Sicherheit der zukünftigen Zahlungsströme auswirken können.

Im Vergleich zu ähnlichen Untersuchungen des politischen Risikos auf Aktienrenditen (Beaulieu et al., 2005) sind die Auswirkungen in unserer Untersuchung weitgehend eindeutig zu quantifizieren. Trotzdem kann eine teilweise Unsicherheit über den Wert der Ankündigung bestehen bleiben. Neben positiven Effekten können durch die Novellierungen negative Auswirkungen entstehen. Positiv auf die Sicherheit erwarteter Zahlungen wirkt sich die Festsetzung der Vergütungszahlungen aus. Einnahmen die für eine kWh Strom aus erneuerbaren Energien zum Zeitpunkt der Inbetriebnahme erzielt werden können, werden sich für die folgenden 20 Betriebsjahre nicht ändern. Das Risiko, dass Investitionen in solche Anlagen aufgrund sinkender Preise für Strom unrentabel werden, ist somit ausgeschlossen. Der Zeitraum von 20 Jahren deckt eine ausreichende Spanne ab, genügend Einnahmen zu generieren, um ein positives Investitionsergebnis zu erzielen. Innerhalb dieses Zeitraums können auch ertragsschwache Jahre auftreten, die ein positives Endergebnis nicht gefährden.

Eine Änderung der Vergütungssätze kann sich zum einen auf die Höhe (€/kWh) und zum anderen auf den Umfang der betroffenen Anlagen (bspw.

---

12  Vgl. EEG vom 25.10.2008, § 20.

Freifläche - Aufdach) beziehen. Anhand fixer Vergütungssätze können mit Referenztabellen[13] für solare Strahlungsenergie Cashflow-Modelle erstellt werden, die eine gute Näherung bei der Berechnung zukünftiger Zahlungsströme bilden. Werden die Vergütungssätze angehoben, steigen somit die zukünftigen Einnahmen. Kürzungen der Vergütungssätze verringern zukünftige Zahlungen. Jedoch ist zu beachten, dass Kürzungen nicht ausschließlich negative Folgen nach sich ziehen. Kürzungen stehen in Zusammenhang mit dem technologischen Fortschritt der Solarindustrie, der zu verringerten Herstellungskosten führt. Somit stellt dieser Vorgang lediglich eine Adjustierung von technologischem Standpunkt und monetärer Vergütung dar, der im Idealfall aufkommensneutral ausfällt. Zudem führen regelmäßige Anpassungen der Vergütungssätze zu einem Druck auf die Unternehmen, Entwicklungs- und Produktionsprozesse zu überarbeiten und zu verschlanken.

Besonders außerplanmäßige Kürzungen der Einspeisevergütung stehen für einen negativen Einfluss. Zwar können diese Einschnitte aufgrund schnellerer technologischer Entwicklung gerechtfertigt sein, doch entsprechen sie nicht dem planmäßigen Verlauf der Vergütungssätze. Zudem sind sie unvorhersehbar und werden von Politikern nur mit näherungsweisen Werten beziffert. Einen tatsächlichen außerplanmäßigen Einschnitt mit fixen Werten wird es erst nach weiteren Verhandlungen geben.

# 3. Datenbasis und Untersuchungsmethodik

Im folgenden Abschnitt wird zum einen auf die Zusammensetzung des Datensatzes und zum anderen auf die ökonometrischen Grundlagen der Modellierung für die weiteren empirischen Auswertungen eingegangen. Die Methodik erlaubt es, in aggregierter Form zu erfassen, wie insbesondere Akteure an den internationalen Kapitalmärkten strukturelle Veränderungen eingeleitet durch das EEG beurteilen und in ihre Werturteile für den Aktienkurs und das systematische Eigenkapitalrisiko deutscher Solarunternehmen einordnen.

---

13  Der Deutsche Wetterdienst (DWD) veröffentlicht in seinen jährlichen Jahrbüchern u.a. Strahlungsmessungen und Strahlungsverteilungen. DWD (Hrsg.). Deutsches Meteorologisches Jahrbuch. Deutscher Wetterdienst. Offenbach a.M., verschiedenen Jahrgänge.

## 3.1. Datensatz

### 3.1.1. Zusammensetzung der Ereignisse

Zur Beantwortung der Forschungsfrage wurden sämtliche Ereignisse zusammengetragen, die in Zusammenhang mit der Novellierung des EEG in 2004 und der erneuten Novellierung 2009 stehen. Dabei handelt es sich ausschließlich um Ankündigungen, die von Seiten der Politik getroffen werden und einen Einfluss auf Inhalt und Umfang der jeweiligen Novellierung zur Folge haben. Der gesamte Untersuchungszeitraum erstreckt sich von Dezember 2003 bis Januar 2009. Ankündigungen, die die Novellierung 2004 betreffen, fanden im Untersuchungszeitraum von Dezember 2003 bis zum in Krafttreten im August 2004 statt. Diejenigen, die sich auf die erneute Novellierung beziehen, umfassen den Zeitraum Juli 2007 bis Januar 2009. In 2005 und 2006 konnten keine relevanten Ankündigungen ermittelt werden.

Bei der Zusammenstellung und Kategorisierung der Ereignisse wird auf verschiedene Datenbanken zurückgegriffen. Anhand der Ankündigungen des Bundesministeriums für Umwelt, Naturschutz und Reaktorsicherheit (BMU) und des Bundesministeriums für Wirtschaft und Technologie (BMWi) werden die einzelnen Schritte des Politikformulierungsprozesses zum EEG gesammelt. Die Mitteilungen der Ministerien werden meist neutral, d.h. ohne Bewertung der Auswirkungen für die Wirtschaft formuliert. Zur Einteilung der Ereignisse in die Kategorie mit positiver oder negativer Auswirkung für die deutsche Solarbranche werden Pressemitteilungen verwendet. Nicht zu allen Ereignissen können Pressemitteilungen gefunden werden, die eine eindeutige Bewertung der politischen Ereignisse für die Unternehmen treffen. Aus diesem Grund werden zum einen Berichte der Frankfurter Allgemeinen Zeitung (FAZ) und zum anderen Pressemitteilungen des Bundesverband Solarwirtschaft (BSW) gesammelt und miteinander verglichen. Dies soll sicherstellen, dass subjektive Argumente bei der Bewertung ausgeschlossen werden. Die Ereignisse und die Kategorisierung können Tabelle 1 entnommen werden.

*Tabelle 1: Ereignisse mit Kategorisierung*

| Nr. | Ereignisdatum | Beschreibung | Bewertung BSW | Bewertung FAZ |
|---|---|---|---|---|
| 1 | 17.12.2003 | Bundesregierung legt Regierungsentwurf (RegE) zum EEG 2004 vor. | - | - |
| 2 | 02.04.2004 | Novelle des EEG wird im dt. Bundestag mit den Stimmen der rot-grünen Koalitionsfraktion verabschiedet. | + | + |
| 3 | 14.05.2004 | Bundesrat votiert gegen EEG. Verfahren geht an Vermittlungsausschuss. | / | ± |
| 4 | 17.06.2004 | Einigung der Beteiligten Akteure. | + | ± |
| 5 | 18.06.2004 | Bundestag nimmt an. | + | / |
| 6 | 09.07.2004 | Bundesrat bestätigt Bundestagsbeschluss. | + | / |
| 7 | 01.08.2004 | Das novellierte EEG tritt in Kraft. | ± | ± |
| 8 | 05.07.2007 | Das BMU legt 43 Seiten starkes Papier *Erfahrungsbericht 2007 zum Erneuerbaren-Energien-Gesetz (EEG)* vor und leitet somit die Kernphase der Politikformulierung ein. | - | - |
| 9 | 23.08.2007 | Klausurtagung des Bundeskabinetts in Meseberg. Erstellung des inhaltlichen Fahrplans für den Klimaschutz- und Energiebereich. | / | / |
| 10 | 09.10.2007 | Nach den Resortverhandlungen formuliert das BMU den RefE. | - | ± |
| 11 | 07.11.2007 | Bundesregierung (BMU und BMWi) legt EEG-EB vor. | - | / |
| 12 | 05.12.2007 | Fristgerechte Vorlage des RegE. | - | ± |
| 13 | 15.02.2008 | Stellungnahme des Bundesrats zum EEG . | / | / |
| 14 | 21.02.2008 | 1. Lesung zum EEG um dt. Bundestag. | / | ± |
| 15 | 05.05.2008 | Gremienbefassung und Anhörung. | / | - |
| 16 | 06.06.2008 | 2. und 3. Lesung im dt. Bundestag. | + | + |
| 17 | 04.07.2008 | Bundesrat erhebt keinen Einspruch gegen Novelle und gibt somit Weg für EEG frei. | / | / |
| 18 | 27.10.2008 | Bundespräsident ratifiziert das Gesetz. | / | / |
| 19 | 30.10.2008 | Veröffentlichung im Bundesgesetzblatt. | / | / |
| 20 | 01.01.2009 | EEG Novell tritt in Kraft. | / | / |

- negative Bewertung; + positive Bewertung; ± nicht eindeutige Bewertung; / keine Bewertung

### 3.1.1. Zusammensetzung des Unternehmensportfolios

Als Untersuchungsbasis dienen 26 Unternehmen der deutschen Solarindustrie. Das Portfolio umfasst Unternehmen der ganzen Wertschöpfungsstufe der Solarindustrie und den angrenzenden Maschinenbau. Zehn Unternehmen produzieren Wafer, Module oder Wechselrichter, sieben Unternehmen sind in der Projektierung oder als Großhändler tätig, und neun stellen Produktionsmaschinen zur Herstellung von Solaranlagenkomponenten her. Von den 26 untersuchten Unternehmen generieren 16 ihren Umsatz vollständig in der Solarbranche. Es ist zu erwarten, dass diese Unternehmen eine größere Abhängigkeit gegenüber regulatorischen Bedingungen aufweisen. Da hier stärkere Reaktionen in Form von Änderungen der Aktienrenditen zu erwarten sind, wird für diese Unternehmen eine zusätzliche Analyse durchgeführt.

### 3.1.2. Ereignisstudie

Zur Messung der Auswirkungen der regulatorischen Entscheidungen auf die Unternehmen der Solarbranche wird eine Ereignisstudie angewandt. Dabei wird die Auswirkung auf die Unternehmen anhand der Veränderung des Börsenkurses beziffert. Die Methodik baut auf den grundlegenden Arbeiten zu Ereignisstudien von Fama et al. (1969), Brown & Warner (1980) und (1985) sowie MacKinlay (1997) auf. Mit dieser Vorgehensweise wurden in der Vergangenheit bereits unterschiedliche Studien zum politischen Einfluss auf Unternehmen durchgeführt. Unter anderem wurde der regulatorische Einfluss in der post-Privatisierungsphase der britischen Telekommunikationsbranche (Dnes & Seaton, 1999), der Einfluss bei regulatorischen Änderungen von Banken (Cornett & Tehranian, 1990), Wertpapierbörsen (Jarrell, 1984) oder Fluglinien (Beneish, 1991) untersucht. Die Methodik gilt entsprechend als internationaler Standard einer kapitalmarktnahen Auswertung.

Anhand einer Ereignisstudie werden Aktienrenditen eines Unternehmens mit den Renditen eines Aktiengesamtmarktes verglichen, wobei ein Aktienindex als Vertreter des Aktienmarktes das allgemeine Marktverhalten abbildet und somit als Referenzgröße dient. Es werden mögliche abnormale Aktienrenditen (AR – Abnormal Returns) ermittelt, die als Indikator für die Bewertung eines Ereignisses durch den Kapitalmarkt für die untersuchten Unternehmen zu interpretieren sind. In Formel (1) wird die Ermittlung der Differenz zwischen der tatsächlich beobachteten Aktienrendite ($R_{i,t}$) des Unternehmens $t$ am Tag $i$ und der (ohne Eintreten des zu analysierenden Ereignisses) erwarteten Rendite ($E(R_i)$) am Tag $i$ abgebildet:

$$AR_{i,t} = R_{i,t} - E(R_i) \qquad (1)$$

Zur Schätzung der Referenzgröße (erwartete Rendite) wird das Marktmodell (2) verwendet (Binder, 1985). Die Koeffizienten $\alpha_i$ und $\beta_i$ werden hierbei mittels einer linearen Regression (OLS) über Aktienindexrenditen geschätzt, die für eine Schätzperiode im Vorfeld des Ereignisses von 200 Tagen herangezogen werden. Diese täglichen Marktrenditen werden hier durch die Indexrenditen des CDAX widergespiegelt. Der Fehlerterm der Regressionsschätzung ist durch $e_i$ repräsentiert:

$$E(R_i) = \alpha_i + \beta_i * R_{i,m} + e_i \qquad (2)$$

Um mögliche Einflüsse des zu beurteilenden Ereignisses auf die vorgelagerte Schätzperiode bei der ex ante erwarteten Aktienrendite zu vermeiden, wird ein 30-Tage Fenster zwischen Schätzperiode und Ereignis eingeschoben. Anschließend werden die abnormalen Renditen für jeden Tag im ausgewerteten Zeitfenster um das Ereignis ermittelt und aufaddiert. Die dabei errechneten kumulierten abnormalen Renditen (CAR – Cumulative Abnormal Return) bilden den Gesamteffekt eines Ereignisses für jedes einzelne Unternehmen über verschiedene Zeitintervalle (Ereignisfenster):

$$CAR_{i,T} = \sum_{t=1}^{T} AR_{i,t} \qquad (3)$$

Die CAR werden für alle erfassten Unternehmen gleich gewichtet addiert, und anhand des arithmetischen Mittels wird ein Mittelwert gebildet (CAAR – Cumulative Averaged Abnormal Returns):

$$CAAR_{I,T} = \frac{1}{I} \sum_{i=1}^{I} CAR_{i,t} \qquad (4)$$

Die zu testende Nullhypothese entspricht einer kumulierten durchschnittlichen abnormalen Aktienrendite (CAAR) von Null. Diese Annahme entspricht dem Tatbestand, dass das Ereignis keinen Einfluss auf den Aktienkurs der Unternehmen nimmt. Für den Test auf Signifikanz werden ein Standard t-Test und ein nicht parametrisches Testverfahren angewandt. Mit dem Verfahren von Boehmer et al. (1991) wird ein häufig beobachteter ereignisinduzierter Anstieg der Varianz der Aktienrenditen innerhalb des Ereignisfensters berücksichtigt.

Dies ist darauf zurückzuführen, dass unerwartete Ereignisse zu überdurchschnittlichen Handelsaktivitäten führen, die wiederum in einer erhöhten Schwankung der Kursreihen resultieren können. Die Nullhypothese wird daher beim Standard t-Test zu häufig abgelehnt.

### 3.1.3. Risikomodellierung

Das Renditerisiko, das einem Unternehmen beigemessen wird und das die Basis für die Renditeforderungen der Aktionäre bildet, kann anhand der Volatilität der erwirtschafteten Renditen gemessen werden.[14] Grundsätzlich unterteilt man dabei das Risiko in zwei Teilbereiche, das systematische und das unsystematische Risiko. Das unsystematische Risiko beinhaltet einzelwirtschaftliche Risiken, die im jeweiligen Unternehmen selbst veranlagt sind. Dagegen ruht das systematische Risiko auf marktinhärenten Veränderungen. Das systematische Risiko kann daher nicht wie das unsystematische durch Diversifikation (effiziente Portfoliozusammensetzung) von Kapitalanlegern vermieden werden. Es wird über den Betafaktor erfasst und beziffert den Teil des gesamten Anlagerisikos, für dessen Übernahme der Investor eine Kompensation verlangt, da er dieses Risiko nicht eliminieren kann.

Die Kosten für das durch das EEG ausgelöste veränderte Risiko lassen sich in vereinfachter Weise auf den Fremdkapital- und den Eigenkapitalanteil des Unternehmens aufteilen. Fremdkapitalkosten werden dabei von Fremdkapitalgebern und Ratingagenturen im Rahmen von entsprechenden Bewertungsverfahren ermittelt und sind im Allgemeinen leicht zugänglich. Die Kosten für den Eigenkapitalanteil und damit die Bestimmung der Kosten für das systematische Eigenkapitalrisiko lassen sich nur anhand von Kapitalmarktdaten ermitteln. Als Basis dient ein kapitalmarkttheoretisches Gleichgewichtsmodell, das von Sharpe (1964) vorgestellte Capital Asset Pricing Model (CAPM). Der in Formel (6) abgebildete Zusammenhang zeigt die Komponenten der unter Einbeziehung des systematischen Risikos einer Aktienanlage ermittelten Eigenkapitalkosten:

$$R_i = r_f + \beta_i (R_M - r_f) \qquad (6)$$

Dabei bezeichnet $r_f$ den risikolosen Zinssatz, $R_M$ die Rendite des Marktportfolios und $\beta_i$ die spezifische, systematische Risikomenge des Unternehmens. Der Betafaktor bezieht sich dabei nicht auf den Teil des Risikos, der durch Diversifikation zu Null verringert werden kann (unsystematisches Risiko), sondern nur auf das systematische Risiko des Unternehmens. Er beschreibt dabei, inwieweit

---

14 Dieser Ansatz stammt aus der Modernen Portfoliotheorie und geht auf Markowitz (1952) zurück.

sich das Eigenkapitalrisiko unternehmensindividuell verändert, auch wenn keine Änderung der Marktrendite oder des risikofreien Anlagezinses eintritt. Formal ergeben der Quotient aus der Kovarianz (*Kov()*) der Rendite der Anlage mit der Rendite des Marktportfolios und der Varianz (*Var()*) der Marktrendite den Betafaktor:

$$\beta_i = \frac{Kov(R_i, R_M)}{Var(R_M)} \tag{7}$$

Im Rahmen dieser Analyse wird eine Verschiebung des Betafaktors als eine Änderung des systematischen Eigenkapitalrisikos interpretiert. Dieser Ansatz findet in der Literatur weit verbreitete Anwendung (Havenner et al., 2001; Kobialka & Rammerstorfer, 2009; Paleari & Redondi, 2005; Riddick, 1992). Die Differenz aus Aktienmarktrendite und risikofreiem Zins wird Marktrisikoprämie genannt.

# 4. Ergebnisse

## 4.1. Auswertung der Ereignisstudie

Die Kursreaktionen der Solarunternehmen sind in Tabelle 2 dargestellt. Die Kursrenditen aller Ereignisse weisen das erwartete Vorzeichen auf. Ausnahme hierzu stellt nur Ereignis 6 dar. Der BSW äußert sich positiv über die Bestätigung des Bundesrats zum Bundestagsbeschluss, die Aktienkursrenditen zeigen jedoch ein signifikant negatives Ergebnis. Zu diesem Zeitpunkt können weitere negative Faktoren Einfluss auf die Kursrenditen genommen haben, die in der Analyse nicht berücksichtigt worden sind.[15] In der rechten Spalte sind die *„number of observations"* eingetragen. Aufgrund des jungen Alters der Solarbranche waren zu Beginn des Untersuchungszeitraums noch nicht alle Portfoliounternehmen an einer Börse gelistet.

Unter den ersten sieben Ereignissen, die sich alle auf die Novellierung 2004 beziehen, weist nur das erste abnormale Aktienkursrenditen mit hoher Signifikanz (1%-Niveau) auf, das zweite und dritte Ereignis abnormale Aktienkursrenditen mit geringer Signifikanz (10%-Niveau). Das erste Ereignis wird dabei eindeutig negativ bewertet. Dies stimmt mit der Branchenmeinung überein, dass der vorgelegte Regierungsentwurf zu kurz greife. Die beiden folgenden positiv bewerteten Ereignisse können mit schwacher Signifikanz belegt werden.

---

15 Eine Presserecherche konnte hier allerdings keinen Aufschluss bieten.

*Tabelle 2: Aktienkursrenditen der Portfoliounternehmen*

| Nr. | Ereignisfenster | Durchschnitt | Median | t-Test | BMP-Test | Nobs |
|---|---|---|---|---|---|---|
| 1 | ±0;+5 | -4.05% | -2.23% | -1.936* | -1.930* | 14 |
|   | ±0;+10 | -4.47% | -2.98% | -2.513** | -2.774*** | 14 |
| 2 | ±0;+5 | 4.50% | 1.00% | 2.052* | 1.892* | 14 |
|   | ±0;+10 | 2.20% | 0.05% | 1.083 | 0.863 | 14 |
| 3 | ±0;+5 | 3.41% | 2.33% | 1.108 | 1.443 | 14 |
|   | ±0;+10 | 10.07% | 2.25% | 1.652 | 1.796* | 14 |
| 4 | ±0;+5 | -0.18% | -1.46% | -0.116 | 0.148 | 14 |
|   | ±0;+10 | 1.91% | 0.50% | 1.037 | 1.189 | 14 |
| 5 | ±0;+5 | 2.32% | 1.10% | 1.261 | 1.557 | 14 |
|   | ±0;+10 | 2.41% | -0.05% | 1.279 | 1.427 | 14 |
| 6 | ±0;+5 | -5.25% | -3.55% | -2.473** | -2.437** | 14 |
|   | ±0;+10 | -7.39% | -8.07% | -2.742** | -2.573** | 14 |
| 7 | ±0;+5 | -0.02% | -1.04% | -0.008 | 0.470 | 14 |
|   | ±0;+10 | -0.20% | -1.21% | -0.100 | 0.355 | 14 |
| 8 | ±0;+5 | -3.48% | -1.88% | -3.509*** | -3.326*** | 23 |
|   | ±0;+10 | -3.80% | -0.96% | -2.196** | -2.103** | 23 |
| 9 | ±0;+5 | -0.11% | 0.70% | -0.082 | -0.237 | 24 |
|   | ±0;+10 | 2.69% | 2.75% | 1.313 | 1.100 | 24 |
| 10 | ±0;+5 | -4.93% | -4.06% | -3.020*** | -3.451*** | 24 |
|    | ±0;+10 | -0.28% | -1.96% | -0.154 | -0.421 | 24 |
| 11 | ±0;+5 | -3.94% | -4.30% | -2.853*** | -2.257** | 24 |
|    | ±0;+10 | -11.99% | -10.00% | -4.203*** | -3.997*** | 24 |
| 12 | ±0;+5 | -1.68% | -0.44% | -1.477 | -1.426 | 24 |
|    | ±0;+10 | 0.97% | 0.81% | 0.575 | 0.718 | 24 |
| 13 | ±0;+5 | 2.19% | 2.04% | 1.454 | 1.533 | 25 |
|    | ±0;+10 | -1.42% | -2.66% | -0.751 | -0.901 | 25 |
| 14 | ±0;+5 | -1.90% | -1.01% | -1.259 | -1.483 | 25 |
|    | ±0;+10 | -2.82% | -2.81% | -1.605 | -1.877* | 25 |
| 15 | ±0;+5 | -3.51% | -3.62% | -3.285*** | -3.352*** | 25 |
|    | ±0;+10 | -1.48% | -3.03% | -0.765 | -0.821 | 25 |
| 16 | ±0;+5 | 1.06% | -1.84% | 0.468 | 0.471 | 25 |
|    | ±0;+10 | 4.29% | 2.30% | 1.857* | 1.981** | 25 |
| 17 | ±0;+5 | -0.28% | 0.20% | -0.197 | -0.183 | 25 |
|    | ±0;+10 | -2.91% | -3.59% | -1.288 | -1.292 | 25 |
| 18 | ±0;+5 | 0.72% | 0.78% | 0.257 | 0.257 | 26 |
|    | ±0;+10 | 0.39% | -4.43% | 0.109 | 0.114 | 26 |
| 19 | ±0;+5 | 11.47% | 10.69% | 4.393*** | 4.591*** | 26 |
|    | ±0;+10 | 13.18% | 11.24% | 3.946*** | 4.236*** | 26 |
| 20 | ±0;+5 | -6.05% | -4.05% | -5.585*** | -5.527*** | 26 |
|    | ±0;+10 | -1.60% | -1.08% | -0.993 | -1.208 | 26 |

***, **, und * bezeichnen eine statistische Signifikanz auf dem 1%, 5%, und 10% Niveau.

Die Ereignisse 8 bis 20 betreffen die Novellierung 2009. Dabei weisen mehr als die Hälfte (7/13) der Ereignisse abnormale Aktienkursrenditen zum 5%-Signifikanzniveau oder höher auf. Auffällig ist, dass fünf der sieben signifikanten Ereignisse negative Renditen auslösen.

Während der Politikformulierungsphase führen besonders die Ankündigungen, an denen das BMU seine Ansichten äußert, zu signifikanten Reaktionen des Kapitalmarkts. Am 5. Juli 2007 legt das BMU seinen Erfahrungsbericht zum EEG vor und bildet somit den Grundstein für die folgende politische Debatte. Der Referentenentwurf (RefE) des BMU wird am 9. Oktober 2007 veröffentlicht und enthält die Ergebnisse der vorangegangenen Resortverhandlungen. Schließlich legen das BMU und das BMWi am 7. November 2007 einen gemeinsamen EEG-EB vor. An allen drei Ereignisdaten stellen sich signifikant (1-% Niveau) negative Aktienkursrenditen ein. Dieses Ergebnis ist konform mit den Bewertungen durch die Presse. Der BSW bewertet alle Bekanntgaben als negativ für die Solarbranche, die FAZ beurteilt die Ankündigungen nur wenig neutraler. Die hier gezeigten Resultate belegen, dass Ankündigungen, die von Seiten des BMU getroffen werden, durch den Kapitalmarkt als entscheidend für die weitere Entwicklung der Novellierung angesehen werden.

So wie das sechste Ereignis sind auch die letzen beiden Ereignisse (19, 20) von nicht berücksichtigten Faktoren beeinflusst. Sowohl die Veröffentlichung im Bundesgesetzblatt als auch das in Krafttreten sind keine Ereignisse, die unvorhergesehen sind. Demzufolge sind auch keine abnormalen Kursrenditen zu erwarten.

Die Ergebnisse der Analyse des Subsamples können dem Appendix I entnommen werden. Sie zeigen für die Unterstichprobe die gleichen Kapitalmarktreaktionen, wie sie für das Gesamtsample ermittelt wurden. Entsprechend der Erwartungen, dass für das Subsample die Ergebnisse extremer ausfallen, werden zu 7 von 9 signifikanten Ereignissen auch größere abnormale Aktienkursrenditen ermittelt. Damit bestätigt sich die Hypothese, dass Unternehmen, die einen höheren Umsatzanteil in der Solarindustrie generieren, auch eine höhere Abhängigkeit gegenüber regulatorischen Entscheidungen der Solarbranche aufweisen.

Tendenziell lässt sich erkennen, dass im Rahmen der Novellierung 2009 signifikante Reaktionen bereits im 5-Tage Fenster zu erkennen sind. Für die Novellierung 2004 kann kein eindeutiger Unterschied zwischen den verschiedenen Ereignisfenstern festgestellt werden. Dies kann zum einen darauf zurückzuführen sein, dass der Kapitalmarkt seine Aufmerksamkeit verstärkt auf politische Ankündigungen im Zusammenhang mit der Novellierung des EEG konzentriert. Zum anderen kann es jedoch auch durch die erwartete Tragweite der Ankündigungen hervorgerufen werden. Der Kapitalmarkt würde somit die Novellierung 2009 als wichtiger erachten.

## 4.2. Auswertung der Risikomodellierung

In Abbildung 1 ist der Verlauf der Betafaktoren für das gesamte Portfolio und das Subsample dargestellt. Der Betafaktor-Verlauf des Subsamples nimmt über den gesamten Untersuchungszeitraum extremere Werte an. Die größere Schwankungsbreite ist – wie auch bei der Analyse der Aktienrenditen – erwartet und darauf zurückzuführen, dass die Unternehmen des Subsamples eine größere Abhängigkeit von regulatorischen Einflüssen aufweisen. Somit fällt auch das damit verbundene Eigenkapitalrisiko entsprechend stärker aus. Die acht Ereignisse mit signifikanten Kursreaktionen sind durch ovale Markierungen gekennzeichnet.

Der plötzliche Anstieg und der Abfall der Betafaktoren in 2006 laufen parallel zu der zu dieser Zeit aufgetretenen Siliziumknappheit. Der Nachfrageanstieg nach dem für die Solarzellenproduktion wichtigen Rohstoff Silizium konnte mit den bestehenden Kapazitäten nicht gedeckt werden. Somit entstand am Markt die Befürchtung, dass trotz fixer Vergütungspreise die Produktion aufgrund steigender Rohstoffpreise unrentabel wird. Gegen Ende 2006 zeichnete sich jedoch ab, dass die Siliziumhersteller ihre Produktionskapazitäten anpassen können.[16]

In Zusammenhang mit der Novellierung 2004 (Anfang bis Ende 2004) treten nur zwei Ankündigungen mit signifikanten Aktienrenditen auf. Bei beiden Ereignissen bestätigen die gefundenen Renditen nicht die aufgestellten Hypothesen. Auch wenn ab Mitte 2004 ein leichtes Absinken der Betafaktoren zu erkennen ist, lässt sich hier keine eindeutige Reaktion auf die Ankündigung erkennen.

Die sechs Ovale auf der rechten Seite markieren die signifikanten Aktienkursreaktionen in Zusammenhang mit der Novellierung 2009. Die drei Ovale Ende 2007 markieren die Ereignisse, die am Beginn der Verhandlungen zur EEG-Novellierung 2009 signifikante Kursrenditen aufweisen. Alle drei Ereignisse betreffen Ankündigungen durch das (oder mit Beteiligung des) BMU. Die auf die Ankündigungen folgende Erhöhung der Betafaktoren ist durch den negativen Inhalt für die Solarbranche plausibel. Sowohl der BSW als auch die FAZ kommentierten diese Ankündigungen negativ. Der Verlauf folgt der Hypothese, dass sich negative Ankündigungen in einer Erhöhung des systematischen Risikos eines Unternehmens ausdrücken.

---

16 Vgl. O.V., Mangelerscheinung, Süddeutsche Zeitung vom 8.12.2006.

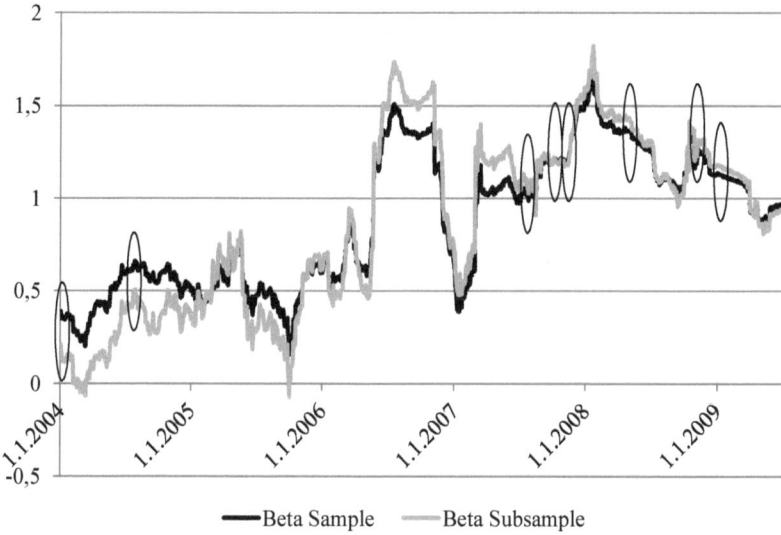

*Abbildung 1: OLS Betafaktoren (120 Tage rollierend)*

Die zeitlich gesehen letzten drei Ovale können nicht mit der Hypothese in Einklang gebracht werden. Obwohl zwei der drei Ankündigungen von negativen Aktienkursrenditen gefolgt werden und in einem Fall die Bewertung durch die Medien ebenfalls negativ ausfällt, lässt sich ein Absinken des Betafaktors erkennen. Als Erklärung hierfür kann der weite Fortschritt in den Verhandlungen um die Novellierung dienen. Trotz einzelner negativer Ankündigungen war die Novellierung in ihren Grundbausteinen gesichert und auch Höhe und Umfang der voraussichtlichen Einspeisevergütung war für die Solarbranche in einem akzeptablen Rahmen.

# 5. Zusammenfassung

Die Solarindustrie in Deutschland zählt seit langer Zeit in technologischer Entwicklung und Produktionskapazität zu den weltweit führenden. Einen großen Anteil an dieser herausragenden Marktposition haben die positiven Rahmenbedingungen, die in Europa und insbesondere in Deutschland allgemein für Unternehmen aus dem Bereich der erneuerbaren Energien vorherrschen. Hierbei spielt das EEG und entsprechende Novellierungen eine entscheidende Rolle. Die Bildung dieser Rahmenbedingungen kann als Summe regulatorischer Ereignisse interpretiert werden und wirft daher die Frage nach dem Einfluss auf das Risiko/Rendite-Verhältnis betroffener Unternehmen auf.

In dieser Untersuchung werden zunächst anhand einer Ereignisstudie 26 Unternehmen aus der Solarindustrie analysiert. Es werden sowohl Hersteller von Solarkomponenten als auch angrenzende Industrien, die die Produktionstechnik liefern, eingeschlossen. Dabei zeigt sich, dass signifikante abnormale Renditen als Reaktion auf politische Ankündigungen im Rahmen der Novellierung 2004 und 2009 auftreten. Die Vorzeichen der abnormalen Renditen entsprechen weitestgehend zum einen den erwarteten Vorzeichen, und zum anderen stimmen sie mit den Bewertungen in der Presse überein. Es bestätigt sich somit die Hypothese, dass Ankündigungen mit positivem (negativen) Inhalt einen steigernden (verringernden) Effekt auf die kurzfristige Kursentwicklung der betroffenen Unternehmen ausüben. Es fällt auf, dass insbesondere Ankündigungen des BMU (oder mit dessen Beteiligung) zu deutlich signifikanten Kursreaktionen führen. Darüber hinaus gehend kann eine asymmetrische Reaktion bestätigt werden. Ein überwiegender Teil der Ankündigungen im Rahmen der Novellierung 2009 mit signifikanten Kursreaktionen (5/7 Ereignisse) weist negative Vorzeichen auf. Daraus lässt sich für die Solarbranche eine stärkere Reaktion auf negative als auf positive Ankündigungen ableiten. Das Auftreten signifikanter Kursreaktionen im kurzfristigen sowie im langfristigen Ereignisfenster für die Novellierung 2009 zeigt eine Verkürzung der Zeit, die der Markt für die Aufnahme der neuen Information benötigt (im Zusammenhang mit der Novelle 2004 traten signifikante Reaktionen nur im langfristigen Fenster auf). Dies kann Anzeichen sein, dass der Kapitalmarkt seine Aufmerksamkeit verstärkt auf politische Ankündigungen im Zusammenhang mit der Novelle konzentriert.

In einem zweiten Schritt werden Betafaktoren für die untersuchten Unternehmen modelliert. Anhand dieser wurde eine Veränderung des systematischen Eigenkapitalrisikos ermittelt. Dabei finden nur die Ereignisse mit zuvor signifikanter Kursreaktion Eingang. Es kann nur für drei Ereignisse eine erwartete Veränderung des systematischen Eigenkapitalrisikos gezeigt werden. Ereignis 8,

10 und 11 (die Ereignisse mit entscheidender Beteiligung des BMU) führen entsprechend der negativen abnormalen Renditen zu einer Erhöhung des Betafaktors. Für die Ereignisse kann somit eine negative Korrelation zwischen den Ankündigungen und dem durch den Kapitalmarkt bewerteten Eigenkapitalrisiko bestimmt werden.

Zur Absicherung der Ergebnisse werden zusätzlich nur diejenigen Unternehmen betrachtet, die ihre Umsätze ausschließlich in der Solarbranche generieren. Es bestätigt sich die Hypothese, dass Unternehmen, die in einer größeren Abhängigkeit zu den Ankündigungen stehen, auch eine stärkere Reaktion aufweisen. Dies bezieht sich sowohl auf die abnormalen Renditen als auch auf die Schwankungen im Betafaktor.

# Literatur

Alexander, I., & Irwin, T. (1996). Price caps, rate-of-return regulation and the cost of capital. *Public Policy for the Private Sector, Note No. 87.*

Beaulieu, M.-C., Cosset, J.-C., & Essaddam, N. (2005). The Impact of Political Risk on the Volatility of Stock Returns: The Case of Canada. *Journal of International Business Studies, 36*(6), 701-718.

Beneish, M. D. (1991). The Effect of Regulatory Changes in the Airline Industry on Shareholders' Wealth. *Journal of Law and Economics, 34*(2), 395-430.

Binder, J. J. (1985). Measuring the effects of regulation with stock price data. *Journal of Economics, 16*(2), 167-183.

Boehmer, E., Musumeci, J., & Poulsen, A. B. (1991). Event-study methodolgy under conditions of event-induced variance. *Journal of Financial Economics, 34*(2), 253-272.

Brennan, M. J., & Schwartz, E. S. (1982). Consistent Regulatory Policy under Uncertainty. *The Bell Journal of Economics, 13*(2), 506-521.

Brown, S. J., & Warner, J. B. (1980). Measuring Security Price Performance. *Journal of Financial Economics, 8*(3), 205-258.

Brown, S. J., & Warner, J. B. (1985). Using Daily Stock Returns. *Journal of Financial Economics, 14*(1), 3-31.

Cambini, C., & Rondi, L. (2009). Incentive Regulation and investment: evidence from european energy utilities. *Journal of Regulatory Economics, 38*(2), 1-26.

Cornett, M. M., & Tehranian, H. (1990). An Examination of the Impact of the Garn-St. Germain Depository Institutions Act of 1982 on Commercial Banks and Savings and Loans. *The Journal of Finance, 45*(1), 95-111.

Dagger, S. B. (2009). *Die Novellierung des Erneuerbaren-Energein-Gesetz (EEG) 2009* (Energiepolitik & Lobbying ed. Vol. 12). Stuttgart.

Dixit, A. (1992). Investment and Hysteresis. *The Journal of Economic Perspectives, 6*(1), 107-132.

Dnes, A. W., & Seaton, J. S. (1999). The Regulation of British Telecom: An Event Study. *Journal of Institutional and Theoretical Economics, 155*(4), 610-616.

Fama, E. F., Fisher, L., Jensen, M. C., & Roll, R. (1969). The Adjustment Of Stock Prices To New Information. *International Economic Review, 10*(1), 1-21.

Havenner, A., Hazlett, T. W., & Leng, Z. (2001). The Effects of Rate Regulation on Mean Returns and Non-Diversifiable Risk: The Case of Cable Television. *Review of Industrial Organization, 19*(2), 149-164.

Jarrell, G. A. (1984). Change at the Exchange: The Causes and Effects of Deregulation. *Journal of Law and Economics, 27*(2), 273-312.

Kim, H. Y., & Mei, J. P. (2001). What makes the stock market jump? An analysis of political risk on Hong Kong stock returns. *Journal of International Money and Finance, 20*(7), 1003-1016.

Kobialka, M., & Rammerstorfer, M. (2009). Regulatory Risk and Market Reactions - Empirical Evidence from Germany. *Zeitschrift für Energiewirtschaft, 3*, 221-227.

MacKinlay, C. A. (1997). Event Studies in Economics and Finance. *Journal of Economic Literature, 35*(1), 13-39.

Markowitz, H. (1952). Portfolio Selection. *Journal of Finance, 7*, 77-91.

Paleari, S., & Redondi, R. (2005). Regulation Effects on Company Beta Components. *Bulletin of Economic Research, 57*(4), 307-378.

Parker, D. (2003). Performance, risk and strategy in privatised, regulated industries. *The International Journal of Public Sector Management, 16*(1), 75-100.

Riddick, L. A. (1992). The Effect of Regulation on Stochastic Systematic Risk. *Journal of Regulatory Economics, 4*(2), 139-157.

Schiereck, D., & Trillig, J. (2011). Die Atomkatastrophe in Japan und die Kapitalkostenerwartungen für deutsche Energieerzeuger: Eine Note aus Sicht effizienter Märkte. *Zeitschrift für Umweltpolitik & Umweltrecht, 2*, 133-144.

Schwert, W. G. (1989). Why Does Stock Market Volatility Change Over Time? *The Journal of Finance, 44*(5), 1115-1153.

Sharpe, W. F. (1964). Capital Asset Prices: A Theory of Market Equilibrium under Conditions of Risk. *Journal of Finance, 19*(3), 425-442.

# Appendix I

*Tabelle 3: Aktienkursrenditen der Portfoliounternehmen (Subsample)*

| Nr. | Ereignisfenster | Durchschnitt | Median | t-Test | BMP-Test | Nobs |
|---|---|---|---|---|---|---|
| 1 | [0;+5] | -6.98% | -2.23% | -2.229* | -2.297** | 8 |
|   | [0;+10] | -7.04% | -5.63% | -2.630** | -2.620*** | 8 |
| 2 | [0;+5] | 8.06% | 5.99% | 2.443** | 2.313** | 8 |
|   | [0;+10] | 4.75% | 2.52% | 1.594 | 1.597 | 8 |
| 3 | [0;+5] | 5.36% | 3.77% | 0.996 | 1.374 | 8 |
|   | [0;+10] | 17.93% | 18.10% | 1.804 | 1.988** | 8 |
| 4 | [0;+5] | -2.54% | -3.43% | -1.470 | -1.257 | 8 |
|   | [0;+10] | -0.63% | -0.60% | -0.300 | -0.335 | 8 |
| 5 | [0;+5] | 2.29% | 1.10% | 0.908 | 1.380 | 8 |
|   | [0;+10] | 0.82% | -1.59% | 0.394 | 0.529 | 8 |
| 6 | [0;+5] | -8.86% | -4.33% | -2.885** | -3.010*** | 8 |
|   | [0;+10] | -13.79% | -10.59% | -4.551*** | -4.387*** | 8 |
| 7 | [0;+5] | -1.10% | -3.15% | -0.301 | -0.105 | 8 |
|   | [0;+10] | -0.64% | -2.07% | -0.185 | 0.087 | 8 |
| 8 | [0;+5] | -4.72% | -4.67% | -3.614*** | -3.606*** | 14 |
|   | [0;+10] | -6.22% | -3.20% | -2.362** | -2.263** | 14 |
| 9 | [0;+5] | 0.55% | 0.70% | 0.426 | 0.632 | 14 |
|   | [0;+10] | 3.63% | 3.65% | 1.355 | 1.441 | 14 |
| 10 | [0;+5] | -4.40% | -3.51% | -1.755 | -1.958* | 14 |
|   | [0;+10] | 0.46% | -1.57% | 0.168 | 0.025 | 14 |
| 11 | [0;+5] | -6.50% | -5.94% | -4.541*** | -4.589*** | 14 |
|   | [0;+10] | -16.71% | -13.70% | -4.048*** | -3.889*** | 14 |
| 12 | [0;+5] | -0.66% | -0.82% | -0.458 | -0.342 | 14 |
|   | [0;+10] | 2.44% | 2.24% | 1.093 | 1.191 | 14 |
| 13 | [0;+5] | 2.94% | 1.11% | 1.406 | 1.407 | 15 |
|   | [0;+10] | -1.51% | -3.21% | -0.590 | -0.831 | 15 |
| 14 | [0;+5] | -1.79% | -2.07% | -0.834 | -1.037 | 15 |
|   | [0;+10] | -2.29% | -1.69% | -0.907 | -1.155 | 15 |
| 15 | [0;+5] | -2.67% | -3.33% | -1.697 | -1.715* | 15 |
|   | [0;+10] | -0.59% | 0.65% | -0.220 | -0.298 | 15 |
| 16 | [0;+5] | 2.74% | -2.16% | 0.780 | 0.722 | 15 |
|   | [0;+10] | 6.62% | 3.38% | 1.813* | 1.828* | 15 |
| 17 | [0;+5] | -1.69% | -0.60% | -1.400 | -1.441 | 15 |
|   | [0;+10] | -6.37% | -5.09% | -3.129*** | -3.410*** | 15 |
| 18 | [0;+5] | 2.51% | -0.59% | 0.592 | 0.663 | 16 |

|    |         |        |        |           |           |    |
|----|---------|--------|--------|-----------|-----------|----|
|    | [0;+10] | 2.93%  | -4.43% | 0.529     | 0.599     | 16 |
| 19 | [0;+5]  | 12.27% | 10.18% | 3.194***  | 3.408***  | 16 |
|    | [0;+10] | 15.30% | 11.24% | 3.082***  | 3.345***  | 16 |
| 20 | [0;+5]  | -3.84% | -3.19% | -3.337*** | -3.346*** | 16 |
|    | [0;+10] | 1.43%  | 1.69%  | 0.707     | 0.650     | 16 |

***, **, und * bezeichnen eine statistische Signifikanz auf dem 1%, 5%, und 10% Niveau.

# Perspektiven der deutschen Solarindustrie aus der Sicht von branchenerfahrenen Finanzanalysten

Dirk Schiereck und Florian Wörfel

# 1. Einleitung

Während in den Medien gegenwärtig die Insolvenz der Prokon Unternehmensgruppe die Schlagzeilen zu Unternehmen aus dem Bereich der erneuerbaren Energien dominiert, ist die Krise in der Solarindustrie fast schon zum akzeptierten Alltag geworden. Dabei haben dort seit Anfang 2012 mehr als die Hälfte der einstmals Beschäftigten ihren Arbeitsplatz verloren und Unternehmen wie Q-Cells, Conergy oder Solar Millenium in existenzielle Schwierigkeiten gebracht. Vor diesem Hintergrund drängt sich die Frage auf, ob diese Entwicklung nicht zumindest aus Expertensicht absehbar war und nur von einer uninformierten breiten Masse verkannt wurde. Ersten Aufschluss über diese Frage und damit auch allgemein über die generelle Fähigkeit von Finanzmärkten zur Prognose von Strukturbrüchen in sogenannten Zukunftsindustrien sollen Ergebnisse einer Befragung von branchenerfahrenen deutschen Finanzanalysten liefern.

Schon seit längerem wurde ein sehr bemerkenswerter Gegensatz bei den Zukunftsaussichten im Bereich der Photovoltaik immer stärker auch auf politischer Seite diskutiert. Während die Perspektiven für die Technologie auch längerfristig sehr positiv beurteilt werden, wurde für die in diesem Bereich tätigen industriellen Hersteller ein zunehmend düsteres Bild gezeichnet. So titelte schon Weishaupt (2011) im September ‚Pleitewelle erfasst amerikanische Solarbranche: Solyndra beantragt Gläubigerschutz – die dritte Insolvenz innerhalb weniger Wochen'. Parallel berichteten Jordan und Gorelova (2011), dass ‚Dunkle Wolken lasten über der deutschen Photovoltaik-Industrie'. Und im Oktober schließlich titelte Schlüter (2011) mit Blick auf die Solar Millenium AG ‚Ikarus ist abgestürzt'.[1] Die Liste passender Berichte ließe sich fast beliebig verlängern, nur stellt sich die Frage, ob die hier zum Ausdruck gebrachten Befürchtungen bloß journalistische Übertreibungen waren oder auch von erfahrenen Branchenkennern und Finanzexperten in ihren Reports geteilt wurden. An dieser Stelle setzt unsere Analyse an.

Schon die 2011 verbreitete Studie des Schweizer Bankhauses Sarasin ging von einer an Dynamik gewinnenden Strukturbereinigung der Photovoltaikindustrie aus, bei der insbesondere kleine, nicht wettbewerbsfähige und schlecht finanzierte Unternehmen vom Marktaustritt betroffen sein würden. Es wurden auch konkrete Namen genannt: Die chinesischen Suntech Power, Trina Solar

---

1 Gerade mit Blick auf die Solar Millenium AG wurde auch der Wettbewerb innerhalb der Solarindustrie deutlich, wo bei gegebenen Marktstrukturen die Photovoltaik Kostenvorteile gegenüber Solarthermieprojekten hat. Diese Kostendifferenz hatte Solar Millenium zunächst bewegt, ein Solarkraftwerk im kalifornischen Blythe von solarthermischer Stromerzeugung auf Photovoltaik umzustellen.

und Yingli Solar, die amerikanischen First Solar und Sunpower und die deutsche Solarworld galten als gut aufgestellt, während in Deutschland Conergy, Q-Cells, Solar-Fabrik und Sunways als gefährdet einzustufen waren (o.V. 2011). Die nachfolgende Untersuchung verzichtet auf die Nennung konkreter Namen, wenn sie erfahrene Finanzanalysten befragt hat, die sich seit langem intensiv mit der Solarindustrie beschäftigen und wohl besser als andere beurteilen können, welche Geschäftsmodelle und Unternehmen aus Finanzierungs- und Kapitalmarktsicht zukunftsfähig sind bzw. wie Maßnahmen von Unternehmensseite zu bewerten sind, um diese Zukunftsfähigkeit dauerhaft zu erreichen.

Die Erkenntnisse dieser Erhebung haben auch eine wichtige politische Dimension, stellt sich doch die Frage, ob die massiven Förderprogramme aufrechterhalten werden könnten, wenn bspw. ganz überwiegend chinesische Produzenten profitieren, weil deutsche Hersteller bei der laufenden Konsolidierung nicht bestehen konnten.

## 2. Thesen

Nach Jahren starken Wachstums war die immer noch junge Solarindustrie zu Beginn des Jahrzehnts in ihrer ersten globalen Konsolidierungs- und Marktbereinigungsphase angekommen. Trotz weiter wachsender Umsätze ließ sich ein zunehmend starker Verdrängungswettbewerb beobachten, bei dem, nach allgemeiner Wahrnehmung, die deutschen Unternehmen nicht gut aufgestellt waren. Vor diesem Hintergrund wurden bei der Planung der nachfolgend erläuterten Analystenbefragung generelle Annahmen und Vorurteile über die Solarindustrie als Thesen aufgestellt. Die Befragung zielte darauf ab, diese Thesen zu überprüfen und gleichzeitig einen möglichst detaillierten Einblick in die Solarwirtschaft zu erhalten.

Eine weit verbreitete Meinung in den Medien und bei den Analysten lautete, dass deutsche Unternehmen der Solarindustrie sich in den letzten Jahren auf ihrem historisch erreichten Wettbewerbsvorsprung ausgeruht hatten und nun nicht mehr wettbewerbsfähig waren. Entsprechende Zitate finden sich leicht. "Die institutionellen Investoren und Privatanleger glauben nicht mehr an die Wettbewerbsfähigkeit der deutschen Photovoltaik-Unternehmen", sagte Jens Milnikel, Partner bei Oliver Wyman. CDU-Energieexperte Joachim Pfeiffer kritisierte: "Der Bundesverband der Solarwirtschaft beziffert die Aufwendungen seiner Unternehmen für Forschung und Entwicklung mit gerade 1,7 Prozent des Umsatzes"., Er monierte, dass in Hightech-Unternehmen der Anteil bei bis zu zwölf Prozent liege, in der traditionellen Elektroindustrie immer noch bei fünf Prozent. Um gegen die Billigkonkurrenz zu bestehen, "sollte die deutsche Solarindustrie mehr Geld in Forschung investieren". In Konsequenz könnte es in naher Zukunft keine großen selbständigen Unternehmen in der Solarbranche in Deutschland mehr geben.

Diese Argumentation wurde oft im Rahmen der aktuellen Kürzungen der Solarförderung über das EEG eingebracht. In ihrem Protestbrief an Bundeskanzlerin Merkel warnten Vertreter die Solarwirtschaft davor, die „Absenkung der Solarstromförderung nicht noch weiter zu beschleunigen - Deutschlands Technologieführerschaft und zehntausende Arbeitsplätze seien in Gefahr". Eine Stellungnahme des Bundesverbands Solarwirtschaft e.V. vom 25. Mai 2011 fasste kurz zusammen: Eine weitere Kürzung ist „für die Branche ... untragbar". Unsere Umfrage soll auch die negativen Effekte der Kürzung auf die Solarindustrie quantifizieren und den Gehalt der aufgeführten Argumente überprüfen. Gegner dieser Thesen beschworen immer wieder die deutsche Wettbewerbsfähigkeit im Maschinenbau und warfen der Solarbranche Lobbyismus vor. Die Solarindustrie in Deutschland war ihrer Meinung nach äußerst vielschichtig und heterogen, wobei viele Untersegmente flexibel auf die verschiedenen Einflüsse aus Politik, Umwelt und Nachfrage reagierten.

Neben den politischen Thesen wurden weitere quantifizierbare Fragestellungen zu Gesamtsituation, Marktaussichten, Wettbewerbslage, Marktanteil, Subventionen und Überlebenswahrscheinlichkeiten der Unternehmen formuliert, um die Lage der deutschen Solarwirtschaft möglichst umfassend zu erheben.

## 3. Datensatz und Erhebungsstruktur

Nachfolgend werden die Herangehensweise und die Entscheidungen im Rahmen der Planung, Durchführung und Auswertung der Befragung aus dem Frühjahr 2011 vorgestellt und Entscheidungen zum Untersuchungsdesign erläutert.

Die Auswahl der Finanzanalysten erfolgte in zwei Schritten. Zuerst wurden diejenigen börsennotierten Unternehmen ermittelt, deren Geschäftsschwerpunkt im Solarbereich liegt. Dabei waren die Unternehmen in die Bereiche Maschinenbau, Zulieferer, Hersteller, Großhandel und Projektor zu unterteilen. Zu jedem der unten aufgeführten 31 Aktiengesellschaften wurden anhand der IBES Liste diejenigen Finanzanalysten identifiziert, die regelmäßig über die Unternehmen berichten. Dabei sind über 160 Finanzanalysten in die Zielgruppe gerückt.

Im Rahmen der Erhebung wurden zum einen Informationen zum persönlichen Hintergrund der Finanzanalysten (Erfahrung mit den Unternehmen) erfasst. Zum anderen zielten die Fragen im eigentlichen Hauptteil auf die aktuelle und zukünftige Situation der jeweiligen Unternehmen und des Marktes insgesamt ab.

So konnten Einschätzungen zusammengetragen werden zu der wahrgenommenen allgemeinen Situation des jeweiligen Unternehmens, der Bewertung seiner Marktposition und der Geschäftsmodelle, den Erwartungen über den künftigen Marktanteil und der eigenständigen Überlebenswahrscheinlichkeit, Fusionsbestrebungen sowie Maßnahmen der Politik.

*Tabelle 1: Untersuchte Unternehmen*

| | |
|---|---|
| Aleo Solar AG | Roth & Rau AG |
| Bosch Solar Energy AG | S.A.G. Solarstrom AG |
| Carl Schlenk AG | Siemens Industry Sector |
| Centrosolar | SMA Technologies AG |
| Centrotherm Photovoltaics AG | Solara AG |
| Colexon Energy AG | Solar-Fabrik AG |
| Conergy AG | Solarparc AG |
| ISRA Vision | Solarpraxis |
| KUKA Systems | SolarWorld AG |
| Manz Automation AG | SOLON AG |
| Payom Solar AG | STANGL Semiconductor Equipment AG |
| Pfeiffer Vacuum | Sunline AG |
| Phönix Solar AG | Sunways AG |
| PVA TePla AG | Systaic AG |
| Q-Cells AG | Systaic AG |
| Ralos New Energies AG | Wacker Chemie |

Bei der Erstellung des Fragebogens für die Finanzanalysten wurde für jeden dieser Aspekte eine fünfstufige Bewertungsskala und passende Frageformulierungen angelegt. Der so entstandene Fragenbogen konnte mit Hilfe von Fachleuten aus der Industrie getestet und auf Fehler und Ungenauigkeiten geprüft werden. Anschließend gab es eine finale Feinadjustierung und danach eine Individualisierung. Im letztgenannten Schritt wurde der Fragebogen für jedes der ausgewählten Unternehmen angepasst, so dass bei der Auswertung die Informationen für jedes einzelne Unternehmen separat vorlagen. Die hier erhobenen Ergebnisse lassen sich also leicht mit Daten einer zukünftigen Unternehmensbefragung vergleichen.

Hüfner und Schröder (2001) zeigen die hohe Qualität der Ergebnisse aus Finanzanalystenbefragungen im Vergleich zu Erhebungen bei Unternehmen, wenn sie zeigen, dass die ZEW-Konjunkturerwartungen, die auf Finanzanalystenbefragungen beruhen, signifikant besser sind als die ifo-Geschäftserwartungen, die auf der Basis von Unternehmensbefragungen erstellt werden. Vor diesem Hintergrund wurde auch hier aus der Befragung von Finanzanalysten ein hoher, belastbarer Erkenntnisgewinn erwartet.

Ende Februar 2011, kurz vor dem Beginn der Berichtssaison in der Solarindustrie und damit in einem Zeitfenster, in dem Finanzanalysten besonders intensiv neue Informationen zusammentragen und sich Gedanken über die Zukunftsaussichten der Branche machen, wurde die Umfrage umgesetzt. Die Herausforderung war dabei, die Fragebögen zu den jeweiligen Unternehmen nur an die Analysten zu schicken, die eben diese Unternehmen regelmäßig bewerten. Da die Finanzanalysten in der Regel mehr als ein Unternehmen der Branche beurteilen, ergaben sich dabei Mehrfachanfragen. Die Finanzanalysten, die fünf oder mehr Unternehmen aus der Zielgruppe bewerten, wurden zusätzlich noch zu einem Telefoninterview eingeladen. Anfang März wurde der Fragebogen per E-Mail verschickt und Anfang April noch einmal an die Beantwortung erinnert. Für die nachfolgende Auswertung kann auf 20 voll ausgefüllte Fragebögen und zwei Interviews zurückgegriffen werden, wobei zu 15 Unternehmen mindestens ein Fragebogen ausgefüllt wurde.

## 4. Umfrageergebnisse

Die befragten Analysten haben mit dem jeweiligen Unternehmen eine Erfahrung von durchschnittlich 3,8 Jahren und 18,4 Bewertungen. Diese Werte sind als vergleichsweise sehr hoch einzustufen, denn die meisten Unternehmen der Solarbranche waren zum Befragungszeitpunkt nicht viel länger als 5 Jahre an der Börse notiert.

Die Gesamtsituation der Unternehmen wurde damals generell recht positiv bewertet. Auf der vorgegebenen, aufsteigenden Skala von 0 bis 10 ergab sich ein Durchschnittswert von 6,4. Nur für Q-Cells lag eine Bewertung schlechter als 5 vor. Für die nähere Zukunft erwarteten die Finanzanalysten keine wesentlichen Verschlechterungen der Marktsiuation. Nachfolgend werden die Einsichten zu den Ergebnissen in einzelnen Bereichen detaillierter vorgestellt. Dabei bezeichnet die Ordinate in den jeweiligen Abbildungen die Anzahl der entsprechenden Aussagen der Analysten.

Bei den Fragen zur aktuellen Marktsituation ergab sich ein heterogenes Bild in Bezug auf die Bedeutung des Exports für die Unternehmen. Für die Mehrheit der Unternehmen war aus Sicht der Finanzanalysten Deutschland der wichtigste Absatzmarkt. Für kein Unternehmen war das europäische Ausland als wichtigstes Standbein genannt worden. Dies ist angesichts des hohen Anteils der Exporte nach Europa an den Gesamtexporten eigentlich überraschend, spiegelte aber die schon damals erkennbaren Unsicherheiten im makroökonomischen Umfeld und die unklaren Zukunftsperspektiven in dieser Region wider.

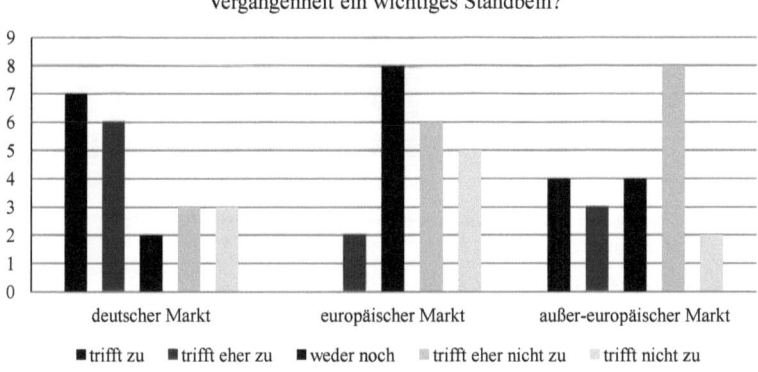

*Abbildung 1: Bedeutung der Absatzmärkte in der Vergangenheit*

Eine überraschende Antwort gab es auch auf die Frage nach den Auswirkungen eines Subventionsrückgangs für die Solarbranche. Während die Förderung der erneuerbaren Energien von allen Finanzanalysten für überlebensnotwendig gehalten wurde, sahen die Experten trotzdem keinen Rückgang der Nachfrage durch diese Kürzung voraus. Eine mögliche Erklärung ist eine erkannte Übersubventionierung über den Bedarf der Branche hinaus, sodass der Rückgang der antizipierten Subvention nicht unmittelbar schadet. Eine grundsätzliche Förderung der Solarbranche wurde jedoch als notwendig gesehen.

Die Erwartungen der Finanzexperten über die zukünftige Entwicklung der Absatzmärkte unterstreicht die wachsende Bedeutung des Exports. Mehr als 50% der Analysten stuften einen entsprechenden Bedeutungsgewinn als wahrscheinlich ein, über 90% mindestens als neutral. Konsequent umgekehrt fielen die Prognosen für den innereuropäischen Absatzmarkt aus. Hier sahen nur vier Experten eine Bedeutung als wichtigstes Standbein für die Unternehmen. Bei der Frage, ob der deutsche Markt in Zukunft ein wichtiger Absatzmarkt sein wird, hingen die Antworten vom Geschäftsmodell ab. Die Maschinenbauer und Zulieferer waren deutlich internationaler ausgerichtet als die Solarzellenproduzenten, deren Absatzmarkt stärker auf Deutschland fokussiert war.

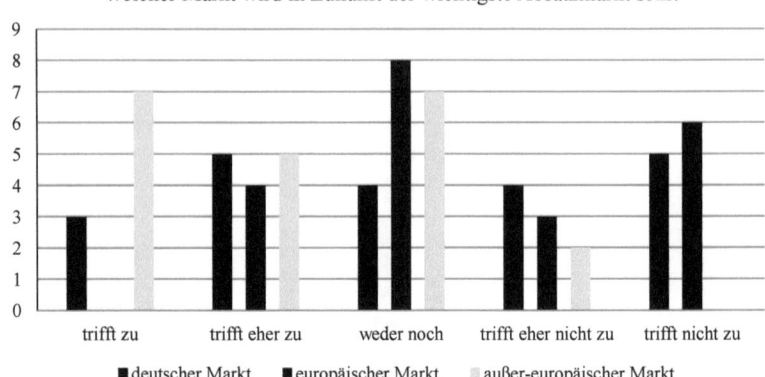

*Abbildung 2: Erwartete Bedeutung der Absatzmärkte*

Auch die Einschätzung des Wettbewerbs fiel im Ergebnis zweiseitig aus. Einerseits erschien den Finanzanalysten der Großteil der Unternehmen gut gegen die Konkurrenz in Deutschland gerüstet. Auf internationaler Ebene, vor allem im Vergleich zur Konkurrenz aus Asien, fiel das Bild aber deutlich schlechter aus. Weniger als ein Viertel der Unternehmen wurde für den Wettbewerb mit dieser Konkurrenz als gut gerüstet eingeschätzt, was schon damals als klares Warnsignal zu interpretieren war.

In den Interviews wurde hierbei als Ursache die Subvention seitens der chinesischen Regierung als auch die niedrigeren Lohnstückkosten in China genannt. Lange Zeit wurde jedoch auch den deutschen Unternehmen vorgeworfen, nötige F&E Investitionen verschlafen und somit ihren technologischen Vorsprung verschenkt zu haben. Schon in der Befragungszeitspanne konnten die deutschen Produzenten nicht mit den Preisen der asiatischen Konkurrenz mithalten.

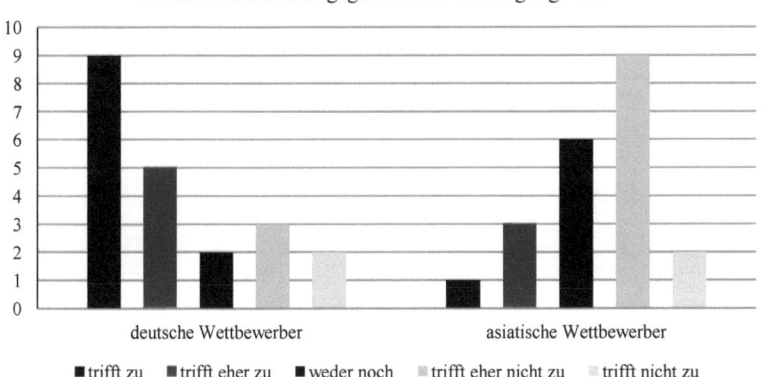

*Abbildung 3: Wettbewerbsfähigkeit*

## 4.1. Akquisition von Mitbewerbern

Schwierige Marktumfelder werden häufig als Konsolidierungstreiber einer Industrie genannt. Das gilt aber nicht für die deutsche, nationale Solarindustrie. Die Antworten zu Akquisition von Mitbewerbern fielen in der Umfrage sehr klar und einstimmig aus. Es erschien für kein Unternehmen im Solarbereich aktuell ratsam, Konkurrenten zu akquirieren. Hierfür wurde vor allem die Gefahr von sichtbaren Überkapazitäten in allen Bereichen aufgeführt. Aus demselben Grund erschien es den Finanzexperten damals unwahrscheinlich, dass deutsche Unternehmen übernommen werden – eine Erwartung, die inzwischen offensichtlich durch zahlreiche Aufkäufe überholt ist. Am ehesten war im Maschinenbau und bei den Zulieferern eine Übernahme als denkbar erachtet worden.

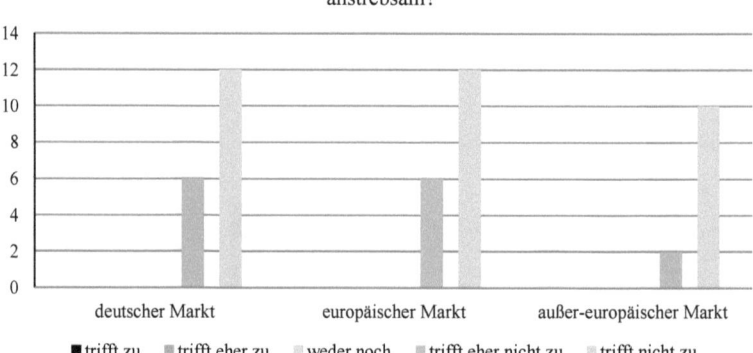

*Abbildung 4: Akquisition von Mitbewerbern*

## 4.2. Eigenständigkeit

Obwohl in den Fragen zur Akquisition von Mitbewerbern Unternehmensübernahmen eher ausgeschlossen wurden, sahen die Finanzanalysten bereits damals voraus, dass knapp die Hälfte aller Unternehmen ihre Eigenständigkeit in den nächsten 3 bis 5 Jahren verlieren würde. Daraus folgte bereits konsequent, dass vor allem Liquidierungen und Unternehmenspleiten die Verluste an Eigenständigkeit treiben würden. Dies passte auch zu der seinerzeitigen Schlagzeile der Wirtschaftswoche „Deutschlands Solarbranche stürzt ab" vom 31.08.2011 und den dort berichteten Geschäftszahlen der Solarmodulhersteller von Solon, Solar Millenium und Q-Cells. Insbesondere im Produktionsbereich waren die deutschen Unternehmen nicht wettbewerbsfähig gegenüber der Konkurrenz aus Asien.

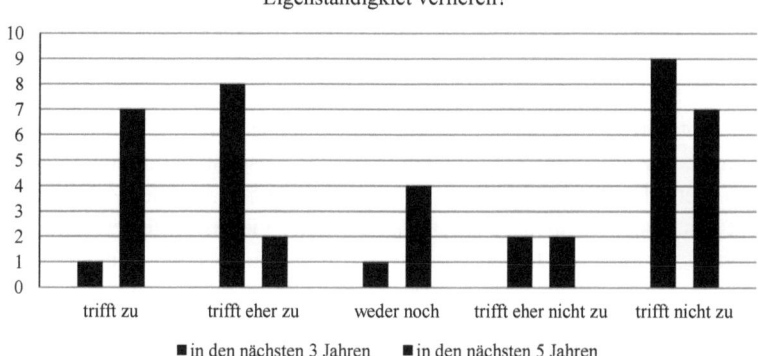

*Abbildung 5: Erwartete Eigenständigkeit*

## 4.3. Bewertung von Geschäftsmodellen

In der Umfrage wurden die Finanzexperten auch gebeten, gängige Geschäftsmodelle der Solarbranche zu bewerten. Dabei wurden fünf Geschäftsmodelle vorgegeben.

*Ausrichtung auf Maschinenbau:* Der Schwerpunkt dieser Unternehmen liegt auf dem Entwickeln und Erstellen von Produkten, die in allen Bereichen der Solarbranche Anwendung finden. Pfeiffer Vacuum hat sich bspw. einen Namen mit Vakuumpumpen gemacht, die sowohl bei der Produktion als auch der Installation von Solaranlagen große Nachfrage erzielt haben.

*Herstellung von Solarmodulen:* Diese Unternehmen sind in erster Linie in der Produktion der Solarmodule tätig. Für diese Tätigkeit ist ein gewisses Know-How notwendig als auch die Fähigkeit, zu niedrigen Preisen zu produzieren. Das Kerngeschäft der Solon AG ist die Produktion von Solarmodulen, die an Projektierer wie Privatkunden verkauft werden.

*Maschinenbau:* Dieses Geschäftsmodell umfasst diejenigen Unternehmen, die den Schwerpunkt ihrer Tätigkeit auf die Herstellung von Maschinen und Werkzeugen für die Produktion von Solarmodulen gelegt haben. Die Centrotherm Photovoltaics AG produziert Maschinen für die Herstellung von Solarmodulen und -anlagen

*Großhandel:* Unter diesem Bereich fallen Unternehmen, die mit den Solarmodulen und -anlagen handeln. Ein Beispiel hierfür die Colexon Energy AG, die sich auf den weltweiten Handel mit Solarpanels spezialisiert hat.

*Projektierung / Ingenieurdienstleistung:* Auch wenn der größte Teil der Installation von Solaranlagen von kleineren Unternehmen durchgeführt wird, gibt es börsennotierte Unternehmen, die ihren Geschäftsschwerpunkt auf die Umsetzung von (Groß-) Projekten gelegt haben. Ein Beispiel hierfür ist die Phönix Solar AG, die Solarparks für Investoren baut und betreibt.

Die Antworten illustrieren hier sehr schön die sehr unterschiedlichen Wahrnehmungen bezüglich der Zukunftsfähigkeit von Geschäftsmodellen entlang der solarenergetischen Wertschöpfungskette. Den Unternehmen der Zulieferindustrie und des Maschinenbaus wurden damals noch viel krisenfestere Aussichten attestiert als in späteren Jahren. Hier waren Finanzanalysten offensichtlich von der starken Marktstellung so beeindruckt, dass sie zu sehr positiven Einstufungen gelangt sind, die sie heute wohl nicht mehr aufrecht halten würden.

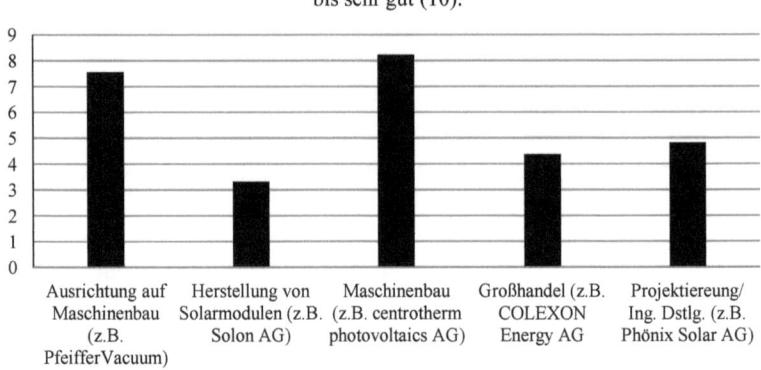

*Abbildung 6: Bewertung von Geschäftsmodellen*

## 4.4. Ausblick zur Zukunft der deutschen Solarindustrie

Die deutsche Solarindustrie ist seit 2010 auch entsprechend Experteneinschätzungen nach Jahren, die vor allem durch üppige Subventionen und einen stark wachsenden Markt geprägt waren, zunehmend unter Druck geraten. Insbesondere die Konkurrenz aus Asien, die nicht nur mit niedrigeren Lohnstückkosten punktet, sondern auch technologisch immer weiter aufgeholt hat, ist zu einer Existenzbedrohung gewachsen. Vielen Unternehmen, vor allem im Produktionsbereich, wurden schon 2011 Überlebenswahrscheinlichkeiten von unter 25% bescheinigt. Auf der anderen Seite erschienen Unternehmen im Bereich des Maschinenbaus nicht nur gegen die Konkurrenz in Deutschland gut aufgestellt, sondern ihnen wurde vor allem auf den ausländischen Märkten zugetraut, Marktanteile hinzuzugewinnen. Konsolidierungsschritte schienen schon damals in der Solarbranche wenig vielversprechend. Die Produktionskapazitäten überstiegen den Bedarf soweit, dass sich eher ein Verdrängungswettbewerb einstellte.

## 5. Fazit

Die Ergebnisse unserer Analystenbefragung zeichnen nicht nur ein sehr differenziertes Bild der Photovoltaikindustrie, sondern bieten rückblickend auch die Möglichkeit, die Qualität der Vorhersagen von Finanzanalysten zu beurteilen. Dabei zeigt sich, dass die Richtungsurteile sehr gut getroffen haben und die strukturellen Verwerfungen in dem Sektor gut erkannt wurden. Aber die Intensität der Eintrübung in der deutschen Solarindustrie scheint auch von den hochqualifizierten Kapitalmarktprofis unterschätzt worden zu sein.

Die Ausgangsfrage der Umfrage unter den Finanzanalysten zur Zukunft der deutschen Solarindustrie im Jahr 2011 wurde wie folgt beantwortet. In der Solarbranche würde es in Zukunft durch die strukturellen Fehler in der Subventionspolitik keine großen deutschen Modulhersteller mehr geben. In den restlichen Bereichen der Solarbranche würde es jedoch vor allem durch die Stärke des deutschen Maschinenbaus und der Nähe zu den Absatzmärkten deutsche Unternehmen mit globaler Bedeutung geben. Diese Einschätzungen liegen nicht gar so weit von den Einsichten zum Ende des Jahres 2013 entfernt.

# Literatur

Godenrath, B. (2011), Solarthermie auf der Achterbahn, Börsen-Zeitung, 01.12.2011, S. 10.

Hüfner, F. und M. Schröder (2001), Unternehmens- versus Analystenbefragungen – Zum Prognosegehalt von ifo-Geschäftserwartungen und ZEW-Konjunkturerwartungen, ZEW Discussion Paper No. 01-04, Mannheim.

Jordan, K. und A. Gorelova (2011), Dunkle Wolken lasten über der deutschen Photovoltaik-Industrie, Börsen-Zeitung, 03.09.2011, S. B5-B6.

Kammlott, C. und D. Schiereck (2009), Finanzierungsengpässe im Bereich der erneuerbaren Energien. Immobilien und Finanzierung - Der langfristige Kredit, 60. Jg., S. 260-266.

o.V. (2011), Wind und Sonne im Depot, Börsen-Zeitung, 25.11.2011, S. 2.

Schlüter, K. (2011), Ikarus ist abgestürzt, Finance, Heft Oktober 2011, S. 18-20.

Weishaupt, G. (2011), Pleitewelle erfasst die amerikanische Solarbranche, Handelsblatt, 02./03.09.2011, S. 26.

# Kosten der Kraftwerksbeseitigungen

Steffen Meinshausen, Sven Thomas Munck und Dirk Schiereck

# 1. Einleitung

## 1.1. Problemstellung

Die Kraftwerkskapazitäten konservativer Kraftwerke zur Stromerzeugung bilden mit etwa 50 Prozent der Gesamtkapazitäten das Rückgrat der Energieversorgung der Bundesrepublik Deutschland.[1] Trotz ambitionierter Vorhaben zum Ausbau regenerativer Energien wird die Nutzung fossiler Brennstoffe auch zukünftig einen bedeutenden Anteil an der Energieerzeugung innehaben. Die aktuelle Diskussion um den zeitnahen Ausstieg aus der atomaren Energieerzeugung bis spätestens 2022 stärkt diese Tendenz, die Grundlast kann schließlich noch nicht von den im Aufkommen stark schwankenden regenerativen Energien erbracht werden.

Die Planung, der Bau sowie der Betrieb von Kraftwerken werden von der Gesellschaft stark wahrgenommen. Sowohl Wirtschaft als auch Bevölkerung teilen das Verständnis, dass es zahlreiche Kraftwerke erfordert, um den täglichen Bedarf an elektrischer Energie zu decken. Privatpersonen nehmen aber auch die damit einhergehende Umweltverschmutzung und Eingriffe in ihren Lebensraum wahr und würden den Ausbau des Kraftwerkparks deutscher Energieversorgungsunternehmen (EVU) am liebsten mit allen Mitteln verhindern. Somit wird es für EVU und Kraftwerksbetreiber eine immer größere Herausforderung, geeignete Standorte für weitere Kraftwerke zu finden und ein entsprechendes Baurecht zu erwirken.

Eine Lösung hierfür bietet der Rückbau veralteter Anlagen, um Platz für einen Neubau an gleicher Stelle zu schaffen und gleichzeitig keine zusätzlichen Eingriffe in die Raumplanung, die Natur und den Lebensraum des Menschen vorzunehmen.[2] Der Rückbau von Kraftwerken kann somit als Bindeglied zwischen alten und neuen Kraftwerken betrachtet werden. In der Investitionskette eines Kraftwerkes bildet der Rückbau den letzten Abschnitt, für einen möglichen Neubau am gleichen Standort ist er Grundvoraussetzung. Langfristig sind Kraftwerksbeseitigungen weniger aus Gründen der Standortsuche für Neubauprojekte relevant. Die eingeleitete Energiewende führt dazu, dass zukünftig der Strombedarf zu größeren Teilen aus regenerativen Energien gedeckt wird. Konservative Kraftwerke werden entsprechend immer seltener durch neue konservative Kraftwerke ersetzt. Der Rückbau der alten Anlagen wird somit bedeutsam, um das Stadt- und Landschaftsbild von diesen Bauwerken zu befreien.

---

1   Vgl. Bundesministerium für Wirtschaft und Technologie (2011), Tabelle 22.
2   Auch als „Brownfield"-Ansatz bekannt. Vgl. Reich et al. (2009).

## 1.2. Zielsetzung und Gang der Untersuchung

Die starke gesellschaftliche Wahrnehmung von Atomkraftwerken und die darin inbegriffenen Gefahren und Risiken für die Unversehrtheit von Mensch und Natur haben die Aufmerksamkeit der Wissenschaft bislang auf die Notwendigkeit und die Folgen des Rückbaus dieser Kraftwerkstypen gelenkt. Die Beseitigung konservativer Kraftwerke steht hingegen derzeit weniger im Fokus. Dies könnte darin begründet sein, dass ihr Rückbau geringere negative Folgen für das Wohl von Mensch und Natur birgt. Die vielfach höhere Anzahl konservativer Kraftwerke und die steigende Notwendigkeit eines Rückbaus rechtfertigen jedoch eine eingehendere Betrachtung.

Dieses Kapitel soll aufzeigen, welche Rahmenbedingungen und Kosten bei der Beseitigung konservativer Kraftwerke in Deutschland zu berücksichtigen sind. Da der deutsche Kraftwerkspark sehr heterogen ist und sich Rückbauvorhaben nur selten vergleichen lassen, ist eine quantitative Kostenbetrachtung für allgemeine Aussagen nicht zweckmäßig. Um eine Kostenschätzung mit hinreichender Genauigkeit zu erzielen, kann nur eine Einzelfallbetrachtung in Frage kommen. Schließlich sind die kostenbeeinflussenden Faktoren zu anzahlreich. Vielmehr soll dieses Kapitel auf qualitativer Basis die kostentreibenden Aspekte bei Kraftwerksbeseitigungen darstellen.

Dieses Kapitel ist in vier weitere Abschnitte unterteilt. Im zweiten Abschnitt wird zunächst in die Thematik eingeführt, indem die technologischen und gesellschaftspolitischen Ursachen für Kraftwerksbeseitigungen aber auch deren Bedeutung für Kraftwerksbetreiber dargestellt werden. Weiterhin wird aufgezeigt, wie Energieversorger die Entscheidung treffen, ob und wann ein Kraftwerk stillgelegt und beseitigt wird. Im dritten Abschnitt steht der deutsche Kraftwerkspark im Fokus. Zunächst wird dargestellt, welche Rolle konservative Kraftwerke in der Energieversorgung einnehmen. Anschließend wird ein Überblick über den deutschen Kraftwerkspark gegeben und abgeleitet, wie viele Kraftwerke bis 2050 rückgebaut werden können.

Im vierten Abschnitt werden die kostentreibenden Faktoren der einzelnen Teilprozesse eines Kraftwerkrückbaus erarbeitet. Um zu beantworten, ob der Kraftwerkstyp oder andere Faktoren die Kosten bestimmen, werden zunächst die einzelnen zu beseitigenden Kraftwerksbauteile und mögliche Ausmaße aufgezeigt. Hierfür wird sich beispielhaft tatsächlich errichteter Kraftwerke bedient. Neben den Rückbaukosten entstehen gleichzeitig auch Erlösmöglichkeiten, die ein Kraftwerksbetreiber nutzen kann um die Kosten teilweise zu decken. Diese werden ebenfalls erläutert.

Der fünfte Abschnitt widmet sich schließlich den kostenbeeinflussenden Besonderheiten der Bauwirtschaft, zu der auch der Rückbau zu zählen ist. Von besonderer Bedeutung sind dabei die Kostenrisiken, die große Unsicherheit in die Ermittlung der Beseitigungskosten bringen. Zuletzt sollen zwei Beispiele bereits abgeschlossener Beseitigungsvorhaben vorgestellt werden. Das Ende dieser Abhandlung bildet Abschnitt sechs mit einer Zusammenfassung der vorherigen Kapitel.

## 2. Hintergründe

### 2.1. Ursachen für die Stilllegung von Kraftwerken

#### 2.1.1. Technische und wirtschaftliche Nutzungsdauer

Die Bestimmung der Nutzungsdauer und somit des Zeitpunkts der Stilllegung, eines Rückbaus oder der Ertüchtigung eines Kraftwerkes ist aus verschiedenen Gründen wichtig. Die Gewährleistung eines zuverlässigen und sicheren Betriebes sowie die Wirtschaftlichkeit der gesamten Kraftwerksinvestition sind dabei die Wichtigsten.[3] Die optimale Nutzungsdauer ist aufgrund komplexer Zusammenhänge jedoch schwer zu bestimmen und unterliegt hoher Unsicherheit.

Auf Kraftwerke haben endogene, betriebsweisebedingte und exogene Faktoren Einfluss. Endogene Einflüsse betreffen zunächst nur einzelne Bauteile und Komponenten. Hierunter werden mechanische, thermische und chemische Vorgänge verstanden, die unabhängig von der Betriebsweise auf die Bauteile einwirken, bspw. Verschleiß, Werkstoffermüdung und Korrosion. Betriebsweisebedingte Einflüsse dagegen betreffen den gesamten Kraftwerksprozess. Als Beispiele für diese Gruppe können die Fahrweise, Revisionszyklen und Instandhaltungsstrategien genannt werden. Exogene Einflüsse sind von außerhalb des Kraftwerksprozesses stammende und somit noch schwerer vorhersehbare Größen. Hier sind vor allem politische und gesetzliche Veränderungen, unternehmensstrategische Entscheidungen und Preisschwankungen auf den Rohstoff- und Strommärkten zu nennen. Ursachen, Folgen und Beispiele der verschiedenen Einflüsse sind in Tabelle 1 dargestellt.

Die Nutzungsdauer lässt sich in eine technische und wirtschaftliche Nutzungsdauer unterscheiden. Bei der technischen Nutzungsdauer stehen die endogenen und betriebsweisebedingten Einflüsse, bei der wirtschaftlichen Nutzungsdauer die exogenen Einflüsse im Vordergrund. Letztendlich resultieren alle Einflüsse jedoch in einer maximalen Lebensdauer, an deren Ende der Kraftwerksbetreiber die Entscheidung zu treffen hat, ob die Anlage rückgebaut oder umfas-

---

3   Vgl. Nollen (2003), S. 5.

send ertüchtigt wird. Die gegenseitigen Wechselwirkungen sind in Abbildung 1 dargestellt.

*Tabelle 1: Einflüsse von Kraftwerksstilllegungen (Quelle: Nollen (2003), S. 10)*

| Einfluss | Ursache | Folge | Beispiele |
|---|---|---|---|
| Exogen | Rechtliche Beschlüsse | Nachrüstung technisch unmöglich | Großfeuerungsanlagenverordnung |
| | | Nachrüstung unwirtschaftlich | |
| | Brennstoffpreisänderungen | Unrentabilität | Ölpreiskrise |
| | Politische Beschlüsse | Verbote, Verordnungen | Verstromungsverbot von Erdgas |
| | Technischer Fortschritt | Unrentabilität von Altanlagen gegenüber Vollkosten neuer Anlagen | Höhere Wirkungsgrade aufgrund besserer Werkstoffe |
| Endogen, betriebsweise-bedingt | Kontinuierlicher Schaden | Zu hohe Instandhaltungskosten, Betriebsausfälle | Verschleiß, Ermüdung, Werkstoffalterung, Korrosion |
| | Spontaner Schaden | Zu hohe Instandhaltungskosten, Betriebsausfälle | Riss, Bruch, Explosion, Verbrennung |

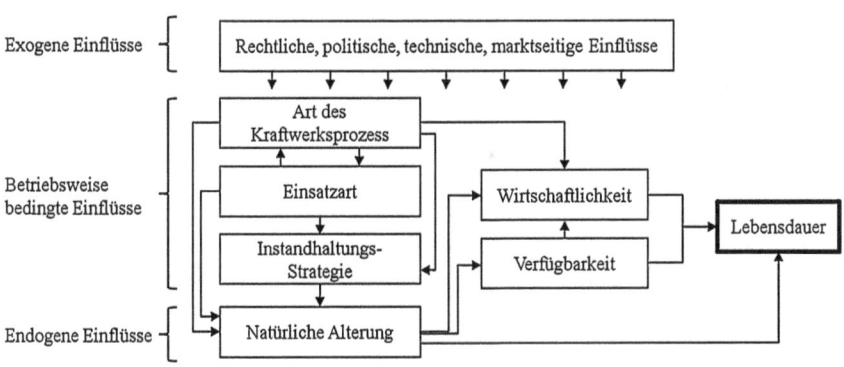

*Abbildung 1: Einflüsse auf die Lebensdauer (Quelle: Nollen (2003), S. 4)*

Die wirtschaftliche Nutzungsdauer zielt auf die Rentabilität der Kraftwerksinvestition ab. Übersteigen die Erträge aus der Stromproduktion die Aufwendungen (z.B. aus Instandhaltung und Wartung), ist grundsätzlich von einer positiven Wirtschaftlichkeit auszugehen. Die technische und die wirtschaftliche

Nutzungsdauer können sich unterscheiden. Steigen z.B. die Betriebskosten dauerhaft, ohne dass die Erlöse ansteigen, kann die wirtschaftliche Nutzungsdauer eines Kraftwerkes erreicht sein, ohne dass die Anlage Anzeichen von Verschleiß aufweist. Andererseits kann eine Anlage altersbedingt verschlissen oder wartungsintensiv sein. Wenn die Erlöse die Wartungsaufwendungen jedoch weiterhin übersteigen, ist eine wirtschaftliche Nutzung noch möglich.

Es kann allerdings auch vorkommen, dass Kraftwerke weiterhin betrieben werden, obwohl die technische und wirtschaftliche Nutzungsdauer erreicht ist. Dies ist dann der Fall, wenn Kraftwerkskapazitäten benötigt und nicht kurzfristig anderweitig bereit gestellt werden können. Die Entscheidung, wann die Nutzungsdauer eines Kraftwerkes erreicht ist, kann entsprechend nicht pauschalisiert werden und ist regelmäßig einer Einzelfallbetrachtung zu unterziehen. Tabelle 2 zeigt eine Auswahl bisheriger Untersuchungen zur Nutzungsdauer unterschiedlicher Kraftwerkstypen.

*Tabelle 2: Technische und wirtschaftliche Nutzungsdauer konservativer Kraftwerke (Quellen: Nollen (2003), S. 101f., Leprich et al. (2004), S. 25., Schlesinger, Lindenberger & Lutz (2010), S. 44., SRU (2011), S. 175)*

| Kraftwerkstyp | Wirtschaftliche Nutzungsdauer | | Technische Nutzungsdauer | |
|---|---|---|---|---|
| Quelle | Nollen | Leprich et al. | Schlesinger et al. | SRU |
| Braunkohle | 40-45 Jahre | 35 Jahre | 45 Jahre | 50 Jahre |
| Steinkohle | 35-40 Jahre | 35 Jahre | 45 Jahre | 40 Jahre |
| GuD/Gasturbine | 25-35 Jahre | 30 Jahre | 25-30 Jahre | 35 Jahre |

## 2.1.2. Standortmangel für Neubauprojekte

Neben einer erreichten technischen oder wirtschaftlichen Nutzungsdauer als Ursache können weitere Einflüsse den Rückbau von Kraftwerken bestimmen. Sofern eine Nachfrage nach zusätzlichen Kraftwerkskapazitäten existiert, kann diese nur befriedigt werden, wenn ausreichend Standorte existieren, an denen Neubauprojekte genehmigt werden. Bereits Mitte der 1990er-Jahre wurde jedoch der Mangel an verfügbaren Grundstücken und die Schwierigkeit von Genehmigungen vorhergesagt. Bauen im Bestand wird seitdem als Herausforderung gesehen.[4]

---

4  Vgl. Haag (1995), S. 280.

Die jüngere Vergangenheit zeigte, dass Baugenehmigungen für Kraftwerke schwieriger zu erlangen sind. Als Hauptgrund hierfür ist eine mangelnde gesellschaftliche Akzeptanz dieser Bauwerke zu vermuten. Es droht daher ein Unterangebot freier Bauflächen für Kraftwerke. Eine mögliche Lösung für dieses Problem könnte sein, alte Kraftwerke stillzulegen und rückzubauen. Das Erreichen der technischen oder wirtschaftlichen Lebensdauer muss dabei keine Voraussetzung sein. Auch ein vorzeitiger Rückbau muss in Betracht gezogen werden, falls dies die einzige Möglichkeit darstellt, ausreichende Kapazitäten bereitzustellen.

An gleicher Stelle könnten anschließend leistungsstärkere und effizientere Anlagen entstehen, deren Genehmigungsverfahren einfacher zu durchlaufen wären. Die gesellschaftliche Akzeptanz sollte für solche Projekte am ehesten gewonnen werden können, nicht zuletzt wenn durch verbesserte Technik der Wirkungsgrad erhöht und die Immissionen gesenkt werden. Es konnte allerdings auch schon beobachtet werden, dass dies nicht unbedingt der Fall sein muss. So gibt es auch Beispiele für Widerstände der Bevölkerung, obwohl weitreichende Verbesserungen zu erwarten sind.[5]

*Steigende Nachfrage nach Neubaustandorten und gesellschaftlicher Druck*

Werden zusätzlich benötigte Kraftwerkskapazitäten nicht bereitgestellt, kann eine dauerhafte Stromversorgung aus dem Inland nicht garantiert werden. Die damit einhergehenden Abhängigkeiten von Dritten, Konsequenzen für die Volkswirtschaft und den privaten Stromkonsum scheint von Teilen der Bevölkerung allerdings vernachlässigt zu werden. So ist gegenwärtig eine Tendenz zu erkennen, dass Bürger zwar Strom- und Netzsicherheit erwarten, jedoch auf die dafür unerlässlichen Kraftwerke und Stromleitungen verzichten möchten.[6]

In den letzten Jahren kam es daher vermehrt zu Bürgerprotestaktionen, die versucht haben, den Neubau von Kraftwerken aus ökologischen oder gesundheitsschädlichen Gründen zu verhindern.[7] Ähnliche Bürgerbewegungen können im Rahmen der Planung und des Baus von Stromnetztrassen beobachtet werden.[8] Beeinflusst von politischen Parteien und Gruppierungen sowie Umwelt- und Naturschutzorganisationen, lehnt ein großer Teil der Bevölkerung insbesondere neue Kohlekraftwerke ab. Allein seit 2007 wurden 15 von Stromerzeugern

---

5　Weil Naturschutz und Schutz der Bevölkerung nicht ausreichend berücksichtigt wurden, kann das moderne Steinkohlekraftwerk Datteln 4 die Kraftwerksblöcke Datteln 1-3 aus den Jahren 1964 bis 1969 noch nicht ablösen. Vgl. Rheinische Post online (2011).
6　Dieser Effekt wird auch „Sankt Florians-Prinzip" genannt. Vgl. Müller-Soares (2008). Weitere Beispiel sind Mobilfunkmasten und Fluglärm.
7　Vgl. Müller-Soares (2008) und Tigges (2010), S. 46f.
8　Vgl. Norddeutscher Rundfunk (2010).

geplante Braun- und Steinkohlekraftwerke mit einer elektrischen Leistung von 14 GW gestoppt.[9] Zwar sind nicht immer Widerstände der Bevölkerung und Klagen von Umweltschutzgesellschaften[10] für den Projektabbruch verantwortlich, sie stellen jedoch die häufigste Ursache dar. Andere Gründe, die für einen Projektabbruch in Frage kommen können, sind z.B. wirtschaftliche Gründe, wie etwa schwankende Strompreise als Folge der Liberalisierung des Strommarktes, Kapazitätsengpässe bei Kraftwerksbauern in Folge einer steigenden weltweiten Nachfrage, die Wirtschaftskrise oder strategische Entscheidungen, die etwa auf Einführung der $CO_2$-Zertifikate zurückzuführen sind.[11]

Weiterhin haben auch verlängerte Genehmigungsverfahren zu Projektabbrüchen geführt, wenn sich beispielsweise Rahmenbedingungen in einem Ausmaß geändert haben, so dass das Projekt unwirtschaftlich geworden wäre. Verlängerte Prüfungs- und Genehmigungsverfahren wiederum sind Folge der mangelnden gesellschaftlichen Akzeptanz. Um Klagen bspw. auf Grund von Verfahrensfehlern vorzubeugen, werden Bauvorhaben von den Behörden intensiver geprüft.

Die Nachfrage nach neuen Standorten wird zudem durch einen weiteren Trend verstärkt: Innerdeutsche Standorte sind nicht nur für inländische EVU, sondern auch für Investoren aus anderen europäischen Ländern attraktiv. Hauptgrund hierfür sind günstige rechtliche Rahmenbedingungen.[12] Ausländische Kraftwerksbetreiber könnten demnach die Absicht haben, ihre Kraftwerke in Deutschland zu betreiben, was zu steigenden Kraftwerkskapazitäten und einer Überproduktion der Strommenge führen würde. Folglich könnten die ausländischen Betreiber den produzierten Strom in das jeweilige Land importieren. Grundvoraussetzung hierfür wären jedoch ausreichende Netzkapazitäten, ohne die der grenzüberschreitende Stromtransport unmöglich wäre.

*Verknappung des Flächenangebots*

Die Problematik einer steigenden Nachfrage nach Neubaustandorten bei gleichzeitigem Rückgang der Genehmigungswahrscheinlichkeit wird von europäischer Seite noch verschärft. Demnach ist bei Genehmigungsverfahren nicht nur das deutsche Bauplanungs- und Bauordnungsrecht sondern auch die Vereinbarkeit mit den Schutzzielen des Schutzgebietes „Natura 2000" der europäischen FFH-Richtlinie zu überprüfen. Mittlerweile gehören 15 Prozent des Bundesgebietes

---

9   Vgl. Deutsche Umwelthilfe e.V. (2011).
10  Vgl. Bund für Umwelt und Naturschutz Deutschland e.V. (2011).
11  Vgl. Möller (2008), S. 37f., Tigges (2010), S. 46f. und Wolf (2010), S. 245.
12  Vgl. Wolf (2010), S. 245.

diesem Gebiet an.[13] Dazu kommt noch, dass insbesondere binnengewässernahe Gebiete betroffen sind, jene die für Belieferung von Brennstoffen und die Bereitstellung von Kühlwasser attraktiv sind.

Wie lange diese Problematik der mangelnden gesellschaftlichen Akzeptanz und des mangelnden Flächenangebots anhalten wird, ist fraglich. Solange keine weitreichenden technischen Fortschritte erzielt werden, die die Schadstoffemissionen spürbar reduzieren, kann und darf allerdings kein Sinneswandel in der Bevölkerung erwartet werden. Die vielversprechendste Technologie, die dies leisten könnte, scheint die $CO_2$-Abscheidung und Speicherung (CCS) zu sein. Es wird jedoch erwartet, dass diese erst 2025 marktfähig ist.[14] Auf der anderen Seite implizieren CCS-Kraftwerksstandorte erhöhte Anforderungen an den Flächenbedarf, und einen Zugang zu möglichen $CO_2$-Speicherkapazitäten, die eine Auswirkung auf die Genehmigungsverfahren zum jetzigen Zeitpunkt nicht vorhersehbar machen, jedoch ebenfalls Widerstand erwarten lässt.

## 2.2. Bedeutung von Beseitigungen für Energieversorger

### 2.2.1. Investitionsentscheidungen von Kraftwerksbetreibern

Durch die Liberalisierung des Energiemarktes entscheiden Investoren über den Zeitpunkt und Standort neu zu bauender Anlagen und somit auch über den Rückbau altgedienter Anlagen.[15] Sicherheit und zuverlässige Funktion sind dabei nur zwei Voraussetzungen für den Betrieb eines Kraftwerks. Entscheidend für die Lebensdauer sind viele Faktoren, allen voran die Wirtschaftlichkeit. Der Kraftwerksbetreiber als Investor muss daher permanent entscheiden, ob die Rentabilität des Kraftwerksbetriebs gegeben ist oder ob ein Rückbau oder eine Ertüchtigung die bessere Alternative darstellt. Zur Bestimmung der optimalen (wirtschaftlichen) Lebensdauer müssen Wirtschaftlichkeitsvergleiche durchgeführt werden.[16]

Investitionsentscheidungen zeichnen sich durch Langfristigkeit, hohe Kapitalbindung und Ungewissheit der relevanten Einflussgrößen aus.[17] Sie können nur selten wiederholt werden, müssen mehrere Ziele berücksichtigen, weisen zahlreiche Wechselwirkungen zu anderen Unternehmensbereichen auf und stel-

---

13 Vgl. Ebenda, S. 249.
14 Vgl. Fromme (2006), S. 184.
15 Vgl. Fromme (2006), S. 181.
16 Vgl. Nollen (2003), S. 53f.
17 Vgl. Kühne (2011), S. 2.

len ein Planungsproblem mit hoher Unsicherheit dar.[18] Investitionen lassen sich nach Anlässen differenzieren. Neben Errichtungsinvestitionen gibt es laufende Investitionen und Ergänzungsinvestitionen. Erstere stellen beispielsweise den Kraftwerksneubau, zweitere eine Investition ohne Kapazitätserweiterung und letztere eine solche mit Kapazitätserweiterung dar.[19] Rückbaumaßnahmen zählen zu den Ergänzungsinvestitionen, sofern an gleicher Stelle ein moderneres Kraftwerk errichtet werden soll, das eine höhere elektrische Leistung aufweist.

Die Methode zur Bestimmung der optimalen Nutzungsdauer einer Investition wird vorgegeben von der Anzahl der Nachfolgeobjekte und ob diese identisch oder nicht-identisch sind.[20] Abbildung 2 können unterschiedliche Methoden entnommen werden. Sofern nach dem Rückbau kein Ersatzobjekt errichtete wird, kann die optimale Nutzungsdauer mit zwei Methoden ermittelt werden. Per Kapitalwertberechnung wird für jede Nutzungsdaueralternative der Kapitalwert ermittelt. Es wird diejenige Alternative gewählt, deren Kapitalwert am höchsten ist. Bei der zweiten Methode, der Grenzgewinnbetrachtung, wird die wirtschaftliche Nutzungsdauer erreicht, sobald der Grenzgewinn negativ wird. Der Grenzgewinn entspricht dabei der Veränderung des Kapitalwertes, die durch Verlängerung der Nutzungsdauer erreicht wird. Wenn eine sog. ‚endliche Kette nicht-identischer Objekte' vorliegt, d.h. es soll ein Kraftwerksneubau entstehen, ist der Zeitpunkt optimal, der zu einem maximalen Gesamtkapitalwert aus der alten und der neuen Anlage führt.[21]

Um die richtige Entscheidung konkurrierender (Des-)Investitionsvorhaben zu treffen, müssen diese nachvollziehbar und vollständig bewertet werden.[22] Traditionell gibt es in der Investitionsrechnung vier Verfahren, die alle auf den Kapitalwert abzielen; die statische Kapitalwertmethode, Sensitivitätsanalysen, Monte-Carlo-Simulation sowie Entscheidungsbaumanalysen. Basis für diese Bewertungsmethoden bilden die zu erzielenden Cash-Flows. Im Falle von Kraftwerks(des-)investitionen sind Handlungsflexibilität und strategische Überlegungen jedoch ebenfalls zu berücksichtigen. Betrachtet man solche Entscheidungen als realwirtschaftliches Optionsrecht mit den typischen Optionsmerkmalen wie z.B. asymmetrischer Pay-Off-Struktur, Flexibilität, Unsicherheit und

---

18  Vgl. Götze (2008), S. 13.
19  Vgl. Kühne (2011), S. 13f.
20  Vgl. Götze (2008), S. 238.
21  Vgl. Götze (2008), S. 256.
22  Vgl. Hommel & Lehmann (2001), S. 113ff.

Irreversibilität, bietet sich mit den sog. Realoptionen ein anderer Bewertungsansatz an.[23]

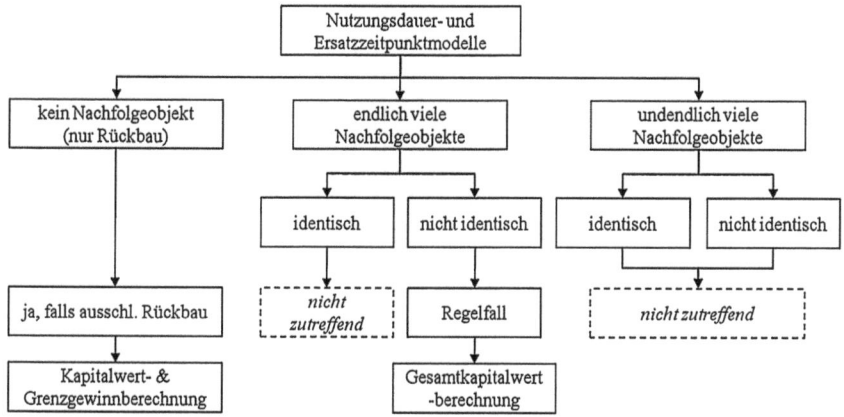

*Abbildung 2: Nutzungsdauer- und Ersatzzeitpunktmodelle (Quelle: in Anlehnung an Götze (2008), S. 238)*

### 2.2.2. Beseitigung als Teil einer Investitionskette

In der Wirtschaftlichkeitsberechnung einer Kraftwerksinvestition muss die Gesamtheit aller Aufwendungen und Erträge des Kraftwerkslebenszyklus berücksichtigt werden. Eine Investition ist dann vorteilhaft, wenn ihr Kapitalwert einen positiven Wert ausweist. Um dies zu beurteilen, müssen zunächst sämtliche Ein- und Auszahlungen über den Investitionszeitraum ermittelt werden, bevor sie mit dem Kalkulationszinssatz auf den Bezugszeitpunkt diskontiert werden. Dieser Zeitraum lässt sich in drei Phasen gliedern:

- Bau und Inbetriebnahme,
- Betrieb und Instandhaltung sowie
- Ertüchtigung oder Rückbau.[24]

---

23 Für Realoptionen in der Kraftwerks- und Elektrizitätswirtschaft muss an dieser Stelle ein Verweis auf Rams (2001) und Hundt, Swider & Voß (2006) genügen.
24 Vgl. Nollen (2003), S. 56.

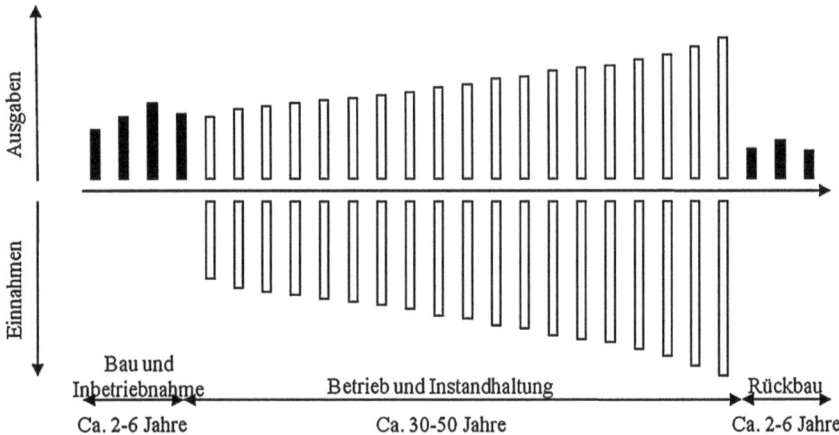

*Abbildung 3: Idealisierte Zahlungsreihe einer Kraftwerksinvestition (Quelle: Mit geringfügigen Veränderungen entnommen aus Nollen (2003), S. 56)[25]*

*Bau und Inbetriebnahme*

Zu Beginn der Investition steht die Bauphase. Die Investitionsausgaben unterscheiden sich – in Abhängigkeit von Kraftwerkstyp und -größe – erheblich. Da der Bau von Kraftwerksanlagen sehr öffentlichkeitswirksam ist, für den Kraftwerksbetreiber einen großen finanziellen Aufwand innerhalb eines kurzen Zeitraums darstellt und es viele abgewickelte Projekte gibt, existieren detaillierte Kenntnisse über diese Position der Zahlungsreihe. Abbildung 4 zeigt die Bandbreiten für die Investitionsausgaben einzelner Kraftwerkstypen je installierter Leistung. Es wird deutlich, dass sich mit Zunahme der installierten Leistungen Skaleneffekte einstellen, die einen Rückgang der spezifischen Ausgaben zur Folge haben.

---

25  Für Bauzeit vgl. Leprich et al. (2004), S. 25. Rückbauzeit eigene Schätzung.

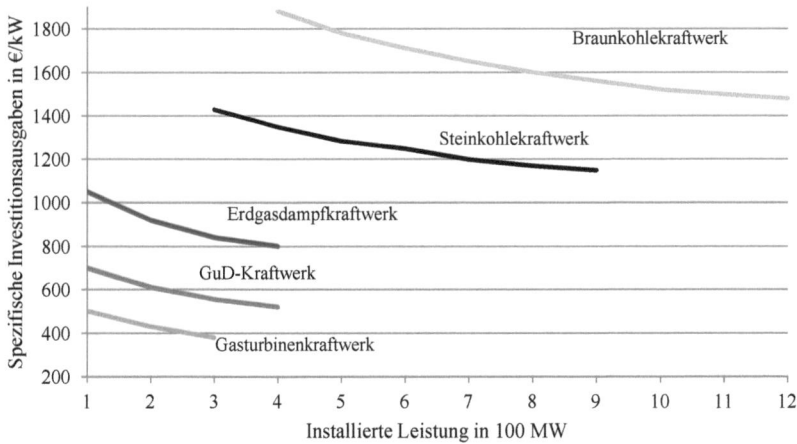

*Abbildung 4: Spezifische Investitionsausgaben (Quelle: Panos (2008), S. 288)*[26]

## Betrieb und Instandhaltung

In der zweiten Phase, der Betriebs- und Instandhaltungsphase, sind sowohl Ausgaben als auch gleichzeitig Einnahmen aus Stromerlösen zu berücksichtigen. Zu den Ausgaben für Betrieb und Instandhaltung existieren in der Literatur bereits zahlreiche Untersuchungen.[27] Ähnlich wie die Investitionskosten variieren sie stark nach Kraftwerkstyp und -größe. Für ausgewählte Kraftwerksgrößen sind die Stromgestehungskosten, d.h. der Strompreis, der mindestens gefordert werden muss, damit eine Investition inklusive angestrebter Rendite rentabel wird, in Tabelle 3 dargestellt. Sie setzen sich jeweils aus einem Fixanteil (v.a. Kapital-, Personal-, leistungsunabhängige Instandhaltungs- und Verwaltungskosten) und einem von der erzeugten Strommenge abhängigen variablen Anteil (v.a. Brennstoffkosten inkl. Transport, leistungsabhängige Instandhaltungs-, Hilfs- und Betriebsstoff- und $CO_2$-Zertifikatskosten) zusammen.[28] Aufgrund des variablen Anteils, sinken die Stromgestehungskosten je MWh somit bei steigender jährlicher Nutzungsdauer eines Kraftwerks.

---

26 Werte für Einblockanlagen in Mitteleuropa. Kostenstand 2007. Für weitere Bandbreiten vgl. Leprich et al. (2004), S. 71f., Heuck, Dettmann & Schulz (2010), S. 673 und Schiffer (2010), S. 268.
27 Z.B. Rukes & Balling (2007), Nollen (2003) oder Leprich et al. (2004).
28 Vgl. Kühne (2011), S. 75ff.

*Tabelle 3: Stromgestehungskosten je Kraftwerkstyp (Quelle: Panos (2008), S. 292)*

|  | Einheit | Braunkohle | Steinkohle | GuD | Gasturbine |
|---|---|---|---|---|---|
| Elektrische Leistung | MW | 1.100 | 700 | 400 | 150 |
| Typische Nutzungsdauer | h/a | 8.250 | 7.500 | 7.500 | 1.000 |
| Stromgestehungskosten | €/MWh | 46,5 | 49,1 | 57,4 | 147,7 |
| Davon: Leistungskosten (fix) | €/(kW*a) | 196,4 | 159,0 | 68,8 | 47,5 |
| Arbeitskosten (variabel) | €/MWh | 22,7 | 27,9 | 48,2 | 100,2 |

Um die Ausgaben aus Betrieb und Instandsetzung als auch um die Investitionskosten decken zu können, stellen die Erlöse für die erzeugte und verkaufte Strommenge die einzige Einnahmequelle während der Betriebsdauer dar. Seit 2000 hat sich hierfür die European Energy Exchange (EEX), eine Börse zum Handel für Energieprodukte etabliert, an der die erzeugten Strommengen zum Tagespreis am Spotmarkt oder als zukünftiges Produkt am Terminmarkt gehandelt werden.[29] Termingeschäftige stellen dabei oftmals nur Absicherungen gegen künftige Preisschwankungen dar, während am Spotmarkt gehandelte Strommengen eine tatsächliche Lieferung implizieren.[30]

*Rückbau*

Nach Ablauf der Nutzungsdauer eines Kraftwerkes hat der Betreiber die Wahl zwischen der Ertüchtigung der baulichen Substanz und der technischen Anlagen, dem Rückbau des Kraftwerkes und der Außerbetriebnahme ohne Rückbau. Entscheidet sich der Betreiber für den Rückbau, sieht er einer Baumaßnahme entgegen, die in der Investitionskette nicht unberücksichtigt bleiben darf. Um den vollständigen Rückbau zu erreichen, ist ähnlich wie in der Bauphase ein hoher Personal- und Maschineneinsatz erforderlich. Der notwendige Aufwand hängt dabei von zahlreichen Parametern ab, die im weiteren Verlauf dieses Kapitels detailliert dargestellt werden sollen.

Im Gegensatz zu den Bau- und Betriebskosten sind die Beseitigungskosten weitaus weniger untersucht. Zwar existieren Hinweise über die entstehenden Kosten, doch weichen die Ansätze nicht nur stark voneinander ab, sondern mangelt es sogar an Begründungen für den jeweiligen Wert. Eine Möglichkeit stellt der Ansatz eines prozentualen Anteils an den Investitionskosten dar, z.B. in Höhe von 0,5 Prozent.[31] Allerdings ist nicht nur fraglich, ob ein Pauschalansatz aufgrund der Unterschiedlichkeit der einzelnen Kraftwerke zielführend ist, son-

---

29 Vgl. Panos (2008), S. 44ff.
30 Vgl. Kühne (2011), S. 16.
31 Vgl. Panos (2008), S. 293.

dern erscheint dieser Wert darüber hinaus auch als sehr gering. Andere Beiträge gehen von den in Tabelle 4 genannten Beträgen aus, ohne jedoch Hinweise auf deren Ermittlung zu geben. Gemessen an der Investitionssumme übersteigen die Rückbaukosten die zuvor genannten 0,5 Prozent um ein Vielfaches. Bedenklich ist weiterhin, ob es zweckmäßig ist, die Rückbaukosten auf die installierte elektrische Leistung zu beziehen. Vielmehr sind die errichteten Bauwerke, installierten Anlagen und deren Ausmaße und Massen für den Rückbau relevant, nicht aber, welche Leistung sie erbringen.

*Tabelle 4: Verschiedene Ansätze zur Ermittlung der Rückbaukosten von Kraftwerken (Quellen: wie zitiert)*

| Quelle | Jahr | Einheit | Braunkohle | Steinkohle | GuD | Gasturbine |
|---|---|---|---|---|---|---|
| von Lojewski & Frost (2007), S. 4 | 2006 | MW | 1.050 | 690 | 100 | o. A. |
| | | €/kW | 32 | 31 | 16 | o. A. |
| Leprich et al. (2004), S. 25 | 2003 | MW | 950 | 800 | 800 | 250 |
| | | €/kW | 33 | 36 | 13 | 13 |
| Elsen (2011), S. 31 | 2011 | MW | o. A. | 800 | 100 | o. A. |
| | | €/kW | o. A. | 93,5 | 35 | o. A. |
| Anteil an Gesamt-Investition[32] | | Prozent | 2,1 | 2,6-4,3 | 2,9-3,5 | 3,5 |

# 3. Der Markt für Kraftwerksbeseitigungen

## 3.1. Fossile Energieerzeugung in Deutschland

### 3.1.1. Gegenwärtiger Energiemix

Die Energieversorgung Deutschlands wird von einer Vielzahl von Faktoren beeinflusst.[33] Bedeutende Aspekte sind dabei die Verfügbarkeit der Energieträger, die politischen Rahmenbedingungen im Land der Förderung und in Deutschland, die Kraftwerkskapazitäten sowie die Energienachfrage. Übergeordnetes Ziel der Energieversorgung sollte sein, die Energienachfrage jederzeit möglichst wirtschaftlich, klimafreundlich und sicher abdecken zu können. Ob entsprechende Kraftwerkskapazitäten im eigenen Land bereitgestellt werden oder Versorgungslücken durch Importe ausgeglichen werden, ist eine Fragestellung, die

---

32  Basis bilden die Bandbreiten aus Abbildung 4.
33  Vgl. Bundesministerium für Wirtschaft und Technologie (2010), S. 8.

sich sowohl der Bundesregierung als auch den Energieversorgern stellt. In der jüngeren Vergangenheit erwies sich Deutschland als Stromexporteur; der Saldo aus Stromversorgung und Stromverbrauch in Deutschland war in den letzten zehn Jahren meist positiv (siehe Tabelle 5). Die weitere Entwicklung ist im Zuge des von der Bundesregierung geplanten Atomausstieges bis zum Jahr 2022 abzuwarten.

*Tabelle 5: Stromerzeugung und -verbrauch in TWh (Quelle: Bundesministerium für Wirtschaft und Technologie (2011), Tabelle 22)*

| Energieträger | 1999 | 2000 | 2001 | 2002 | 2003 | 2004 | 2005 | 2006 | 2007 | 2008 | 2009 | 2010 |
|---|---|---|---|---|---|---|---|---|---|---|---|---|
| Steinkohle | 143,1 | 143,1 | 138,4 | 134,6 | 146,5 | 140,8 | 134,1 | 137,9 | 142,0 | 124,6 | 107,9 | 116,0 |
| Braunkohle | 136,0 | 148,3 | 154,8 | 158,0 | 158,2 | 158,0 | 154,1 | 151,1 | 155,1 | 150,6 | 145,6 | 147,0 |
| Mineralöl | 6,3 | 5,9 | 6,1 | 8,7 | 9,9 | 10,3 | 11,6 | 10,5 | 9,6 | 9,2 | 9,6 | 7,5 |
| Erdgas | 51,8 | 49,2 | 55,5 | 56,3 | 61,4 | 61,4 | 71,0 | 73,4 | 75,9 | 86,7 | 78,8 | 84,5 |
| Kernenergie | 170,0 | 169,6 | 171,3 | 164,8 | 165,1 | 167,1 | 163,0 | 167,4 | 140,5 | 148,8 | 134,9 | 140,5 |
| Windkraft | 5,5 | 9,5 | 10,5 | 15,8 | 18,7 | 25,5 | 27,2 | 30,7 | 39,7 | 40,6 | 38,6 | 36,5 |
| Wasserkraft | 24,7 | 29,4 | 27,8 | 28,4 | 23,5 | 26,9 | 26,7 | 26,8 | 28,1 | 26,5 | 24,7 | 26,2 |
| übrige Energieträger | 18,9 | 21,5 | 22,0 | 20,1 | 23,5 | 25,3 | 32,9 | 39,2 | 46,3 | 50,1 | 53,0 | 62,8 |
| **Bruttostromerzeugung** | 556,3 | 576,5 | 586,4 | 586,7 | 606,7 | 615,3 | 620,6 | 636,9 | 637,2 | 637,1 | 593,2 | 621,0 |
| **Bruttostromverbrauch** | 557,3 | 579,6 | 585,1 | 587,4 | 598,6 | 608,0 | 612,1 | 617,2 | 592,0 | 614,6 | 578,9 | 604,0 |
| **Saldo absolut** | -1,0 | -3,1 | 1,3 | -0,7 | 8,1 | 7,3 | 8,5 | 19,8 | 45,2 | 22,4 | 14,3 | 17,0 |
| **Saldo in Prozent** | -0,2 | -0,5 | 0,2 | -0,1 | 1,3 | 1,2 | 1,4 | 3,1 | 7,1 | 3,5 | 2,4 | 2,7 |

Der Stromverbrauch ist zwischen 1999 und 2010 um ca. neun Prozent angestiegen. Im gleichen Zeitraum stieg die Kraftwerkskapazität in Deutschland von ca. 122 GW auf mehr als 153 MW an, was einem Wachstum von etwa 25 Prozent entspricht (siehe Tabelle 6). Diese Zuwachsrate übersteigt die der Stromerzeugung und des Stromverbrauchs stark. Demzufolge herrscht in Deutschland ein Überangebot an Kraftwerkskapazitäten. Inwieweit diese jedoch entbehrlich sind, ist fraglich. Schließlich müssen Überkapazitäten existieren, damit Schwankungen in der Energieerzeugung, z.B. bei temporärem Ausfall von Kraftwerken, ausgeglichen werden können. Zugleich müssen Kapazitäten der Wind- und Solarkraftwerke gesondert betrachtet werden, da diese nicht ständig Strom produzieren können.

Konservative Kraftwerke trugen in 2009 zu 52 Prozent der Kraftwerkskapazitäten bei. 1999 betrug dieser Anteil noch 68 Prozent. Dabei blieb die absolute Menge in diesem Vergleichszeitraum mit etwa 80 GW nahezu konstant. Die absolute Kapazität von Kernkraftwerken unterlag ebenfalls nur geringen Schwankungen, währenddessen der relative Anteil von 19 auf 14 Prozent zurückging. Hauptverantwortlich für den relativen Rückgang der zuvor genannten Kraftwerkstypen ist die Verdreifachung regenerativer und sonstiger Kraftwerkskapazitäten von 16 GW in 1999 (13 Prozent) auf 52 GW in 2009 (34 Prozent).

*Tabelle 6: Stromerzeugungskapazitäten in Deutschland 1999-2009 in GW (Quelle: Bundesministerium für Wirtschaft und Technologie (2011), Tabelle 22)*

| Energieträger | 1999 | 2000 | 2001 | 2002 | 2003 | 2004 | 2005 | 2006 | 2007 | 2008 | 2009 |
|---|---|---|---|---|---|---|---|---|---|---|---|
| Steinkohle | 32,2 | 32,3 | 31,1 | 30,1 | 30,5 | 32,3 | 29,4 | 28,7 | 29,3 | 29,6 | 29,0 |
| Braunkohle | 20,3 | 21,8 | 22,0 | 21,6 | 22,2 | 22,1 | 22,0 | 21,8 | 22,5 | 22,4 | 22,4 |
| Heizöl | 8,1 | 7,5 | 7,5 | 5,3 | 5,1 | 5,6 | 5,5 | 5,5 | 5,4 | 5,4 | 5,2 |
| Gase | 22,0 | 22,3 | 22,6 | 20,3 | 19,5 | 19,4 | 20,6 | 21,2 | 21,3 | 22,8 | 23,1 |
| Kernenergie | 23,5 | 23,6 | 23,6 | 23,6 | 22,1 | 21,5 | 21,4 | 21,2 | 21,3 | 21,6 | 21,5 |
| Wasser | 8,9 | 9,0 | 8,9 | 8,9 | 9,0 | 9,8 | 10,2 | 10,1 | 10,1 | 10,1 | 10,3 |
| Wind | 4,4 | 6,1 | 8,8 | 12,0 | 14,6 | 16,6 | 18,4 | 20,6 | 22,2 | 23,9 | 25,8 |
| Photovoltaik | 0,032 | 0,076 | 0,186 | 0,296 | 0,435 | 1,1 | 2,1 | 2,9 | 4,2 | 6,1 | 9,9 |
| Sonstige | 2,1 | 2,1 | 2,7 | 4,1 | 4,2 | 4,3 | 5,0 | 5,1 | 5,1 | 5,6 | 5,7 |
| **Insgesamt** | **121,6** | **124,8** | **127,3** | **126,2** | **127,7** | **132,8** | **134,5** | **137,2** | **141,5** | **147,4** | **153,0** |

## 3.1.2. Zukünftige Bedeutung fossiler Energien

Angesichts der Importabhängigkeit Deutschlands bei Energierohstoffen[34] und einer weltweit wachsenden Brennstoffnachfrage ist das Verfolgen einer neuen Energiepolitik mit dem sukzessiven Ausbau regenerativer Stromproduktion aus Gründen der Versorgungssicherheit notwendig. Solange eine Speicherung des aus regenerativen Energieträgern produzierten Stroms unter wirtschaftlich zu vertretenden Rahmenbedingungen nicht möglich ist, werden fossile Energieträger als Brennstoff in der Stromerzeugung weiterhin eine bedeutende Rolle spielen. Unterstützt bzw. verstärkt wird dies durch den Ausstieg aus der Kernenergie mit einem Anteil von etwa 23 Prozent an der Gesamtstromerzeugung.[35] Hierdurch entsteht innerhalb der nächsten zehn Jahre eine Versorgungslücke, die nicht ausschließlich von regenerativen Energien gedeckt werden kann.[36]

---

34  60 Prozent der Steinkohle, 81 Prozent des Erdgases und 97 Prozent des Öls müssen importiert werden. Vgl. Welte & Böcker (2006), S. 31.
35  Es ist zwischen Kraftwerkskapazitäten und der tatsächlichen Stromerzeugung zu differenzieren.
36  Selbst Stromimporte in signifikantem Ausmaß müssen in Betracht genommen werden, sofern in Deutschland nicht ausreichende Kapazitäten errichtet werden.

Was die künftige Bedeutung fossiler Kraftwerke in Deutschland betrifft existieren widersprüchliche Meinungen. Einerseits wird ein Anstieg des Leistungsbedarfs konservativer Kraftwerke von derzeit 80 GW auf etwa 85 GW im Jahr 2020 erwartet.[37] Trotz einer absoluten Steigerung würden fossile Brennstoffe dann nur noch 47 Prozent der Kraftwerkskapazitäten abdecken. Eine andere Studie prognostiziert bereits bis 2020 einen Rückgang der konservativen Kraftwerke auf 69 KW, was dann nur noch 38 Prozent entspräche.[38] Bis 2040 werden sie nur noch 30 Prozent und bis 2050 nur noch 23 Prozent der Kraftwerkskapazitäten abdecken. Während Gas- und Steinkohlekraftwerke weiterhin eine Rolle spielen werden, gibt es in 40 Jahren so gut wie keine Braunkohlekraftwerke mehr. Diese Entwicklungen setzen jedoch voraus, dass der Ausbau des Anteils regenerativer Energien bis 2050 auf über 75 Prozent erfolgt ist. Ob dies jedoch der Fall sein wird, scheint angesichts einer anderen Studie, die das schnelle Wachstum der Windenergie als gefährdet sieht, fraglich.[39] Die demnach erwarteten Stromerzeugungskapazitäten bis 2050 sind in Tabelle 7 dargestellt.

*Tabelle 7: Stromerzeugungskapazitäten in Deutschland bis 2050 in GW (Quelle: Schlesinger, Lindenberger & Lutz (2010), Tabelle A1-11)*

| Energieträger | 2008 | 2020 | 2030 | 2040 | 2050 |
|---|---|---|---|---|---|
| Steinkohle | 30,7 | 24,0 | 17,9 | 18,4 | 15,1 |
| Braunkohle | 22,4 | 21,4 | 11,8 | 6,2 | 0,7 |
| Heizöl | 6,7 | 0,7 | 0,4 | 0,1 | 0,0 |
| Gase | 25,7 | 22,4 | 36,7 | 25,7 | 20,1 |
| Kernenergie | 20,4 | 12,1 | 4,0 | 0,0 | 0,0 |
| Wasser | 12,7 | 12,9 | 12,9 | 12,9 | 12,9 |
| Wind | 23,9 | 44,4 | 50 | 56,2 | 60,9 |
| Photovoltaik | 6,0 | 33,3 | 37,5 | 38,8 | 39 |
| Biomasse | 3,5 | 5,7 | 6,0 | 6,0 | 6,0 |
| Sonstige | 4,3 | 5,0 | 6,5 | 6,8 | 7,2 |
| **Insgesamt** | **156,3** | **181,9** | **183,7** | **171,1** | **161,9** |

37 Vgl. Bitter, Lenk & Pyc (2009), S. 45ff.
38 Vgl. Schlesinger, Lindenberger & Lutz (2010), S. 121. Diese Studie untersucht unterschiedliche Szenarien des Ausstiegs aus der Kernenergie. Hier wird Szenario 1A verwendet, was eine AKW-Laufzeitverlängerung von max. 4 Jahren berücksichtigt. Der mittlerweile schnellere Ausstieg aus der Kernenergie wird an späterer Stelle berücksichtigt. Die AKW-Kapazitäten von 12,1 und 4,0 GW in 2020 bzw. 2030 sind auf Stein- und Braunkohlekraftwerke aufzuteilen.
39 Vgl. Dürand (2011), S. 112.

## 3.2. Konservative Kraftwerke in Deutschland

### 3.2.1. Allgemeine Funktionsweise und Lastbereiche

Der deutsche Kraftwerkspark zeichnet sich durch eine Vielfalt unterschiedlicher Kraftwerkstypen aus. Um im weiteren Verlauf dieses Kapitels die kostentreibenden Faktoren der Kraftwerksbeseitigungen herzuleiten, sollen zunächst die Funktionsweise und Besonderheiten unterschiedlicher Typen von konservativen Kraftwerken dargestellt werden.

*Allgemeine Funktionsweise*

Konservative Kraftwerke zählen aufgrund ihrer technischen Eigenschaften zu den sogenannten Dampfkraftwerken. Durch Verbrennung fossiler Brennstoffe wird ein Dampfkraftprozess in Gang gesetzt, der als Endprodukte elektrische Energie, Abwärme sowie Abgas produziert.[40] Kern und Namensgeber dieses Prozesses ist die Erzeugung von (Wasser-)Dampf zum Antrieb einer Turbine, die mit Hilfe eines Generators mechanische Energie in elektrische Energie umwandelt. Zur Erfüllung dieser Aufgabe müssen eine Vielzahl von technischen Anlagen die Stoffströme aus Brennstoff und Asche, Luft und Rauchgas sowie Wasser und Dampf miteinander verknüpfen.[41] Als wesentliche technische Anlagen sind die Brennstoffaufbereitung und Feuerung, Dampferzeugung, Turbine und Generator, der Wasserkreislauf (Speisewasser und Kühlung), die Umweltschutzeinrichtungen (Staubfilter, Rauchgasentschwefelung und Rauchgasentstickung) sowie die Anlagen der Regelungs-, Steuerungs- und Elektrotechnik zu nennen. Sämtliche Anlagen werden prozessoptimal angeordnet und von Bauwerken geschützt, die reine Zweckbauten darstellen. Kohlebefeuerte Anlagen besitzen eine aufwendigere Technik als gasbefeuerte Anlagen. Dies rechtfertigt die höheren spezifischen Investitionskosten dieser Anlagen und kann auf höhere Beseitigungskosten hinweisen.

Ein Aspekt, der an dieser Stelle hervorgehoben werden muss, ist die Kühlung im Anschluss an den Verbrennungsprozess. Um die Abwärme des Dampfkraftprozesses abzuführen, wird regelmäßig ein Kondensator benötigt.[42] Luftgekühlte Kondensatoren geben die Wärme direkt an die Umwelt ab, was jedoch nur bis zu einer gewissen Menge möglich ist. Wassergekühlte Kondensatoren benötigen Frischwasser (Grundwasser oder Flusswasser) um die Abwärme zu regulieren. Dies ist ein Grund dafür, dass viele Kraftwerke in Flussnähe errichtet werden. Würde das Wasser jedoch mit zu hohen Temperaturen in den natürli-

---

40  Vgl. Strauß (2009), S. 4f.
41  Vgl. Ebenda, S. 107.
42  Vgl. Ebenda, S. 271ff.

chen Wasserkreislauf zurückgeführt, könnte sich dies negativ auf die Umwelt auswirken.[43] Abhilfe schaffen in diesem Fall große Kühltürme, die das Kühlwasser rückkühlen, bevor es dem Gewässer wieder zugeführt werden kann. Der Bedarf eines Kühlturmes bemisst sich demnach an der produzierten Kondensationswärme: Je größer ein Kraftwerk, desto eher besteht die Notwendigkeit eines Kühlturmes und umso größer der entsprechende Kühlturm.[44]

*Lastbereiche*

Die Stromnachfrage schwankt je nach Jahreszeit, Wochentag und Tageszeit, permanent die maximale Strommenge zu produzieren wäre daher unwirtschaftlich. Der zu deckende Strombedarf lässt sich entsprechend in eine Grundlast, Mittellast und Spitzenlast unterscheiden, die unterschiedliche Anforderungen an die jeweiligen Kraftwerke stellen. So müssen z.B. Grundlastkraftwerke im Dauereinsatz sein, während Spitzenlastkraftwerke kürzeste Anfahrtszeiten aufweisen müssen.[45]

Grundlastkraftwerke wie Kernkraft- und Braunkohlekraftwerke zeichnen sich durch lange Anfahrtszeiten und geringe Brennstoffkosten aus. Mittellastkraftwerke wie Steinkohlekraftwerke, können flexibler eingesetzt werden und weisen geringere Investitionskosten aus. Die Brennstoffkosten sind dagegen etwa doppelt so hoch wie die für Uran und Braunkohle. Spitzenlastkraftwerke wie Öl- und Gaskraftwerke haben sehr geringe Anfahrtszeiten und können somit kurzfristige Lastspitzen sehr gut ausgleichen. Sie zeichnen sich zwar durch niedrige Investitionskosten aus, haben jedoch die höchsten Stromgestehungskosten (siehe Tabelle 3). Darüber hinaus existieren Reservekraftwerke, die wartungs- oder störungsbedingte Kraftwerksausfälle kompensieren sollen.[46]

### 3.2.2. Kraftwerkstypen

*Steinkohlekraftwerke*

Zwar wird Steinkohle in Deutschland nur noch aufgrund hoher Subventionen abgebaut, allerdings weisen Steinkohlekraftwerke die größten Kraftwerkskapazitäten auf (siehe Tabelle 7). Ein Großteil des Brennstoffes muss über den Wasserweg importiert werden, was jedoch gleichzeitig die Möglichkeit bietet, Kraftwerke fernab der Abbaustätte wirtschaftlich zu betreiben.[47] Da Steinkohle einen höheren Kohlestoffgehalt als Braunkohle aufweist, sind die Transportkos-

---

43  Vgl. Strauß (2009), S. 278f.
44  Vgl. Bildmaterial in EnBW AG (2010).
45  Vgl. Nollen (2003), S. 63 und EnBW AG (2010), S. 48ff.
46  Vgl. Kühne (2011), S. 42f.
47  Vgl. Rukes & Balling (2007), S. 70.

ten je produzierter kWh geringer.[48] Eine wirtschaftliche Steinkohleverbrennung ist somit weniger an den Abbauort gebunden. Zwar werden Steinkohlekraftwerke vermehrt auch in Küstennähe gebaut, der Bau großer Windparks verdrängt die Kohlekraftwerke mittlerweile jedoch eher ins Landesinnere.[49] Ausschlaggebend dabei ist, dass die Stromeinspeisung in den küstennahen Regionen gefährdet ist, solange der Netzausbau langsamer vorangeht als notwendig.

*Braunkohlekraftwerke*

Braunkohle ist der einzige fossile Energieträger, der in Deutschland subventionsfrei und zu wettbewerbsfähigen Konditionen bereitgestellt werden kann.[50] Braunkohle nimmt daher eine wichtige Rolle in der Energieversorgung ein, da sie langfristig kalkulierbar ist. Da Braunkohle relativ hohe spezifische Transportkosten hat, findet die Befeuerung in der Regel nahe am Abbauort statt.

*Ölkraftwerke*

(Heiz-)Öl spielt bei der Stromproduktion in Deutschland nur noch eine untergeordnete Rolle. Die Gründe dafür liegen zum einen im geringen Wirkungsgrad, zum anderen auch in gesetzlichen Regelungen, die Kohlekraftwerke bevorzugen, sowie den hohen und stark schwankenden Kosten für den Brennstoff. Des Weiteren erzeugt die Ölverbrennung die meisten Schadstoffe je Kilowattstunde, weshalb mehr teure $CO_2$-Emmissionszertifikate erforderlich sind. Mit Öl betriebene Kraftwerke werden somit nicht mehr gebaut beziehungsweise geplant.

*Gaskraftwerke*

Gase, vor allem Erdgas, werden in zwei Kraftwerkstypen verbrannt: Gasturbinen- sowie Gas-und-Dampfturbinen-Kraftwerken (GuD). Gas, ursprünglich lediglich ein Abfallprodukt der Erdölgewinnung, wird im Gegensatz zu Kohle fast ausschließlich importiert.[51] Vorteile von Gaskraftwerken sind eine relativ saubere und schadstoffarme Verbrennung, was einen geringeren technischen Aufwand erfordert und in geringeren spezifischen Investitionskosten resultiert. Gleichzeitig weisen Gaskraftwerke einen hohen Wirkungsgrad auf, vor allem GuD-Kraftwerke durch Nachschalten einer Dampfturbine.[52] Da Gas ohnehin importiert wird (per Schiff oder Pipeline) sind gasbefeuerte Kraftwerke weniger standortgebunden als Kohlekraftwerke.

---

48  Vgl. Kühne (2011), S. 24.
49  Vgl. Fromme (2006), S. 182.
50  Vgl. Kaltenbach & Maaßen (2008), S. 70f.
51  Vgl. Kühne (2011), S. 25.
52  Vgl. Rukes & Balling (2007), S. 72.

*Sonstige Kraftwerke*

Andere Kraftwerke wie z.b. Müllkraftwerke bleiben im Folgenden unberücksichtigt, da sie einerseits i.d.r. deutlich kleiner sind, andererseits durch die Verbrennung nicht wiederverwertbaren Abfalls eine andere Rolle als die o.g. Kraftwerkstypen spielen. Auch hinsichtlich ihres Standortes, der Bauweise, Technik und Infrastruktur sind sie nicht mit anderen Kraftwerkstypen vergleichbar. Tabelle 8 fasst die technischen Eigenschaften der verschiedenen Kraftwerkstypen zusammen.

*Tabelle 8: Technische Eigenschaften von Kraftwerken (Quellen: Effenberger (2008), S. 149 und Schiffer (2010), S. 269)*

| Brennstoff | Lastbereich | Wirkungsgrad netto | Spezifische $CO_2$-Emmssionen je kWh | Genehmigungs- und Bauzeit |
|---|---|---|---|---|
| Quelle | | Effenberger | Effenberger | Schiffer |
| Braunkohle | Grundlast | 43 | 969-1190 | 4-6 Jahre |
| Steinkohle | Grund- und Mittellast | 45 | 898-952 | 4-6 Jahre |
| Gasturbine | Mittel- und Spitzenlast | 60 | 398-544 | 2-4 Jahre |
| GuD | Mittel- und Spitzenlast | 60 | 398-544 | 2-4 Jahre |
| Öl | Spitzenlast | 45 | o. A. | o. A. |

### 3.2.3. Kraftwerke im Bestand

In Deutschland fallen den einzelnen fossilen Brennstoffen als Energieträger unterschiedliche Bedeutungen zu. Während Braunkohle mit 24 Prozent und Steinkohle mit 29 Prozent als Energieträger zur Stromerzeugung beitragen, wird Gas mit 14 Prozent und Öl mit einem Prozent zur Energiegewinnung genutzt.

Die Gesamtkraftwerksleistung im Jahr 2009 betrug in Deutschland etwa 153-156 GW, von denen 40-43 GW auf Anlagen erneuerbarer Energien fielen.[53] Etwa 105 GW der übrigen Menge wurde von Energieversorgern, ca. 11 MW durch industrielle Eigenanlagen produziert. Die Größe der einzelnen Kraftwerke ist sehr unterschiedlich. Eine umfassende Datenbank, die die Gesamtheit aller deutschen Kraftwerke enthält, existiert nicht. Das Umweltbundesamt führt jedoch eine Liste aller Kraftwerke mit einer elektrischen Leistung von über 100 MW.[54] Diese Liste (siehe Tabelle 9) umfasst derzeit 106,2 GW an Kraftwerks-

---

53  Daten schwanken je nach Erheber. Vgl. BDEW e.V. (2011b).
54  Vgl. Umweltbundesamt (2011), eine Excel-Version wurde zu Auswertungszwecken zur Verfügung gestellt.

kapazitäten, von denen 21,5 GW auf Kernkraftwerke, 77,2 GW auf konservative Kraftwerke und auf 7,6 GW regenerative und Biomasse-Kraftwerke fallen. Bei einem Gesamtbestand von etwa 82 GW bildet die Datenbank somit 73,2 Prozent der gesamten Kraftwerkskapazitäten und etwa 94,3 Prozent aller deutschen konservativen Kraftwerke ab.

*Tabelle 9: Anzahl und Leistung deutscher Großkraftwerke in MW (Quellen:. Umweltbundesamt (2011) und Deutsche Umwelthilfe e.V. (2011) sowie eigene Berechnungen)*

| Kraftwerkstyp | Anzahl | Leistung | Anzahl [in %] | Leistung [in %] | Gesamt-kapazität[1] | Gesamt-kapazität [in %] |
|---|---|---|---|---|---|---|
| Steinkohle | 82 | 26.772 | 26,5 | 25,2 | 29.000 | 92,3 |
| Braunkohle | 54 | 21.379 | 17,5 | 20,1 | 22.400 | 95,4 |
| Heizöl | 15 | 3.790 | 4,9 | 3,6 | 5.200 | 72,9 |
| Gase | 94 | 23.969 | 30,4 | 22,6 | 25.200[2] | 95,1 |
| Mischenergie | 6 | 1.243 | 1,9 | 1,2 | - | - |
| Kernenergie | 17 | 21.507 | 5,5 | 20,3 | 21.500 | 100,0 |
| Wasser | 35 | 6.822 | 11,3 | 6,4 | 10.300 | 66,2 |
| Wind | 5 | 707 | 1,6 | 0,7 | 25.800 | 2,7 |
| Biomasse | 1 | 100 | 0,3 | 0,1 | 5.700 | 1,8 |
| **Insgesamt** | **309** | **106.188** | **100,0** | **100,0** | **145.100[3]** | **73,2** |
| **Davon konservative** | **251** | **77.153** | **81,2** | **72,7** | **81.800** | **94,3** |
| **Davon Kaltreserve** | **15** | **2.945** | **4,9** | **2,7** | **-** | **-** |

[1] Vgl. Tabelle 6  [2] Inkl. 2.100 MW, die in 2010 installiert wurden  [3] Photovoltaik nicht enthalten, ca. 10 GW

Tabelle 9 verdeutlicht, dass konservative Kraftwerke im Regelfall Großkraftwerke mit Leistungen über 100 MW sind, während dies auf regenerative Kraftwerke nur im Ausnahmefall zutrifft. Insgesamt gibt es 251 konservative Großkraftwerke. Größere ölbefeuerte Kraftwerke gibt es noch 15, von denen vier in Kaltreserve sind.[55] Kraftwerke mit sog. Mischenergie werden mit verschiedenen Primärenergieträgern befeuert. Müllverbrennungsanlagen bzw.

---

55 Anzahl der Kraftwerke in Kaltreserve: drei Braunkohle-, vier Steinkohle-, vier Öl- und vier Gaskraftwerke. Diese Anlagen sind gegenwärtig nicht im Betrieb und können auch nur unter erhöhtem Aufwand wieder in Betrieb genommen werden. Vgl. auch Matthes, Harthan & Loreck (2011), S. 18.

Müllheizkraftwerke sind in dieser Statistik nicht berücksichtigt, da ihre elektrische Leistung regelmäßig unter 100 MW liegt.

### 3.2.4. Kraftwerke im Bau und in Planung

Zur Befriedigung des Strombedarfs und zum Ersatz altgedienter Anlagen müssen Energieversorger ihren Kraftwerkspark regelmäßig erneuern. Im Zuge dessen gibt es derzeit einige Neubauprojekte, vor allem Steinkohle- und gasbefeuerte Anlagen. So befinden sich in Deutschland derzeit acht Stein- und zwei Braunkohlekraftwerke mit einer elektrischen Leistung von ca. 11,5 GW im Bau, die bis 2013 in Betrieb gehen sollen.[56] Die geschätzten Investitionen der Betreiber summieren sich auf ca. 16,2 Mrd. Euro. Darüber hinaus befinden sich bis 2015 vier weitere Stein- und ein Braunkohlekraftwerk mit einer elektrischen Leistung von insgesamt 3,4 GW in Planung. Bis 2016 sind 16 Erdgaskraftwerke mit einer elektrischen Leistung von 8,6 GW geplant, von denen sich bereits drei mit einer Leistung von 202 MW im Bau befinden.[57]

### 3.2.5. Marktentwicklung für konservative Kraftwerke

Die Bedeutung konservativer Kraftwerke am zukünftigen Energiemix wird - gefördert durch den Technologiewandel (regenerative Energien und die Möglichkeiten, diese auch speichern zu können) - langfristig abnehmen. Dies wurde bereits in Abschnitt 3.1.2 dargestellt. Dennoch werden konventionelle Kraftwerke weiterhin für die Stromproduktion unabkömmlich sein. Bis 2050 werden zwar kaum noch Braunkohlekapazitäten benötigt, immerhin aber noch etwa 15 GW an Steinkohlekapazitäten. Durch den Wegfall der Kernkraftwerkskapazitäten kommt auch Steinkohlekraftwerken zukünftig die Rolle der Grundlastversorgung zu. Auch gasbefeuerte Kraftwerke wird es weiterhin geben, vor allem zur Mittellast- und Spitzenlastversorgung.

Nimmt der Bedarf für konventionelle Kraftwerke langfristig ab, so stellt sich die Frage, wann und wie viele Kraftwerke zukünftig noch geplant und gebaut werden. Im Zusammenhang mit dem im Abschnitt 0 diskutierten Mangel an Standorten für Neubauprojekte ist die weitere Marktentwicklung auch unmittelbar für den Rückbau von existierenden Kraftwerken von Interesse. Auf Basis des Bedarfes für Kraftwerkskapazitäten aus Abschnitt 3.1.2 und dem gegenwärtigen konservativen Kraftwerkspark, der in den vorherigen beiden Abschnitten vorgestellt wurde, soll an dieser Stelle der Neubaubedarf für konservative Kraftwerke ermittelt werden.[58]

---

56  Vgl. Deutsche Umwelthilfe e.V. (2011).
57  Vgl. BDEW e.V. (2011a).
58  Ein älterer Ansatz mit Stand 2009 existiert in SRU (2011), S. 175.

Die derzeit in Bau und Planung befindlichen Kraftwerke dienten bislang vor allem einem Aspekt: dem Abbau eines Investitionsstaus, der sich in den letzten Jahren gebildet hat. Dieser sorgte dafür, dass gegenwärtig 55 Kraftwerke mit über 13,5 GW ihre durchschnittliche wirtschaftliche Nutzungsdauer schon überschritten haben.[59] Dass Nutzungsdauern allerdings überschritten werden, um Versorgungssicherheit zu gewährleisten, ist nichts Ungewöhnliches.[60] Nach der Entscheidung zur Stilllegung der Kernkraftwerkskapazitäten bis 2022 haben die aktuellen Projekte mit einer Gesamtleistung von 23,5 GW vor allem die Aufgabe, die wegfallenden Kapazitäten zu ersetzen. Weiterhin wird jedoch ein Ersatz der altgedienten Anlagen erforderlich sein. In Tabelle 10 wurden Kraftwerkskapazitäten und -nachfrage bis 2050 gegenüber gestellt, um den Zeitpunkt für zusätzliche Kapazitäten zu ermitteln. Demnach wird es über die jetzigen Bauaktivitäten hinaus sowohl neue Stein- als auch Braunkohlekraftwerke erfordern, insbesondere um Kapazitätsreserven zu erhalten. Gaskraftwerke werden ebenfalls ab ca. 2025 ersetzt werden müssen.

*Tabelle 10: Neubaubedarf für konservative Kraftwerke bis 2050 in GW (Quelle: Eigene Berechnungen)*

| Brennstoff | 2010 | | | 2020 | | | 2030 | | | 2040 | | | 2050 | | |
|---|---|---|---|---|---|---|---|---|---|---|---|---|---|---|---|
| | A | B | S | A | B | S | A | B | S | A | B | S | A | B | S |
| Steinkohle | 29,0 | 29,6 | (0,6) | 35,4 | 35,0 | 0,4 | 27,3 | 21,9 | 5,4 | 19,2 | 18,4 | 0,8 | 15,2 | 15,1 | 0,1 |
| Braunkohle | 22,4 | 22,2 | 0,2 | 22,7 | 22,4 | 0,3 | 18,1 | 11,8 | 6,3 | 15,3 | 6,2 | 9,1 | 5,0 | 0,7 | 4,3 |
| Heizöl | 4,0 | 5,7 | (1,7) | 0,5 | 0,7 | (0,2) | 0,1 | 0,4 | (0,3) | - | 0,1 | (0,1) | - | - | - |
| Gase | 32,9 | 25,1 | 7,8 | 32,3 | 22,4 | 9,9 | 25,1 | 36,7 | (10,6) | 11,8 | 25,7 | (13,9) | - | 20,1 | (20,1) |
| **Insgesamt** | 89,5 | 82,8 | 6,7 | 91,2 | 68,5 | 22,7 | 72,1 | 66,8 | 5,3 | 46,3 | 50,4 | (4,1) | 20,2 | 35,9 | (15,7) |

A: Kapazitätsangebot. Berücksichtigt sind alle Kraftwerke im Bestand, im Bau und in Planung. Darüber hinaus zunächst keine neuen Kraftwerke. Eigene Berechnung auf Grundlage Umweltbundesamt (2011). Werte entsprechend ihres Anteils am Gesamtbedarf nach oben angepasst. Z.B. Steinkohle um 7,7%, Braunkohle um 4,6%. Angenommene Lebensdauern: Braunkohle: 50 Jahre; Steinkohle: 45 Jahre; Gase: 30 Jahre; Heizöl 30 Jahre. „Mischkraftwerke" nicht berücksichtigt.
B: Kapazitätsbedarf. Werte für 2010 interpoliert. Die in Tabelle 7. genannten Kernkraftwerkskapazitäten von 12 bzw. 4 GW in 2020 und 2030 werden Stein- und Braunkohlekraftwerken zugeordnet.

---

59   Derzeit ist das älteste sich im Betrieb befindende Kraftwerk 59 Jahre alt. 10 Kraftwerke sind seit mehr als 50 Jahren ohne Ertüchtigung im Betrieb.
60   Vgl. Schlesinger, Lindenberger & Lutz (2010), S. 185. E.ON gibt an, dass die Kraftwerke Datteln 1-3 ihre technische und wirtschaftliche Nutzungsdauer erreicht haben. Die Kraftwerksblöcke werden allerdings erst außer Betrieb genommen, wenn das Kraftwerk Datteln 4 fertiggestellt ist. Vgl. E.ON Kraftwerke GmbH (2011).

## 3.3. Ableitung des zukünftigen Rückbau- und Neubauvolumens

Nachdem in den beiden vorhergehenden Abschnitten der zukünftige Kapazitätsbedarf und das derzeitige Angebot inklusive der Projekte in Bau Planung dargestellt wurden, sollen im Folgenden die Auswirkungen auf den Rückbau und zusätzlich benötigte konservative Kraftwerke abgeleitet werden. Unterstellt man Nutzungsdauern von 30-50 Jahren und keine zusätzlichen Kraftwerksneubauten oder -ertüchtigungen, so wird sich der Kraftwerkspark gem. Tabelle 11 entwickeln. Bis 2020 wird der derzeitige Bestand auf unter 200 Großkraftwerke sinken. In 2050 werden schließlich nur noch 25 der heute existierenden oder geplanten Großkraftwerke betrieben werden.

*Tabelle 11: Entwicklung des heutigen Kraftwerksparks ohne Neubauten (Quelle: Eigene Berechnungen)*

| Kraftwerkstyp | IST: 2010 | 2020 | 2030 | 2040 | 2050 |
|---|---|---|---|---|---|
| Steinkohle | 82 | 69 | 54 | 29 | 19 |
| Braunkohle | 54 | 45 | 36 | 23 | 6 |
| Gase | 94 | 75 | 51 | 16 | 0 |
| Heizöl | 15 | 3 | 1 | 0 | 0 |
| Mischenergie | 6 | 3 | 3 | 0 | 0 |
| **Gesamt** | **251** | **195** | **145** | **68** | **25** |

Die Stilllegung alter Kraftwerke hinterlässt somit Kapazitäten, die irgendwann rückzubauen sind. Gleichzeitig entstehen jedoch Kapazitätslücken, die wiederum durch Neubauten (oder Ertüchtigungen alter Anlagen) gefüllt werden müssen, damit die Stromversorgung gesichert ist. Auf Grundlage von Tabelle 10 wurden diese Neubaukapazitäten ermittelt, so dass sämtliche Kraftwerkstypen ihren spezifischen Bedarf zzgl. einer zehnprozentigen Reserve aufweisen. Demnach werden kurzfristig noch zusätzliche kohlebefeuerte Anlagen mit einer Gesamtleistung von etwa sechs GW benötigt. Mittel- und langfristig werden vor allem Gaskraftwerke ersetzt werden.

*Tabelle 12: Leistung zu beseitigender und neu zu errichtender Kraftwerke bis 2050 in GW (Quelle: Eigene Berechnung)*

| Kraftwerkstyp | Außerbetriebnahmen[1] | | | | | | Kraftwerksneubauten[2] | | | | |
|---|---|---|---|---|---|---|---|---|---|---|---|
| | bis 2010[3] | 2011-2020 | 2021-2030 | 2031-2040 | 2041-2050 | Summe | 2011-2020 | 2021-2030 | 2031-2040 | 2041-2050 | Summe |
| Steinkohle | 1,34 | 4,28 | 7,50 | 7,47 | 3,75 | 24,32 | 3,5 | - | - | - | 3,50 |
| Braunkohle | 0,74 | 1,95 | 4,42 | 2,63 | 9,85 | 19,60 | 2,5 | - | - | - | 2,50 |
| Gase | 8,02 | 1,04 | 4,70 | 10,22 | 8,60 | 32,57 | - | 14,70 | 2,00 | 5,50 | 22,20 |
| Heizöl | 3,04 | 0,25 | 0,43 | 0,73 | - | 3,80 | - | - | - | - | - |
| Mischenergie | 0,48 | - | - | 0,76 | - | 1,24 | - | - | - | - | - |
| **Gesamt** | **13,6** | **7,52** | **17,02** | **21,16** | **22,20** | **81,50** | **6,00** | **14,70** | **2,00** | **5,50** | **28,20** |

1) Angenommene Lebensdauern: Braunkohle: 50 Jahre; Steinkohle: 45 Jahre; Gase: 30 Jahre; Heizöl 30 Jahre.
2) Eigene Schätzung. Notwendige zusätzliche Kapazitäten, um Bedarf aus Tabelle 10 zusätzlich einer Reserve von 10 Prozent zu befriedigen. Dargestellt ist der Zusätzliche Bedarf, der über die bereits heute in Bau- und in Planung befindlichen Anlagen aus Abschnitt 3.2.4. Ölkraftwerke werden nicht gebaut, gleichwohl Tabelle 10 einen Bedarf ausweist.
3) Kapazitäten von Kraftwerken, die die Nutzungsdauer von 50/45/30/30 Jahren bereits in 2010 überschritten haben und somit für einen Rückbau unmittelbar in Frage kommen.

Aus diesen Gesamtkraftwerkskapazitäten lassen sich die Anzahlen der Kraftwerke ableiten, die bis 2050 stillgelegt sowie neugebaut werden müssen (siehe Tabelle 13). So werden bis 2050 über 250 Großkraftwerke außer Betrieb genommen, wohingegen im gleichen Zeitraum lediglich ca. 60 neue Anlagen zu errichten sind. Wie viele der stillgelegten Kraftwerke auch tatsächlich zeitnah rückgebaut werden, ist vom jeweiligen Betreiber und den im weiteren Verlauf dieses Kapitels dargestellten Faktoren abhängig.

*Tabelle 13: Anzahl der Kraftwerksbeseitigungen und -neubauten bis 2050 (Quelle: Eigene Berechnungen)*

| Kraftwerkstyp | Außerbetriebnahmen | | | | | | Kraftwerksneubauten[1] | | | | |
|---|---|---|---|---|---|---|---|---|---|---|---|
| | bis 2010 | 2011-2020 | 2021-2030 | 2031-2040 | 2041-2050 | Summe | 2011-2020 | 2021-2030 | 2031-2040 | 2041-2050 | Summe |
| Steinkohle | 9 | 16 | 15 | 25 | 10 | 75 | 6 | - | - | - | 6 |
| Braunkohle | 5 | 7 | 9 | 13 | 17 | 51 | 3 | - | - | - | 3 |
| Gase | 28 | 7 | 24 | 35 | 16 | 110 | - | 37 | 5 | 11 | 53 |
| Heizöl | 10 | 2 | 2 | 1 | 0 | 15 | - | - | - | - | - |
| Mischenergie | 3 | 0 | 0 | 3 | 0 | 6 | - | - | - | - | - |
| **Gesamt** | **55** | **32** | **50** | **77** | **43** | **257** | **9** | **37** | **5** | **11** | **62** |

1) Angenommene mittlere elektrische Leistungen: Braunkohle: 800 MW, Steinkohle: 600 MW, GuD: 400 MW.

# 4. Kostenentstehung und Ertragsmöglichkeiten
## 4.1. Bauweise von Kraftwerken
### 4.1.1. Bauwerke und Infrastruktur

Fossil befeuerte Kraftwerke unterscheiden sich nicht nur in ihrer Funktionsweise sondern vor allem auch in der Bauweise und ihrer Infrastruktur. Kohlebefeuerte Anlagen, die für die Grundlastversorgung ausgelegt sind, erbringen durchschnittlich eine höhere Leistung und sind somit in der Regel größer dimensioniert. Im Gegensatz zu gasbefeuerten Anlagen benötigen sie zusätzliche Gebäude und Anlagen, wie z.B. für die Entstaubung und Entschwefelung der Abgase. Außerdem sind große Kohlebunker in Betonbauweise notwendig, währenddessen Gas- und Ölkraftwerke große Stahltanks als Lagerstätte vorhalten. Auch in den markanten Kühltürmen unterscheiden sich Kraftwerke maßgeblich. So gibt es (vor allem flussnahe) Kraftwerke, die überhaupt keinen Kühlturm benötigen.[61] Moderne Kohlekraftwerke haben aufgrund verbesserter Technik auch meist keine Entstickungsanlagen oder Schornsteine mehr. Die unterschiedlichen Bauweisen der Kraftwerke und Gebäude sowie Randbedingungen machen es

*Tabelle 14: Eigenschaften von Kraftwerken (Quelle: Eigene Darstellung)*

| Kriterium | Mögliche Ausprägungen | Beeinflussung |
|---|---|---|
| Anlagentyp | Einblock-, oder Mehrblockanlage | Total- oder Teilabbruch, sofern nicht alle Blöcke außer Betrieb |
| Makro- und Mikrolage | Naturschutz- oder Industriegebiet, Teil einer Produktionsanlage, Siedlungsnähe | Abbruchverfahren, Lärm- und Staubaufkommen |
| Verkehrsanbindung | Straßen-, Gewässer- oder Schienenanbindung | Vorhandene Bauwerke und Transportmöglichkeiten |
| Kühlwasserversorgung | Fluss- oder Grundwasser | Vorhandene Bauwerke, insbesondere Kühltürme |
| Abgasbehandlung | Abführung über Schornsteine oder optimierte Abläufe | Vorhandene Bauwerke, insbesondere Schornsteine |
| Brennstoffversorgung bzw. -lagerung | Unter-/Oberirdische Kohlelager, Gaspipelines bzw. große Gastanks | Rückbauverfahren |
| Grund und Boden | Höhe des Grundwasserspiegels, Existenz von Bodenkontamination | Bauwerksgründung, Rückbauverfahren |

---

61 Die Hintergründe wurden in Abschnitt 2.1.1 erläutert.

daher unmöglich, allgemeingültige spezifische Werte für Rückbauzeiträume und -kosten anzugeben. Im Folgenden sollen daher zunächst die bautechnischen Eigenschaften der unterschiedlichen Kraftwerkstypen dargestellt werden, um Indizien zu erhalten, wie hoch der spezifische Rückbauaufwand eines konservativen Kraftwerks sein kann. Von besonderer Bedeutung sind dabei die nachstehenden Kriterien.

In Abschnitt 2.2.2 wurde in Frage gestellt, ob es zweckmäßig ist, Rückbaukosten an die elektrische Leistung zu binden. Die unterschiedlichen Ausprägungen von Kraftwerken und die jeweilige Beeinflussung deuten auf eine Verneinung dieser Frage hin. Um die Beseitigungskosten eines Kraftwerkes abzuschätzen, sind vielmehr die Bauweisen der einzelnen Bauwerke, die zu entfernenden Massen (siehe Abschnitt 4.1.2) sowie die in Tabelle 18 genannten Eigenschaften zu beachten. Eine Übersicht über die wesentlichen Bauwerke und deren Besonderheiten, die sich auf die Wahl des geeigneten Verfahrens und den Rückbauaufwand auswirken, ist in Tabelle 15 dargestellt.

*Tabelle 15: Rückbaukomponenten und Besonderheiten (Quellen: Lippok & Korth (2007), S. 404ff. und Landesumweltamt Nordrhein-Wesfalen (2005), S. 432ff.)*

| Bauteil | Wesentliche technische Anlagen | Bauweise[62] |
|---|---|---|
| Kesselhaus | Dampferzeuger | Skelettbauweise |
| Maschinenhaus | Turbine und andere Anlagen zur Energieerzeugung | Skelettbauweise |
| Bunkerschwerbau (Teil der Kessel- und Maschinenanlage) | - | Kompaktes Bauwerk |
| Schalthaus | Regelungstechnik | Skelettbauweise |
| Schornstein | Rauchgasrohre, Entgiftungsanlagen, Filteranlagen | Industrieschornstein |
| Ein- und Auslaufbauwerke (zur Versorgung der Dampferzeuger) | Rechen- und Absperrmechanismen | Sehr massive Stahlbetonbauwerke |
| Brennstofflager | - | Kompaktes Bauwerk oder Stahltanks |
| Kühltürme | - | Turmartiges Bauwerk |
| Sozial- und Verwaltungsgebäude | - | Skelett- oder Wandbauweise |

---

62  Kategorisierung der Bauweise in Anlehnung an Landesumweltamt Nordrhein-Westfalen (2005), S. 432ff.

## 4.1.2. Verbaute Massen

Um den Rückbauaufwand zu ermitteln ist für jedes Kraftwerk eine Einzelfallbetrachtung notwendig. Von besonderer Bedeutung sind dabei die verbauten Materialien in den einzelnen Bauwerken, die sich für jedes Kraftwerk unterscheiden. Im Folgenden sollen ausgewählte Beispiele Indizien geben, welche Massen in einem Kraftwerk verbaut sein können. Dabei wird auch unterschieden, welchen Einsatzbereichen die Materialien zuzuordnen sind: Bautechnik, Maschinentechnik oder Elektrotechnik. Dies wiederum ermöglicht Rückschlüsse auf den Arbeitsaufwand der jeweiligen Rückbauphase. Während des Rückbaus werden zunächst die Baustoffe und Komponenten der Elektrotechnik und der Maschinentechnik ausgebaut und verwertet, bevor die Bausubstanz rückgebaut werden kann. Die bedeutendsten Komponenten dieser drei Bereiche sind nachfolgend in Tabelle 16 aufgeführt.

*Tabelle 16: Einsatzbereiche der verbauten Materialien (Quelle: FfE e.V. (1996), Teil III S. 10ff.)*

| Bautechnik (BT) | Maschinentechnik (MT) | Elektrotechnik (ET) |
|---|---|---|
| u.a. Beton, Baustahl, Stahlbau, Fassaden, Dachbedeckung, Straßenbeläge, Fenster, Türen | u.a. Kesselanlage, Vorwärmer und Behälter, Rohrleitungen, Elektorfilter, Rauchgasentschwefelung, Wasseraufbereitung, Entstickung, Klima- und Lüftungsanlagen, Isolierungen | u.a. Notstromanlagen, Transformatoren, Elektromotoren, Schaltanlagen, Kabel |

Eine Studie, die auf Massenermittlungen tatsächlich errichteter Braunkohle-, Steinkohle- und GuD-Kraftwerke zurückgreifen konnte, unterstützt die These, dass Braunkohlekraftwerke die aufwendigste Technik besitzen, was auch die höheren spezifischen Investitionskosten rechtfertigt. Die in den zuvor erläuterten, unterschiedlichen Kraftwerkstypen verbauten Materialmengen sind in Tabelle 17 zusammengefasst.[63]

Während sich sämtliche Kraftwerkstypen darin gleichen, dass die Bautechnik den Hauptanteil darstellt (86 bis 89 Prozent), kann festgestellt werden, dass sich die spezifischen Massen je nach Kraftwerkstyp signifikant unterscheiden. Die am meisten verbauten Rohstoffe sind Beton und Stahl (v.a. Bewehrungsstahl und Maschinentechnik). Bemerkenswert ist die doppelt so hohe spezifische Stahlmenge des Braunkohlekraftwerks, obwohl sich die

---

63 Vgl. FfE e.V. (1996). Aufgrund mangelnder Datenlage können in diesem Zusammenhang keine entsprechenden Angaben zu Ölkraftwerken gemacht werden.

kohlebefeuerten Kraftwerke von der Bau- und Funktionsweise grundsätzlich ähnlich sind (siehe Tabelle 18).

*Tabelle 17: Verbautes Material (Quelle: FfE e.V. (1996)*

| Kraftwerkstyp | Braunkohle | | | Steinkohle | | | GuD | | |
|---|---|---|---|---|---|---|---|---|---|
| Leistung | 2 Blöcke, insg. 980 MW, Bj. 1996 | | | 553 MW, Bj. 1994 | | | 353 MW, Bj. unbekannt | | |
| | BT | ET | MT | BT | ET | MT | BT | ET | MT |
| Menge [t] | 687.349 | 4.045 | 87.701 | 294.495 | 2.582 | 31.054 | 38.104 | 699 | 5.224 |
| Gesamt [t] | 779.095 | | | 328.131 | | | 44.027 | | |
| Gesamt [t /MW] | 795,0 | | | 593,4 | | | 124,7 | | |

*Tabelle 18: Beton- und Stahlmengen (Quelle: FfE e.V. (1996)*

| | Braunkohle | | Steinkohle | | GuD | |
|---|---|---|---|---|---|---|
| Einheit | t | t/MW | t | t/MW | t | t/MW |
| Beton | 427.962 | 436,7 | 271.041 | 490,1 | 33.865 | 95,9 |
| Stahl | 115.668 | 118,0 | 31.872 | 57,6 | 8.466 | 24,0 |

Dass sich die spezifischen Materialmengen nach Technik und Kraftwerksgröße stark unterscheiden, zeigt sich an dem Beispiel eines anderen Steinkohlekraftwerks, das für eine Leistung von 1.600 MW insgesamt ca. 510.000 t Beton verbaut hat. Dies entspricht einem spezifischen Wert von 319 t/MW.[64] Bei einer Verdreifachung der elektrischen Leistung reduziert sich die spezifische Betonmenge um etwa ein Drittel im Vergleich zu dem Steinkohlekraftwerk aus Tabelle 18.

Da Kraftwerksbetreiber und Bauunternehmen sehr zurückhaltend in der Bereitstellung vollständiger Datensets sind, können über die drei Beispielkraftwerke hinaus nur noch Massenangaben zu einzelnen Bauteilen gemacht werden:

- Für den Kohlebunker eines 1.100 MW-Steinkohlekraftwerkes wurden 45.000 t Beton und 4.800 t Stahl verbaut.[65]
- Die Bodenplatte eines anderen Kraftwerkes maß 12.500 m² und benötigte ca. 13.000 m³ bzw. 26.000 t Beton.[66]

---

64  Vgl. ALPINE Bau GmbH (2010).
65  Vgl. Wolff & Müller GmbH & Co. KG (2010), S. A24f.

- Für ein 875 MW-GuD-Kraftwerk wurden 377 Bohrpfähle mit 20 m Länge in den Boden eingebracht, was ca. 30.000 t Stahlbeton entspricht.[67]
- Für den 200 m hohen Kühlturm eines 1.050 MW-Braunkohleblocks wurden 20.000 t Beton benötigt.[68]

## 4.2. Kostenentstehung

### 4.2.1. Allgemeines

Die wesentlichen Kostenbestandteile des Rückbaues sind die Personal- und Gerätekosten, sowie die Kosten zur Entsorgung der Baurestmassen.[69] Zur Ermittlung der Kosten stehen grundsätzlich drei Methoden zur Verfügung: eine sog. pauschale Ermittlung, eine differenzierte Ermittlung sowie eine detaillierte Ermittlung. Die Erste setzt lediglich einen Preis pro m³ Bruttorauminhalt (€/m³ BRI) an und kommt aufgrund ihrer Pauschalisierung allenfalls einer Kostenschätzung nahe. Die Zweite unterscheidet zwischen Abriss- inkl. Sortier- und Verladekosten (€/m³ BRI) sowie Entsorgungskosten (€/m³), wobei die Entsorgungsmenge mit Hilfe von Faktoren auf Basis des BRI ermittelt wird. Die dritte Methode differenziert Rückbau-, Sortier-, Lade- Transport- und Entsorgungskosten und ermittelt die jeweiligen Mengen und Kosten getrennt voneinander. Aufgrund geringer Erfahrungen können zwar pauschale Kostenschätzungen existieren[70], diese werden den unterschiedlichen Kraftwerkseigenschaften und Randbedingungen jedoch nicht gerecht. Um aussagekräftige Beseitigungskosten zu ermitteln, sind sämtliche Phasen einzeln zu kalkulieren.

### 4.2.2. Planung und Genehmigung

Die im Rahmen der Rückbaumaßnahme entstehenden Kosten der Planungs- und Genehmigungsphase setzen sich im Wesentlichen aus Personalkosten, allg. Betriebskosten und Genehmigungsgebühren zusammen. Der Planungs- und Genehmigungsprozess hängt von den unterschiedlichen projektspezifischen Randbedingungen ab, so dass der erforderliche Aufwand nicht pauschalisiert werden kann. Genauso wie die Planungskosten (inkl. Bestandsaufnahme) bei ca. zehn Prozent liegen können, sind bei vergleichbaren Gesamtkosten auch Planungskosten in Höhe von 20 Prozent möglich. Da Planungsleistungen auch teilweise

---

66  Vgl. Tue, Schlicke & Schneider (2010), S. 2.
67  Vgl. JACBO Pfahlgründungen GmbH (2010).
68  Vgl. Wörmann, Haupt & Ohlmann (2010), S. 10.
69  Vgl. Graubner & Hüske (2003), S. 174f.
70  Vgl. die Rückbaukosten je installierter Leistung aus Abschnitt 2.2.2.

an Dritte vergeben werden, entscheidet oft die Art der Vertragsgestaltung die Höhe der für den Betreiber tatsächlich anfallenden Kosten.

### 4.2.3. Rückbau

Der Rückbau erfolgt in vier Hauptphasen: Vermeidung, Dekontamination, Demontage und Rückbau im engeren Sinne. Der Personal- und Geräteaufwand variiert in den jeweiligen Phasen dabei erheblich, z.b. ist die manuelle Demontage von Elektroinstallationen in einem engen Schacht aufwändiger als der maschinelle Abbruch der Bausubstanz. Es ist somit wichtig, die einzelnen Phasen getrennt voneinander zu betrachten. Um den Personalaufwand abzuschätzen, können dabei Arbeitszeitrichtwerte für die auszuführenden Tätigkeiten herangezogen werden.[71] Andere Kalkulationshilfsmittel sind frei verfügbare bauwerksspezifische Abbruchkosten, z.B. jene des Landesumweltamtes Nordrhein-Westfalen.[72] Sämtliche Hilfsmittel dürfen jedoch nicht darüber hinwegtäuschen,

*Tabelle 19: Abbruchkosten in Euro je Einheit (Quelle: Landesumweltamt Nordrhein-Westfalen (2005), S. 432-470)[73]*

| Bauwerksart | Einheit | < 3.000 m³ | 3.000 – 10.000 m³ | >10.000 m³ |
|---|---|---|---|---|
| Skelettbauten | m³ BRI | 3,70 | 3,40 | 3,10 |
| Wandbauten | m³ BRI | 5,40 | 5,10 | 4,30 |
| Turmartige Bauwerke | m³ BRI | 12,00 | 10,00 | 8,00 |
| Industrieschornstein | m³ BRI | 110,00 | 110,00 | 110,00 |
| Kompakte Bauwerke | m³ BRI | 37,60 | 37,60 | 37,60 |
| Fundamente | m³ fest | 23,80 | 23,80 | 23,80 |
| **Verkehrsflächen** | | | | |
| Asphaltflächen | m² | | 4,60 | |
| Betonflächen | m² | | 6,40 | |
| Rückbau von Gleisen | lfm | | 16,35 | |

dass der Rückbauaufwand nicht nur schwer zu kalkulieren ist, sondern auch Unsicherheiten aufgrund unbeeinflussbarer Faktoren unterworfen ist, bspw.

---

71  Für Arbeitszeitrichtwerte der Demontage, vgl. z.B. Silbe (1999), S. 191ff.
72  Vgl. Landesumweltamt Nordrhein-Westfalen (2005), S. 432-470.
73  Enthalten sind ausschließlich die Abbrucharbeiten der Bautechnik (Phase 7). Werte sind allenfalls als Richtwerte zu verstehen und müssen den jeweiligen Bauwerkseigenschaften (Wandstärken, Höhen, etc.) angepasst werden.

schwankenden Wetter- und Windbedingungen, unvorhergesehenen Geräteausfällen oder sonstigen unbeeinflussbaren Faktoren.

Da Kraftwerke bezüglich der Bauweise und Anlagentechnik sehr heterogen sind, ist es ratsam die einzelnen Bauwerke differenziert zu betrachten. In Tabelle 15 wurden die einzelnen Bauwerke eines Kraftwerkes nach ihrer Bauweise kategorisiert. Da der Bautechnik eines Kraftwerkes rund 90 Prozent der verbauten Massen zuzurechnen ist und diese somit einen großen Anteil der Rückbaukosten ausmacht, soll Tabelle 19 veranschaulichen, dass die Beseitigungskosten für Kraftwerke je nach Bauweise stark abweichen können. Gleichzeitig wird verdeutlicht, dass die spezifischen Kosten mit steigender Abbruchmenge fallen.[74] Dies kann jedoch nur gelten, wenn sonst alle (beeinflussbaren und unbeeinflussbaren) Faktoren identisch sind.

In welchem Grad ähnliche Gebäudetypen im Hinblick auf Aufwandswerte und Kosten schwanken können zeigt das Beispiel des Abbruchs zweier Schornsteine.[75] Unter Verwendung der gleichen Arbeitsbühne konnte ein 150 m hoher Schornstein aus Mauerwerk dabei mit zwei bis drei Personen um 15 m je Tag rückgebaut werden, ein 165 m hoher Betonschornstein mit vier bis sechs Personen lediglich um drei bis vier Meter je Tag. Allein der Personalaufwand des Betonschornsteins war somit um ein Zehnfaches höher.

### 4.2.4. Aufbereitung, Verwertung und Entsorgung

Im Anschluss an den Rückbau und vor Abtransport des Materials erfolgt zunächst die Trennung und Sortierung der Materialien sowie die temporäre Lagerung bzw. Deponierung in der Nähe der Abbruchsstelle. Anschließend erfolgt die Verwertung oder Entsorgung. Hierbei sind insbesondere die Kosten der Materialtrennung sowie die Lager- bzw. Deponiekosten zu berücksichtigen.

Wesentliche Kosten der Materialtrennung vor Ort sind die Personal- und Gerätekosten. Die Dimensionierung der Bauschuttaufbereitungsanlage erfolgt dabei nach der Geschwindigkeit des Rückbaus und den anfallenden Massen, den Lagerkapazitäten des aufbereiten Materials vor Ort und der Geschwindigkeit des Abtransportes des Materials.

Ein weiterer Kostenfaktor ist die Lagerung der Materialien bis zum Transport. Schließlich ist nicht gewährleistet, dass der Abtransport unmittelbar nach der Aufbereitung erfolgen kann. Entweder sprechen mangelnde Transportgenehmigungen[76] oder aber die Marktsituation gegen einen sofortigen Abtransport. Beispielhaft sollen die 428.000 t Beton des Braunkohlekraftwerkes aus Tabelle

---

74 Diese Tendenz wurde im Rahmen einer Feldstudie bestätigt, vgl. Silbe (1999), S. 44.
75 Vgl. Bönker (1988), S. 1191.
76 Lässt z.B. eine Ortsdurchfahrt nur eine bestimmte Anzahl an LKW-Fahrten je Tag zu.

18 sein. Soll diese Menge als RC-Baustoff wiederverwertet werden, muss zeitgleich eine entsprechende lokale Nachfrage vorliegen.[77] Schließlich steigt bei weiteren Entfernungen als 20 km der Anteil der Transportkosten in einem Maß an, dass die Wiederverwertung gegenüber der Deponierung unwirtschaftlicher wird.[78] Existiert diese Nachfrage nicht und sollen externe Deponiegebühren vermieden werden, ist zu prüfen, ob eine temporäre Deponierung in Baustellennähe technisch und rechtlich möglich und wirtschaftlich sinnvoll ist.

Können die Baustoffe nicht vor Ort gelagert oder aufbereitet werden, sind sie in einer entsprechenden Einrichtung zu entsorgen. Die Entsorgungskosten variieren dabei je nach Kontaminierungsgrad, Region und nach Art der Entsorgungseinrichtung. Die mittleren Preise können dabei je nach Entsorgungsart um mehrere hundert Prozent abweichen.[79]

### 4.2.5. Transport

Die Transportkosten setzen sich zusammen aus den Kosten des Materialumschlages an der Baustelle und der abnehmenden Stelle sowie den Transportkosten der Ortsveränderung des Transportmittels.[80] Im Rahmen des Materialumschlages fallen zunächst Fixkosten in Form der Errichtung einer stationären Anlage bzw. der Bereitstellung der Maschinen (z.B. Radlader) an. Sofern stationäre Anlagen bereits Teil der Kraftwerksinfrastruktur sind, entfallen diese Anfangsinvestitionen. Des Weiteren fallen Betriebskosten in Form von Personal-, Kraftstoff-, Reparatur- und Wartungskosten an. Die spezifischen Umschlagskosten (€/t) sind somit abhängig von der Umschlagsmenge und der Nutzungsdauer der Umladestation.

Die zwischen den Umschlagsstationen entstehenden Transportkosten sind sehr variabel und von einer Vielzahl an Kriterien abhängig, u.a. Bereitstellung des Transportmittels, Transportstrecke und -geschwindigkeit, Fassungsvermögen bzw. Nutzlast des Transportmittels, Personalaufwand und Brennstoffbedarf. Die unterschiedlichen Ausprägungen der drei möglichen Transportmittel LKW, Bahn und (Binnen-)Schiff sind in Tabelle 21 zusammengefasst:

---

77  428.000 t gebrochener Beton sind ausreichend Material für eine 45 km lange, 6-spurigen Autobahn. Annahmen: 2 Fahrbahnen je 12 m breit, 20 cm Unterschicht, Dichte: 2 t/m³.
78  Vgl. Bilitewski et al. (1995), S. 101f.
79  Vgl. Silbe (1999), S. 58ff.
80  Vgl. Doedens & Kühle-Weidemeier (2003), S. 143ff.

*Tabelle 20: Eigenschaften der Transportmittel (Quellen: Wasser- und Schifffahrtsverwaltung des Bundes (2011), DB Schenker Rail Deutschland AG (2011), S. 11 und eigene Schätzungen)*

|  | Einheit | LKW | Bahn | (Binnen-)Schiff |
|---|---|---|---|---|
| Fassungsvermögen | t | ca. 20 | ca. 1500[81] | >1000 |
| Brennstoff | Liter Diesel/(100 t*km) | 4,1 | 1,7 | 1,3 |
| Geschwindigkeit | km/h | ca. 70 | ca. 80 | ca. 15-20 |
| Personalbedarf | Anzahl | 1 | 2 | 3-5 |

Die gesamten Transportkosten (Umschlag und Transport) sind somit vor allem von der Transportmenge sowie der Entfernung abhängig.[82] Je größer die Mengen und die Entfernung zur abnehmenden Stelle, desto eher kommen der Schienen- und der Wasserweg in Betracht. Der Aufwand des Materialumschlages ist in den letzten beiden Varianten zwar höher, dafür stehen diesem geringere spezifische Transportkosten (insb. Personal- und Betriebsstoffkosten) gegenüber. Tabelle 22 sind beispielhaft die spezifischen Transportkosten des LKW-Transports zu entnehmen.

*Tabelle 21: Spezifische Transportkosten in Abhängigkeit der Transportentfernung (Quelle: Doedens & Kühle-Weidemeier (2003), S. 145)*

|  | Km | 50 | 100 | 150 |
|---|---|---|---|---|
| Geschwindigkeit | Km/h | 50 | 60 | 70 |
| Umlaufzeit | Minuten | 160 | 240 | 300 |
| Transport- und Umschlagskosten | € / t*km | 0,29 | 0,19 | 0,15 |

## 4.3. Erlösmöglichkeiten

### 4.3.1. Veräußerung technischer Anlagen

Wird ein Kraftwerk rückgebaut und haben zu diesem Zeitpunkt Anlagen der Maschinen- oder Bautechnik ihre technische Lebensdauer noch nicht erreicht, können diese veräußert und in einem anderen Kraftwerk weiterverwendet wer-

---

81 Annahme: 25 Wagen, je bis zu 75 t.
82 Vgl. Schubert (2000), S. 77f.

den.[83] Voraussetzung für eine Veräußerung ist allerdings, dass ein Abnehmer existiert. Dieser muss darüber hinaus unter Berücksichtigung aller sonstigen Kosten (Demontage, Transport, Montage) bereit sein, einen Preis für die Anlage zu zahlen, der höher ist als der Erlöse der Einzelmaterialien abzüglich der Demontage und Zerlegung.

Als Abnehmer qualifizieren sich nationale und internationale Kraftwerksbetreiber sofern diese einen unmittelbaren Bedarf an Ersatzteilen, die bspw. auf Grund veralteter Technik nicht mehr zu erhalten sind, haben.[84] Des Weiteren existieren Unternehmen, die sich auf den Handel gebrauchter Anlagen und Teile spezialisiert haben.[85] Dass gebrauchte Anlagen in Kraftwerksneubauten eingesetzt werden, ist dagegen unwahrscheinlich. Die kontinuierliche Weiterentwicklung der Kraftwerkstechnik und Steigerung des Wirtschaftsgrades lässt sich nicht mit der Verwendung alter Kraftwerkskomponenten vereinbaren.[86] Da allerdings nur wenige Informationen zur Veräußerung technischer Anlagen existieren, kann davon ausgegangen werden, dass sie bei Kraftwerksbeseitigungen den Ausnahmefall darstellt und die Anlagenkomponenten zerlegt und verwertet werden.

### 4.3.2. Recycling von Wertstoffen

Im Rahmen der Verwertung der Wert- und Baustoffe entsteht die zweite Möglichkeit, Erlöse zu erzielen. Während des selektiven Rückbaus und der Aufbereitung der Baustoffe vor Ort entstehen gegenüber einem konventionellen Abbruch zunächst zwar Mehrkosten, diese können jedoch durch Einsparen von Deponiegebühren und gleichzeitigem Verkauf der Materialen egalisiert werden. Neben Beton und Mauerwerk, das in Form von RC-Baustoffen Wiederverwendung findet, sind insbesondere die metallischen Wertstoffe von Bedeutung (siehe Tabelle 18).

Der verbaute Stahl der Beispielkraftwerke hätte bei einem derzeitigen Preis von ca. 800 €/t einen Materialwert von etwa 92 Mio. Euro (Braunkohlekraftwerk) bzw. 6,7 Mio. Euro (GuD-Kraftwerk). Das verbaute Aluminium, das etwa 68 Prozent der NE-Metalle in dem Beispiel-Braunkohlekraftwerk ausmacht, hätte bei einem derzeitigen Preis von ca. 1.900 €/t einen Materialwert von über 10 Mio. Euro. Welche Erlöse allerdings für einzuschmelzende Metalle zu erzielen

---

83 Vgl. Reich et al. (2009), S. 103.
84 Bspw. wurden in 1999 drei Gasturbinen des Kraftwerkes Zschornewitz nach Australien und Schweden verkauft, vgl. Wikipedia Foundation Inc. (2011a).
85 Vgl. Lohrmann International GmbH (2011).
86 Vgl. Mark (2011).

*Tabelle 22: Kunststoff- und Metallmengen (Quelle: FfE e.V. (1996))*

|  | Braunkohlekraftwerk | | Steinkohlekraftwerk | | GuD-Kraftwerk | |
|---|---|---|---|---|---|---|
| Material/Einheit | t | t/MW | t | t/MW | t | t/MW |
| Kunststoffe | 1.661 | 1,7 | 1.276 | 2,2 | 105 | 0,3 |
| Stahl | 115.668 | 118,0 | 31.872 | 55,9 | 8.466 | 24,0 |
| Edelstahl | 13.239 | 13,5 | 6.125 | 10,7 | 161 | 0,5 |
| NE-Metalle | 7.870 | 8,0 | 3.069 | 5,4 | 432 | 1,2 |
| davon Aluminium | 5.350 | 5,4 | 2.090 | 3,7 | o. A. | o. A. |
| davon Kupfer | 1.580 | 1,6 | 614 | 1,1 | o. A. | o. A. |

sind, ist fraglich. Schließlich ist der Aufbereitungsprozess ebenfalls sehr aufwendig und energieintensiv. Da die Rohstoffpreise stark konjunkturell abhängig sind, ist anzunehmen, dass die Erlöse der Metalle ebenfalls schwanken. Ist beispielsweise der Preis für (Neu-)Stahl hoch, werden die Erlöse für gebrauchten Stahl ebenfalls steigen.

Abbildung 5 stellt die Bandbreiten ausgewählter Rohstoffpreise zwischen 2006 und dem Frühjahr 2011 exemplarisch dar.

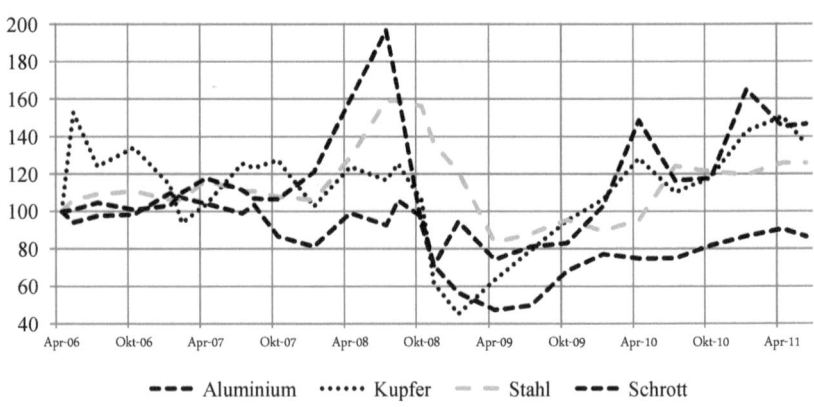

Apr 06=100. Preise im April 2006: Stahl: 660 EUR/t, Aluminium: 1.990 EUR/t ; Kupfer: 4.470 EUR/t, Schrott: 218 EUR/t.

*Abbildung 5: Rohstoff- und Wertstoffpreisentwicklung seit 2006 (Quelle: Eigene Darstellung mit Daten von OnVista Media GmbH (2011a), OnVista Media GmbH (2011b), LAXACON GmbH (2011) und EUROFER (2011))*

### 4.3.3. Veräußerung des Grundstücks

Sieht der Eigentümer des Kraftwerkgrundstückes keine Anschlussnutzung vor, kann er durch die Veräußerung des Grundstückes weitere Erlöse erzielen. Je nach Lage und Erschließung kann dieses für Gewerbe-, Industrie- aber auch Wohnbebauung in Frage kommen. Die erzielbaren Erlöse hängen von der Kontamination des Bodens ab und können sich regional stark unterscheiden.

## 4.4. Rückbau der Komponenten des Stromnetzes

Ebenfalls im Rahmen von Kraftwerksbeseitigungen zu berücksichtigen sind die Hochspannungsleitungen sowie die Umspannwerke bzw. Schaltanlagen des Höchstspannungsnetzes (380 kV), von denen derzeit in Deutschland etwa 130 existieren.[87] Dabei lassen sich zwei Typen unterscheiden: sog. Freiluftschaltanlagen und sog. gekapselte Hochspannungsschaltanlagen mit Innenraumaufstellung.[88] Erstgenannte Anlagen zeichnen sich durch einen sehr hohen Flächenbedarf aus, während gekapselte Anlagen in einem Industriebau installiert sind und lediglich etwa 10 Prozent der Fläche benötigen. Eine Höchstspanungsschaltanlage, die im Schnitt den Strom von zweieinhalb Großkraftwerken umwandelt, verdeutlicht, dass nicht mit jedem zu beseitigenden Kraftwerk auch eine Umspannstation zu beseitigen ist. Dazu kommt der Aspekt, dass von den erwähnten 130 etwa 40 sog. kombinierte Anlagen sind, d.h. somit zugleich Teil der 220 KV-Stromnetze sind. Kann es allerdings zu einem Rückbau kommen, dann unterscheidet sich dieser von dem Rückbau eines Industriegebäudes grundsätzlich nicht in der Vorgehensweise. Die verbauten Massen sind allerdings um ein Vielfaches geringer, der Anteil von verwertbaren Metallen wird höher sein, und es ist kaum mit Kontamination der Bauwerke und des Bodens zu rechnen.

Zur Beseitigung der Strommasten lassen sich ebenfalls nur wenige Angaben machen. Vorteil ist, dass sie lediglich aus einem bis zu 60m hohen Mast und einem Betonfundament bestehen.[89] Je nach Topographie des Geländes beträgt ihr Abstand etwa 200-300 m. Abhängig von den örtlichen Platzverhältnissen kann der Rückbau durch Demontage, Umziehen oder Sprengen erfolgen. Der letzte Schritt vor dem Abtransport und der Verwertung sind die Zerkleinerung sowohl der Masten als auch der Stahlbetonfundamente vor Ort.

---

87  Vgl. Wikipedia Foundation Inc. (2011b). Der Rückbau dieser Anlagen würde in den Aufgabenbereich der Netzbetreiber fallen.
88  Vgl. Schwab (2009), S. 567.
89  Abgesehen von den Stromleitungen und Isolatoren. Vgl. Heuck, Dettmann & Schulz (2010), S. 213f. Es konnten keine Massenangaben gefunden werden.

# 5. Marktseitige Besonderheiten und Projektbeispiele

## 5.1. Besonderheiten der Bauwirtschaft

Die Bauwirtschaft (und damit auch der Teilsektor Rückbau) unterliegt branchentypischen Besonderheiten, die auf die Kostenentstehung Einfluss haben können.[90] Bauleistungen sind regelmäßig nicht-standardisierte Auftragsleistungen und werden durch Ausschreibung vergeben. Die Leistung wird dabei in der Regel vom Auftraggeber vorgegeben. Gleichzeitig hat der Unternehmer wenige Möglichkeiten, sich durch die Leistung von Mitbewerbern abzusetzen. Diese Differenzierung erfolgt vor allem durch die Angebotssumme, die der Unternehmer unter dem Einfluss eines sogenannten Kalkulationsrisikos ermittelt. Typisch für die Bauwirtschaft ist somit, dass es keine Marktpreise gibt. Eine weitere Besonderheit liegt in der Natur einer Immobilie, wie sie auch ein zu beseitigendes Kraftwerk darstellt. Das Bauunternehmen hat seine Produktionsfaktoren (Arbeiter, Betriebsmittel, etc.) auf die Baustelle zu transportieren. Aufgrund hoher Transportkosten resultiert hieraus ein regionaler Wirkungsbereich für Bau- und auch Abbruchunternehmen.

Nur bei sehr großen (Rück-)Bauvorhaben ist es wirtschaftlich, größere Distanzen zurückzulegen und beteiligten die Mitarbeiter vor Ort unterzubringen. Des Weiteren unterliegt der Bauunternehmer spezifischen Risiken, die sich in der Preisbildung auswirken. Neben den spezifischen Risiken der Witterungsabhängigkeit und des Baugrundes unterliegt der Unternehmer insbesondere einem Auftragsrisiko, d.h. er hat keine Möglichkeit, in Zeiten schwacher Nachfrage Leistungen zu erbringen. Dies führt dazu, dass die Baukosten im Konjunkturzyklus um die tatsächlich entstehenden Baukosten schwanken. In Zeiten wirtschaftlichen Abschwungs können Leistungen nur unter Kostenunterdeckung angeboten werden. In Phasen des Aufschwungs muss der Bauunternehmer höhere Preise verlangen, um die Defizite wieder auszugleichen. In wie fern die Baupreise seit 1995 tatsächlich schwanken, zeigt Tabelle 24.

---

90 Vgl. Diederichs (1996), S. 316f. und Rußig, Deutsch & Spillner (1996), S. 14ff.

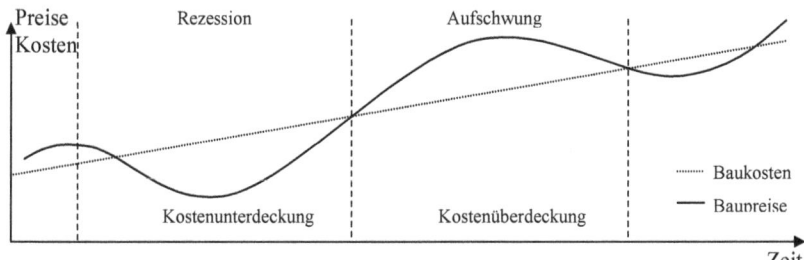

*Abbildung 6: Baukosten und Baupreise im Konjunkturzyklus (Quelle: Pause & Schmieder (1989), S.45)*

*Tabelle 23: Preisentwicklung für Leistungen des Bauhauptgewerbes in Deutschland 1995 – 2010 (Quelle: Hauptverband der Deutschen Bauindustrie e.V. (2011)*

| Jahr | '95 | '96 | '97 | '98 | '99 | '00 | '01 | '02 | '03 | '04 | '05 | '06 | '07 | '08 | '09 | '10 |
|---|---|---|---|---|---|---|---|---|---|---|---|---|---|---|---|---|
| Veränderung ggü. Vorjahr [in %] | 1,5 | -1,3 | -1,3 | -1,4 | -0,9 | 0,5 | -0,6 | -0,8 | -0,3 | 1,3 | 0,6 | 2,8 | 6,4 | 3,7 | 0,3 | 0,6 |

## 5.2. Rückbau als Teilsektor der Bauwirtschaft

Der Rückbau großer Industrie- und Kraftwerksanlagen ist aufgrund der großen Massen und Bauwerksdimensionen sehr maschinen- und personalaufwendig. Große Rückbauvorhaben stellen jedoch eher eine Ausnahme dar. Gemeinsam mit der Kapitalintensität notwendiger Spezialgeräte und den im vorherigen Abschnitt angesprochenen bauwirtschaftlichen Besonderheiten ist dies eine Ursache dafür, dass nur wenige große Abbruchunternehmen existieren, die einen kompletten Kraftwerksrückbau auch allein bewerkstelligen können. Dies spiegelt sich tatsächlich am deutschen Markt für Rückbau-und Abbruchleistungen wieder, wie die Aufteilung der Betriebe nach Beschäftigungsgrößenklassen in Tabelle 25 zeigt.

Demnach existierten in 2010 im gesamten Wirtschaftszweig *43.1 - Abbrucharbeiten und vorbereitende Baustellenarbeiten* insgesamt 5.086 Unternehmen, davon jedoch nur 21 mit mehr als 100 Beschäftigten.[91] Auf den Wirt-

---

91 Der Wirtschaftzweig 43.1 enthält in der Ordnung des Statistischen Bundesamts neben Abbrucharbeiten (WZ 43.11) noch sog. Vorbereitende Baustellenarbeiten sowie Test- und Suchbohrungen, vgl. Statistisches Bundesamt (2008).

schaftszweig *43.11* herunter gebrochen, entspricht das lediglich etwa vier bis sieben[92] großen Abbruchunternehmen, die ein größeres Kraftwerk eigenständig beseitigen können ohne z.b. eine Kooperation einzugehen.[93] Es handelt sich somit um ein Oligopol[94], dessen Marktmacht von Anbieterseite dazu genutzt werden kann, die Leistungen zu tendenziell höheren Preisen anzubieten, als sie tatsächlich anfallen.

Tabelle 24: *Anzahl, Beschäftigte und Umsatz von Abbruchunternehmen (Quelle: Statistisches Bundesamt (2011))*

| Betriebsgröße | Insgesamt | 1-9 | 10-19 | 20-49 | 50-99 | 100-199 | >200 |
|---|---|---|---|---|---|---|---|
| **Betriebe (2010)** | | | | | | | |
| WZ 43.1 | 5.086 | 4 316 | 498 | 209 | 42 | 17 | 4 |
| Davon WZ 43.11 | 1.637 | o. A. | o. A. | o. A. | o. A. | o. A. | o. A. |
| **Beschäftigte (2010)** | | | | | | | |
| WZ 43.1 | 32.406 | 11. 991 | 6. 607 | 6.382 | 2.872 | 2. 467 | 2.087 |
| Davon WZ 43.11 | 10.605 | o. A. | o. A. | o. A. | o. A. | o. A. | o. A. |
| **Umsatz (2009) in Mio. Euro** | | | | | | | |
| WZ 43.1 | 3.060 | 882,4 | 567,8 | 733,1 | 398,1 | 304,8 | 174,1 |
| Davon WZ 43.11 | 1.060 | o. A. | o. A. | o. A. | o. A. | o. A. | o. A. |

## 5.3. Allgemeine Kostenrisiken

Die in den vorherigen Abschnitten dargestellten Faktoren der Kostenentstehung und Erlösmöglichkeiten unterliegen allesamt bestimmten, Unsicherheit erzeugenden Faktoren, die die Beseitigungskosten eines Kraftwerkes nur schwer kalkulierbar machen. Je nach Grad der Unkenntnis über den Eintritt oder die Ausprägung eines Ereignisses unterscheidet man grundsätzlich zwischen Risiko und Ungewissheit. Risiken unterscheiden sich gegenüber Ungewissheit vor allem darin, dass für die Eintrittswahrscheinlichkeit eines Ereignisses objektive Wahrscheinlichkeiten vorliegen. Obwohl in den seltensten Fällen solche objektiven

---

[92] Je nachdem ob die Anzahl der Betriebe, der Beschäftigten oder der Umsatz als Maßstab herangezogen wird.

[93] Denkbar sind allerdings auch Teilvergaben einzelner Bauwerke an mehrere kleinere Abbruchunternehmen.

[94] Genaugenommen handelt es sich um ein sog. bilaterales Oligopol, da sowohl wenige Anbieter als auch wenige Nachfrager existieren. Vgl. Feess (2004), S. 247f.

Erkenntnisse vorliegen, hat sich umgangssprachlich der Begriff ‚Risiko' durchgesetzt.[95]

In der (Rückbau-)Bauwirtschaft kann man vier Risikoarten unterscheiden: vertragliche/ kalkulatorische, organisatorische, technische und betriebsbedingte Risiken.[96] Vertraglich/kalkulatorische Risiken enthalten Unsicherheit über den Aufwand des Rückbaus und können durch eine sorgfältige Bestandsaufnahme und entsprechende Formulierung der Verdingungsunterlagen verringert werden.[97] Sie enthalten aber auch insbesondere die Risiken der Lohnkosten, Stoffpreise, Gerätekosten sowie der Bodenbeschaffenheit (z.b. Kontamination durch Schadstoffe).[98] Organisatorische Risiken beinhalten die Störung der Baustelleneinrichtung und Logistikkonzepte z.b. aufgrund ungünstiger Planungen. Technische Risiken betreffen u.a. eine falsche Verfahrenswahl, bspw. wenn sich der Bestand als ein anderer erweist als ursprünglich angenommen. Betriebsbedingte Risiken beinhalten Störungen des Betriebs (z.b. durch Geräteausfälle oder Witterung) oder Beschädigung anderer Kraftwerksblöcke oder -anlagen, die noch zur Stromproduktion benötigt werden.

## 5.4. Beispiele für abgeschlossene Kraftwerksbeseitigungen

Im Rahmen dieses Kapitels wurde verdeutlicht, dass die Kosten einer Kraftwerksbeseitigung von vielen Parametern beeinflusst werden. Da es zum einen erst wenig Erfahrungen mit der (vollständigen) Beseitigung von (Groß-)Kraftwerken gibt[99], zum anderen jedoch auch keine öffentlich zugänglichen Kosteninformationen zu baseitigten Kraftwerken existieren, kann der tatsächlich benötigte Kosten- und Zeitaufwand eines konservativen Kraftwerkrückbaus im Rahmen dieses Kapitels nicht pauschal dargestellt werden. Es konnten lediglich Beseitigungskosten zweier Teilabbrüche ermittelt werden, die im Folgenden dargestellt werden.

---

95 Vgl. Girmscheid & Motzko (2007), S. 288.
96 Vgl. Racky (2005). Girmscheid & Motzko (2007), S. 291 unterscheidet sechs Risikoarten: rechtliche, terminliche, finanzielle, technische, Management- sowie Risiken des Umfeldes.
97 Im Rahmen der Beseitigung eines Kraftwerkes bietet sich ein sog. Einheitspreisvertrag an, bei dem das vergütet wird, was tatsächlich ausgeführt wurde. Vgl. Girmscheid & Motzko (2007), S. 31f. Verträge mit Pauschalcharakter und fixer Vergütung wird ein Abbruchunternehmer aufgrund der vielen Unsicherheiten nicht abschließen wollen.
98 Vgl. E.ON Kraftwerke GmbH (2010). Nach dem Rückbau wurden 46.000 m³ verunreinigtes Erdreich entdeckt, das durch Einkapselung behandelt werden musste.
99 Für eine Liste stillgelegter Kraftwerke in Deutschland, vgl. Wikipedia Foundation Inc. (2011c). Die Richtigkeit und Vollständigkeit der Liste konnte nicht überprüft werden.

*Beispiel 1*

Im Jahr 1995 wurde in Karlsruhe ein kohlebefeuerter Kraftwerksblock mit 100 MW elektrischer Leistung selektiv zurückgebaut.[100] Der Block war einer von sechs Kraftwerksblöcken und wurde 1965 fertiggestellt. Teil des Rückbaus waren das Kesselhaus, der Luftvorwärmer, der Elektrofilter, die Kohlemühlen sowie ein 100 m hoher Schornstein. Teilweise waren die Bauwerke asbestbelastet. Die Dampfturbine wurde ertüchtigt und für einen Neubau weiterverwendet und somit nicht verwertet. Insgesamt wurden 16.200 t Bauschutt wiederverwertet, davon 8.100 t Beton, 3.100 t Mauerwerk sowie 3.550 t Stahlschrott. Die Rückbaumaßnahmen dauerten 30 Wochen und verursachten insgesamt Kosten von 3,2 Mio. DM. Die Demontage und der Transport stellten dabei die kostenintensivste Teilleistung dar, wobei jedoch auch die Planungsphase mit über 18 Prozent zur erheblich zur gesamten Kostenentstehung beitrug.

*Beispiel 2*

In den Jahren 1993 und 1994 wurde eine Kesselanlage mit zwei Kesseln zurückgebaut.[101] Die Vorarbeiten (Dekontamination, Demontage und Entkernung) dauerten 11 Monate, der anschließende Rückbau 9 Monate. Es waren bis zu 25 Personen gleichzeitig auf der Baustelle aktiv, im Durchschnitt ca. 15. Insgesamt fielen Kosten von 2,80 Mio. DM an. Demontage und Abtransport nahmen wie in Beispiel 1 die größte Teilleistung ein (36 Prozent), aber auch Stofftrennung, Entsorgung und Planung waren mit jeweils 16 bis 20 Prozent große Kostentreiber.

Aufgrund fehlender Angaben in Beispiel 2 können die beiden Rückbauvorhaben nicht direkt miteinander verglichen werden. Es ließe sich aus Beispiel 1 zwar ableiten, dass der Rückbau 20,3 €/kW bzw. 125,2 €/t kostet, allerdings sind solche Kenngrößen weiterhin mehr als fraglich. Dagegen wird anhand der beiden Beispiele, die sich in einer ähnlichen Kostendimension bewegen, deutlich, dass die Kosten der einzelnen Projektphasen sowie Projektleistungen sehr unterschiedlich ausgeprägt sind. So fielen in Beispiel 1 für die Planung und Bestandsaufnahme weniger als zehn Prozent der Gesamtkosten an, während es in Beispiel 2 über 18 Prozent waren. Stofftrennung und Entsorgung gestalteten sich in Beispiel 2 ebenfalls schwieriger, was sich aus den vielfach höheren Anteilen dieser Kostenpositionen im Gesamtprozess schließen lässt.

---

100 Vgl. Blick, Hettler & Kissel (1996).
101 Vgl. Massek (1995), S. 857.

*Tabelle 25: Kosten der Beispiele (Quellen: Blick, Hettler & Kissel (1996), S. 786ff. und Massek (1995), S. 857)*

| Kostenart | Beispiel 1 Kosten in TDM | Prozent | Beispiel 2 Kosten in TDM | Prozent |
|---|---|---|---|---|
| Bestandsaufnahme | 120,4 | 4,3 | 176 | 5,5 |
| Rückbauplanung | 151,2 | 5,4 | 410 | 12,8 |
| Demontage inkl. Transport | 2.116,8 | 75,6 | 1.150 | 36,0 |
| Stofftrennung | 124,6 | 4,5 | 750 | 23,4 |
| Entsorgung | 124,6 | 4,5 | 514 | 16,1 |
| Sonstige Maßnahmen bzw. Bauleitung | 162,4 | 5,8 | 200 | 6,3 |
| Summe | 2.800 | 100,0 | 3.200 | 100,0 |

Die beiden Beispiele sind auf die Jahre 1994 und 1995 zurückzuführen. Die Gesamtkosten auf das Jahr 2011 umzurechnen, um ein Gefühl für heutige Beseitigungskosten zu erhalten, ist jedoch nicht möglich. Zwar sind die allgemeinen Baukosten seit 1995 um 11,3 Prozent angestiegen (siehe Tabelle 24), es existiert jedoch kein entsprechender Index für die Teilleistungen Demontage, Stofftrennung etc., der eine Kostenschätzung möglich machen könnte.

# 6. Zusammenfassung und Fazit

Es gibt unterschiedliche Ursachen für die Beseitigung von Kraftwerken. Kurz- und mittelfristig ergibt sich in Deutschland die Notwendigkeit eines Rückbaus nach Ablauf der Lebensdauer, um Platz für einen Kraftwerksneubau zur Verfügung zu stellen. Ein Auslöser hierfür ist der in den vergangenen 20 Jahren größer gewordene gesellschaftliche Widerstand gegen konservative Kraftwerke. Verstärkt wird diese Notwendigkeit durch europäische Einflüsse in Form eines europaweiten Naturschutzprogramms, das im Genehmigungsprozess zu berücksichtigen ist, sowie einem möglichen Markteintritt ausländischer Energieversorger. Langfristig treiben einen Betreiber jedoch andere Gründe, den Rückbau eines Kraftwerkes vorzunehmen. Gibt es auf Grund der Energiewende keinen Bedarf mehr für konservative Kraftwerke, so können die freiwerdenden Grundstücke nach dem Rückbau einer anderen Nutzung zugeführt werden.

Den optimalen Zeitpunkt des Rückbaus eines Kraftwerkes ermitteln Betreiber mit Hilfe von Modellen der Investitionstheorie, allen voran der Kapitalwertmethode. Allerdings werden hierfür die Einnahmen und Ausgaben des gesamten Kraftwerkslebenszyklus benötigt. Die Ausgaben und Einnahmen der Bau- und Inbetriebnahme-, der Betriebs- und Instandhaltungs- sowie der Rückbauphase unterliegen allesamt Unsicherheiten. Im Gegensatz zu den ersten beiden Phasen sind die Rückbaukosten allerdings noch nicht umfassend untersucht. Ein Blick auf den deutschen Kraftwerkspark zeigt, dass die Beseitigungskosten jedoch von großer Bedeutung sein werden. Von den derzeit etwa 250 konventionellen Großkraftwerken sind allein bis 2020 ca. 90 stillzulegen und zu beseitigen.

Die Tatsache, dass die existierenden Kostenansätze für die Beseitigung stark variieren, liegt einerseits daran, dass noch sehr wenige Erfahrungswerte existieren, und falls doch, diese als wertvolles Knowhow von den Betreibern zurückgehalten werden. Andererseits sind die einzelnen Kraftwerke so unterschiedlich in ihrer Funktions- und Bauweise sowie der vorhandenen Infrastruktur, dass ein allgemeingültiger spezifischer Kostenansatz (z.B. je MW oder je t) nicht zweckmäßig ist und eine Einzelfallbetrachtung durchzuführen ist. Unterstellt man dennoch die existierenden Kostenansätze, so lassen sich mittelfristig Beseitigungskosten von ca. zu 2.140 Mio. Euro und langfristig über 5.800 Mio. Euro abschätzen.

Um die Beseitigungskosten eines Kraftwerkes zu bestimmen, ist zunächst das Abbruchziel zu definieren. Dabei entscheidet vor allem die geplante Anschlussnutzung des Grundstückes über den Aufwand des Rückbaues. Anschließend sind die einzelnen Teilschritte Planung, selektiver Rückbau, Aufbereitung, Verwertung und Entsorgung sowie Abtransport separat zu betrachten und zu kalkulieren. Alle einzelnen Schritte werden durch eine Vielzahl unabhängiger Faktoren beeinflusst. Jede Ausprägung des Rückbauvorhabens (z.B. Teil- oder Totalrückbau, mit oder ohne Kühlturm, große oder geringe Entfernung zur abnehmenden Stelle) lässt die Kosten der Teilschritte unterschiedlich ausfallen. Auch wenn eine Kostenvorhersage nicht möglich ist, lassen sich immerhin Tendenzen ableiten, sodass sich Skaleneffekte (vor allem bei den Abbrucharbeiten aber auch beim Transport) einstellen, die die spezifischen Beseitigungskosten mit steigenden verbauten Massen fallen lassen. Erlösmöglichkeiten ergeben sich aus Anlagenkomponenten, die gegebenenfalls anderenorts weiterverwendet werden können, der Wiederverwertung von RC-Baustoffen, der Einschmelzung der metallischen Materialien sowie der Veräußerung des Grundstücks.

Neben den Faktoren, die sich direkt aus den Eigenschaften des Kraftwerks ableiten lassen, gibt es noch Einflüsse für die Kostenentstehung, die sich aus den branchentypischen Eigenschaften der Bauwirtschaft ergeben. Konjunkturelle Schwankungen wirken sich einerseits auf die Rückbaukosten, andererseits auf die Erlösmöglichkeiten für die gewonnenen Recycling-Baustoffe und Metalle aus. Nicht zu vernachlässigen ist ferner die Oligopol-Eigenschaft des Marktes für Abbruchleistungen. Sind mehrere Großkraftwerke gleichzeitig zu beseitigen, könnten die Abbruchunternehmen diese Machtposition ausnutzen und Preise weit oberhalb der tatsächlichen Kosten durchsetzen.

# Literatur

ALPINE Bau GmbH. (2010). Steinkohle Kraftwerk Hamm. Abgerufen am 23. Mai 2011 von http://www.alpine.at/bereiche/kraftwerksbau/steinkohle-kraftwerk-hammsteinkohle-kraftwerk-hamm/

Bilitewski, B., Gewiese, A., Härdtle, G., & Marek, K. (1995). Vermeidung und Verwertung von Reststoffen in der Bauwirtschaft. 3., neubearb. und erw. Aufl., Berlin 1995.

Bitter, O., Lenk, U., & Pyc, I. (2009). Auswirkungen der globalen Finanz- und Wirtschaftskrise auf den Kraftwerksanlagenbau. In: M. Beckmann, & A. Hurtado, Kraftwerkstechnik. Sichere und nachhaltige Energieversorgung (S. 41-50). Neuruppin 2009.

Blick, E., Hettler, A., & Kissel, M. (1996). Selektiver Rückbau eines Kraftwerkblocks. In: Müll und Abfall, 28(1996)12, S. 786-790.

Bönker, H.-D. (1988). Schornsteinabbruch mit der "hydraulischen Krake". In: VGB Kraftwerkstechnik, 68(1988)11, S. 1191-1195.

Bund für Umwelt und Naturschutz Deutschland e.V. (2011). Kohlekraftwerke stoppen. Erfolge des BUND. Abgerufen am 14. April 2011 von http://www.bund.net/bundnet/themen_und_projekte/klima_energie/kohlekraftwerke_stoppen/erfolge_des_bund/

Bundesministerium für Wirtschaft und Technologie. (2011). BMWI Energiedaten. Abgerufen am 30. April 2011 von http://www.bmwi.de/BMWi/Navigation/Energie/Statistik-und-Prognosen/energiedaten.html

Bundesministerium für Wirtschaft und Technologie. (2010). Energie in Deutschland. Trends und Hintergründe zur Energieversorgung. Abgerufen am 13. April 2011 von http://www.bmwi.de/Dateien/Energieportal/PDF/energie-in-deutschland,property=pdf,bereich=bmwi,sprache=de,rwb=true.pdf

(BDEW) Bundesverband der Energie- und Wasserwirtschaft e.V. (2011a). Anlage zur Presseinformation „Strom- und Gasverbrauch um vier Prozent gestiegen" vom 4. April 2011. Abgerufen am 10. April 2011 von http://www.bdew.de/internet.nsf/id/28A564757298E630C125786800297145/$file/110404%20Anlage%20zur%20PM%20Hannover_Kraftwerksliste.pdf

(BDEW) Bundesverband der Energie- und Wasserwirtschaft e.V. (2011b). Energiedaten. Abgerufen am 10. April 2011 von http://www.bdew.de/internet.nsf/id/DE_Energiedaten

DB Schenker Rail Deutschland AG. (2011). Preise und Konditionen. Allgemeine Bestimmungen für Gütertransportleistungen mit Allgemeiner Preisliste. Abgerufen am 13. Mai 2011 von http://www.rail.dbschenker.de/site/shared/de/dateianhaenge/vertraege_ag b/dbschenkerrail_preise_konditionen_2011.pdf

Deutsche Umwelthilfe e.V. (2011). Kohlekraftwerksprojekte in Deutschland. Abgerufen am 8. April 2011 von http://www.duh.de/uploads/media/DUH-Liste_Kohlekraftwerke_Uebersicht_2011.pdf

Diederichs, C. J. (Hrsg.). (1996). Handbuch der strategischen und taktischen Bauunternehmensführung. Wiesbaden u.a. 1996.

Doedens, H., & Kühle-Weidemeier, M. (2003). Rechtliche, ökonomische und organisatorische Ansätze zur Schließung von Siedlungsabfalldeponieraum. Schlussbericht. (Umweltbundesamt, Hrsg.) Abgerufen am 20. April 2011 von http://www.umweltdaten.de/publikationen/fpdf-l/2685.pdf

Dürand, D. (2011). Vom Winde verweht. In: WirtschaftsWoche o.Jg.(2011)20, S. 110-115.

E.ON Kraftwerke GmbH. (2011). Datteln 4 - Investition in die Zukunft. Abgerufen am 20. Mai 2011 von http://www.kraftwerk-datteln.com/pages/ekw_de/Neubau/Bauvorhaben/index.htm

E.ON Kraftwerke GmbH. (2010). Rückbau des Kraftwerkstandorts Offleben. Abgerufen am 16. April 2011 von http://www.kraftwerk-buschhaus.de/pages/ekw_de/Aktuelles/Rueckbau_Offleben/index.htm

Effenberger, H. (2008). Dampferzeugung und Kraftwerke. In: BWK. Das Energie-Fachmagazin 60(2008)4, S. 147-158.

Elsen, R. (2011). Vorlesungsskript zur Veranstaltung "Planung, Bau, Inbetriebnahme und Betrieb von Kraftwerken" an der Technischen Universität Darmstadt im Sommersemester 2011.

EnBW Energie Baden-Württemberg AG. (2010). Primärenergie veredeln - Die fossil befeuerten Kraftwerke der EnBW. Abgerufen am 2. Mai 2011 von http://www.enbw.com/content/de/der_konzern/_media/pdf/Konventionell e_Kraftwerke_2011_dt.pdf

EUROFER. (2011). European Confederation of Iron and Steel Industries. Scrap Price Index. Abgerufen am 5. Juni 2011 von http://www.eurofer.eu/index.php/eng/Facts-Figures/Figures/Scrap-price-index

Feess, E. (2004). Mikroökonomie. Eine spieltheoretisch- und anwendungsorientierte Einführung. 3. Aufl, Marburg 2004.

Fromme, J. (2006). Räumliche Steuerung der Ausbauplanung von Kraftwerken. In: RaumPlanung, o.Jg.(2006)128, S. 181-185.

Girmscheid, G., & Motzko, C. (2007). Kalkulation und Preisbildung in Bauunternehmen. Grundlagen, Methodik und Organsiation. Berlin u.a. 2007.

Götze, U. (2008). Investitionsrechnung: Modelle und Analysen zur Beurteilung von Investitionsvorhaben. 6., durchges. und aktualisierte Aufl., Berlin u.a. 2008.

Graubner, C.-A., & Hüske, K. (2003). Nachhaltigkeit im Bauwesen. Grundlagen - Instrumente - Beispiele. Berlin 2003.

Haag, G. (1995). Aktuelle Herausforderungen an die Kraftwerksbautechnik. In: VGB Kraftwerkstechnik, 75(1995)3, S. 280-283.

Hauptverband der Deutschen Bauindustrie e.V. (2011). Preisentwicklung im Bauhauptgewerbe. Abgerufen am 10. Juni 2011 von http://bauindustrie.test.freshmilk.de/zahlen-fakten/statistik/preis-und-ertragsentwicklung/preise-bauhauptgewerbe/

Heuck, K., Dettmann, K.-D., & Schulz, D. (2010). Elektrische Energieversorgung. 8., überarb. und aktualisierte Aufl., Wiesbaden 2010.

Hommel, U., & Lehmann, H. (2001). Die Bewertung von Investitionsprojekten mit dem Realoptionenansatz. Ein Methodenüberblick. In: U. Hommel, M. Scholich, & R. Vollrath (Hrsg.), Realoptionen in der Unternehmenspraxis (S. 113-129). Berlin u.a. 2001.

Hundt, M., Swider, D. J., & Voß, A. (2006). Einfluss von Unsicherheit und Flexibilität auf den Wert von Kraftwerksinvestitionen. Reale Optionen in der Elektrizitätswirtschaft. Abgerufen am 17. April 2011 von http://www.ier.uni-stuttgart.de/publikationen/pb_pdf/KW21_hundt.pdf

JACBO Pfahlgründungen GmbH. (2010). JACBO-Bohrpfähle für das neue GuD-Kraftwerk von RWE-Power. Abgerufen am 5. Mai 2011 von http://www.jacbo.com/jacbo_com/home/presse/presseberichte/gud-anlage.php

Kaltenbach, E., & Maaßen, U. (2008). Braunkohle. In: BWK. Das Energie-Fachmagazin 60(2008)4, S. 70-81.

Kühne, A. (2011). Entscheidungsunterstützung für multikritierielle Investitionsentscheidungen am Beispiel einer Kraftwerksinvestition. Hamburg 2011.

Landesumweltamt Nordrhein-Westfalen. (2005). Materialien zur Altlastensanierung und zum Bodenschutz (Malbo), Band 20. Abgerufen am 4. Juni 2011 von http://www.lanuv.nrw.de/veroeffentlichungen/malbo/malbo20/malbo20.pdf

LAXACON GmbH. (2011). Entwicklung des Stahlpreises von 2006 bis 2011. Abgerufen am 5. Juni 2011 von http://stahlbroker.de/2011/02/entwicklung-des-stahlpreises-von-2006-bis-2011/

Leprich, U., Georg, S., Horst, J., & Thiele, A. (2004). Ausgewählte Fragestellungen zur EEG Novellierung. Teilbericht. Strompreisszenarien und Strompreisvergleich, Gutachten für das Bundesministerium für Umwelt, Naturschutz und Reaktorsicherheit. Abgerufen am 15. Mai 2011 von http://www.bmu.de/files/erneuerbare_energien/downloads/application/pdf/eeg_teilbericht_strompreis.pdf

Lippok, J., & Korth, D. (2007). Abbrucharbeiten. Grundlagen, Vorbereitung, Durchführung. Köln 2007.

Lohrmann International GmbH. (2011). Angebote - Anlagen. Abgerufen am 18. Mai 2011 von http://www.lohrmann.com/index.php?option=com_offers&view=category&id=6&Itemid=17

Massek, J. (1995). Abbruch einer Dampfkesselanlage im Kraftwerk Herrenhausen der Stadtwerke Hannover AG. VGB Kraftwerkstechnik, 75(1995)8 , S. 855-857.

Matthes, F. C., Harthan, R. O., & Loreck, C. (2011). Schneller Ausstieg aus der Kernenergie in Deutschland. Kurzfristige Ersatzoptionen, Strom- und CO2-Preiseffekte. Kurzanalyse für die WWF Umweltstiftung . Abgerufen am 10. April 2011 von http://www.oeko.de/oekodoc/1121/2011-008-de.pdf

Möller, G. (2008). CO2-Emmissionshandel in der Handelsperiode 2008-2012. Ein entscheidungstheoretischer Ansatz für Investitionen in Kraftwerke. Hamburg: 2008.

Motzko, C., & Klingenberger, J. (2004). Kalkulation kontrollierter Abbrucharbeiten. Ausgewählte Schwachstellen und Empfehlungen aus baubetrieblicher Sicht. In: Tiefbau o.Jg.(2004)1, S. 22-28.

Müller-Soares, J. (2008). Sorge vor dem großen Blackout. Abgerufen am 15. April 2011 von http://www.capital.de/politik/:Stromversorgung--Sorge-vor-dem-grossen-Blackout/100009711.html

Nollen, A. (2003). Lebensdaueranalysen von Kraftwerken der deutschen Elektrizitätswirtschaft. Jülich 2003.

OnVista Media GmbH. (2011). Aktueller Kupferpreis. Abgerufen am 5. Juni 2011 von http://www.onvista.de/rohstoffe/kupfer-spot-price-preis/kurs

Panos, K. (2008). Praxisbuch Energiewirtschaft. Energieumwandlung, -transport und -beschaffung im liberalisierten Markt. 2., bearb. und aktualisierte Aufl., Berlin u.a 2008.

Pause, H., & Schmieder, F. (1989). Baupreis und Baupreiskalkulation. 2., wesentl. erw. u. überarb. Aufl., Köln 1989.

Racky, P. (2005). Partnerschaftliche Abwicklung von Bauprojekten. Überlegungen zur Notwendigkeit eines Prozessmusterwechsels, insbesondere beim Bauen im Bestand. Abgerufen am 2. Mai 2011 von http://www.rkw.de/fileadmin/media/Dokumente/Publikationen/2005_VT_ BWT-Racky.pdf

Rams, A. (2001). Die Bewertung von Kraftwerksinvestitionen als Realoption. In: U. Hommel, M. Scholich, & R. Vollrath (Hrsg.), Realoptionen in der Unternehmenspraxis (S. 155-178). Berlin u.a. 2001.

Rheinische Post online. (06. Januar 2011). Eon sieht Lösung für Kraftwerk Datteln. Abgerufen am 12. April 2011 von http://lokale-wirtschaft.rp-online.de/nachrichten/detail/-/specific/Eon-sieht-Loesung-fuer-Kraftwerk-Datteln-997828296

Rukes, B., & Balling, L. (2007). Entwicklung, Bau, Service und Betrieb von Kraftwerken. In: BWK. Das Energie-Fachmagazin, 59(2007)1/2, S. 69-74.

Rußig, V., Deutsch, S., & Spillner, A. (1996). Branchenbild Bauwirtschaft. Entwicklung und Lage des Baugewerbes sowie Einflussgrößen und Perspektiven der Bautätigkeit in Deutschland. München 1996.

(SRU) Sachverständigenrat für Umweltfragen. (2011). Wege zur 100 % erneuerbaren Stromversorgung. Abgerufen am 13. April 2011 von http://www.umweltrat.de/DE/DerSachverstaendigenratFuerUmweltfragen /dersachverstaendigenratfuerumweltfragen_node.html

Schiffer, H.-W. (2010). Energiemarkt Deutschland . 11., völlig neu bearb. Aufl., Köln 2010.

Schlesinger, M., Lindenberger, D., & Lutz, C. (2010). Energieszenarien für ein Energiekonzept der Bundesregierung - Projekt Nr. 10/12 für das Bundesministerium für Wirtschaft und Technologie. Abgerufen am 15. April 2011 von http://www.bmwi.de/BMWi/Redaktion/PDF/Publikationen/Studien/studie -energieszenarien-fuer-ein-energiekonzept,property=pdf,bereich=bmwi,sprache=de,rwb=true.pdf

Schubert, W. (Hrsg.). (2000). Verkehrslogistik: Technik und Wirtschaft. München 2000.

Schwab, A. J. (2009). Elektroenergiesysteme: Erzeugung, Transport, Übertragung und Verteilung elektrischer Energie. 2., aktualisierte Aufl., Berlin u.a. 2009.

Silbe, K. (1999). Wirtschaftlichkeit kontrollierter Rückbauarbeiten. Berlin1999.

Statistisches Bundesamt. (2011). Produzierendes Gewerbe. Tätige Personen und Umsatz der Betriebe im Baugewerbe 2010. Abgerufen am 25. Mai 2011 von http://www.destatis.de/jetspeed/portal/cms/Sites/destatis/Internet/DE/Content/Publikationen/Fachveroeffentlichungen/Produzierendes_20Gewerbe/Baugewerbe/Struktur/PersonenUmsatzBaugewerbe2040510107005,property=file.xls

Strauß, K. (2009). Kraftwerkstechnik. Zur Nutzung fossiler, nuklearer und regenerativer Energiequellen. 6., aktualisierte Aufl., Berlin u.a. 2009.

Tigges, K.-D. (2010). Marktentwicklung für konventionelle Kraftwerke aus der Sicht eines Anlagenbauers. In: M. Beckmann, & A. Hurtado, Kraftwerkstechnik. Sichere und nachhaltie Energieversorgung. Bd. 2 (S. 39-58). Neuruppin 2010.

Tue, N. V., Schlicke, D., & Schneider, H. (2010). Zwangbeanspruchung massiver Kraftwerks-Bodenplatten infolge Hydratationswärme. In: Kraftwerksbau. Planen/Bauen/Instandsetzen , S. 1-8.

Umweltbundesamt. (2011). Datenbank „Kraftwerke in Deutschland". Abgerufen am 10. April 2011 von http://www.umweltbundesamt.de/energie/archiv/kraftwerke_in_deutschland.pdf

von Lojewski, D., & Frost, K.-J. (2007). Eigenerzeugung für Stadtwerke – aktuelle Projektbeispiele. Abgerufen am 20. Mai 2011 von http://www.fichtner-managementberatung.de/FMB/Publikationen/Eigenerzeugung_fuer_Stadtwerke-Projektbeispiele.pdf

Wasser- und Schifffahrtsverwaltung des Bundes. (2011). Binnenschiff und Umwelt. Abgerufen am 11. Mai 2011 von http://www.wsv.de/Schifffahrt/Binnenschiff_und_Umwelt/index.html

Welte, D. H., & Böcker, D. (2006). Sichere fossile Primärenergie - Eine Achillesferse von Wirtschaft und Politik. In: B. Hillemeier (Hrsg.), Die Zukunft der Energieversorgung in Deutschland (S. 23-38). Stuttgart 2006.

Wolf, R. (2010). Die Genehmigung von Kohlekraftwerken im Zeichen der Europäisierung des Rechtsrahmens. In: Natur und Recht, 32(2010)4, S. 244-253.

Wolff & Müller GmbH & Co. KG. (2010). Kohlelager für Kraftwerk Staudinger. In: Kraftwerksbau. Neubau/Planung/Instandhaltung , S. A24-A25.

Wörmann, R., Haupt, R., & Ohlmann, U. (2010). Pilotprojekt der neuen Normengeneration im Kühlturmbau. Die Naturzugkühltürme von BoA 2&3 in Neurath. In: Kraftwerksbau. Planung/Bau/Instandhaltung , S. 9-21.

# Projektfinanzierung von solarthermischen Kraftwerken

Thorsten Rüther und Dirk Schiereck

# 1. Einleitung

Die jährliche Menge an Solarenergie, die auf die Erde trifft, übersteigt theoretisch das 60.000-fache des weltweiten Strombedarfs (Solar Millennium AG, 2009, p. 38). Ließe sich nur ein Bruchteil dieser Energie nutzen, wäre die Versorgung der Welt mit sauberem Strom technisch sicher gestellt. Um Sonnenenergie auch eine ökonomisch attraktive Alternative werden zu lassen, sind allerdings, wie nachfolgend deutlich wird, auch finanzielle Probleme zu lösen.

Eine Möglichkeit Sonnenenergie nutzbar zu machen, besteht in der solarthermischen Stromerzeugung. Es ist eine Technologie, die zwar seit Jahrzehnten bekannt und erprobt ist, deren Kommerzialisierung jedoch erst seit wenigen Jahren an Dynamik gewinnt. Ihr technisches Potential ist so groß, dass dem solarthermischen Kraftwerksbau ein rasantes Wachstum mit Investitionen in Milliardenhöhe prophezeit wird. In vielen Energie- und Klimaschutzszenarien spielt sie bereits eine zentrale Rolle. Aber auch bei der Finanzierung solarthermischer Kraftwerke werden neue Wege beschritten. Aufgrund ihrer hohen Investitionssumme und einzigartigen Risikostruktur stellen sie die etablierten Formen der Projektfinanzierung vor neue Herausforderungen. Zwar bleiben die Hauptmerkmale einer Projektfinanzierung unverändert, dennoch muss hier an spezielle Anforderungen eines solarthermischen Projekts angepasst werden. Hauptziel dieses Kapitels ist es deshalb, die Adaption der Projektfinanzierung für die solarthermische Stromerzeugung darzustellen. Im Blickpunkt stehen dabei die Erarbeitung eines spezifischen Risikoprofils und die Erstellung einer Finanzierungsstruktur. Aufgrund des vorwiegenden Exports solarthermischer Anlagenkomponenten spielen für deutsche Unternehmen auch Quellen und Instrumente der Exportfinanzierung eine wichtige Rolle.

# 2. Solarthermische Stromerzeugung

## 2.1. Potentiale der Solarthermie

Unter Solarthermie versteht man die Transformation von Sonnenstrahlung in Wärmeenergie. Das Funktionsprinzip ist recht einfach zu veranschaulichen: Mithilfe eines konzentrierenden Spiegels werden Sonnenstrahlen gebündelt und damit im Brennpunkt solch hohe Temperaturen erreicht, dass man Papier in

Brand setzen oder Wasser erhitzen kann.[1] Ein solarthermisches Kraftwerk macht sich diesen Effekt zu Nutze und transformiert die Sonnenwärme zunächst in mechanische Energie, um schließlich Strom in Generatoren zu erzeugen.

Die solarthermische Stromerzeugung (engl.: Concentrating Solar Power – CSP) – speziell das Parabolrinnenkonzept – gilt als eine relativ ausgereifte Technologie. Bereits 1984 ist in Kalifornien das erste kommerzielle CSP-Kraftwerk ans Netz gegangen und liefert noch heute Strom. Damals wie heute hängt die private Wirtschaftlichkeit eines CSP-Kraftwerks jedoch maßgeblich von staatlicher Unterstützung ab. Doch das Kostenreduktionspotential der Solarthermie ist groß. Bereits im Jahr 2020 sollen solarthermische Kraftwerke standortabhängig mit konventionellen Spitzen- und Mittellastkraftwerken konkurrieren können. Volle Wettbewerbsfähigkeit wird in den Jahren 2025 bis 2030 erwartet (IEA, 2010, p. 27).

Der Anteil der solarthermischen Kraftwerke an der weltweiten Stromversorgung ist angesichts der heutigen Kostenstruktur noch marginal. Anfang 2010 betrug die weltweit installierte Kapazität gerade einmal 1 GW, was in etwa der Leistung eines großen Kohlekraftwerks entspricht. Darüber hinaus waren ca. 15 GW in Bau oder in Planung (IEA, 2010, p. 9). Es wird aber erwartet, dass der Markt für solarthermische Kraftwerke in Zukunft sehr schnell wachsen wird. Bereits im Jahr 2050 könnten 830 GW solarthermischer Leistung installiert sein, die ca. 10% des weltweiten Strombedarfs decken (SolarPACES, ESTELA, Greenpeace, 2009, p. 7).

Die Solarthermie zählt wie die Photovoltaik oder Windenergie zu den erneuerbaren Energien, hat aber einen entscheidenden Vorteil gegenüber seinen Mitstreitern. Die in solarthermischen Kraftwerken erzeugte Wärme lässt sich im Gegensatz zu Strom aus Windturbinen weitaus effizienter und kostengünstiger speichern. So trivial dieser Vorteil im ersten Moment auch erscheinen mag, beschreibt er doch das Hauptproblem der meisten regenerativen Energiequellen: Was geschieht, wenn die Sonne nicht scheint oder der Wind nicht weht? Dieses Problem umgeht ein solarthermisches Kraftwerk durch die Integration von thermischen Speichern (z. B. Flüssigsalz- oder Betonspeichern) oder fossilen Zusatzfeuerungen (z. B. durch Erdgasverbrennung), so dass eine Stromversorgung nahezu rund um die Uhr gewährleistet werden kann, auch nachts oder bei Bewölkung.

---

1   Die Energiemengen in konzentrierten Sonnenstrahlen sind so groß, dass man bspw. auch in sogenannten Sonnenöfen in Sekundenschnelle problemlos große Löcher in zentimeterdicke Stahlplatten schmelzen kann (Quaschning, 2008, S. 163 ff.).

## 2.2. Märkte der solarthermischen Stromerzeugung

Die Wirtschaftlichkeit eines solarthermischen Kraftwerks hängt maßgeblich von den solaren Einstrahlungsbedingungen seines Standorts ab. Erst ab einer spezifischen Einstrahlung von 1800 Kilowattstunden (kWh) pro Quadratmeter (m$^2$) und Jahr (a) wird ein Kraftwerksstandort wirtschaftlich interessant (Quaschning, 2008, p. 163 ff.).[2] Als Faustregel gilt, dass diese Voraussetzungen zwischen dem nördlichen und südlichen 35. Breitengrad vorzufinden sind, was in etwa der Lage des afrikanischen Kontinents entspricht.[3] Grundsätzlich gilt, je höher die Sonneneinstrahlung, desto wirtschaftlicher lässt sich ein CSP-Kraftwerk betreiben. An Standorten im Süden Ägyptens mit Einstrahlungswerten von mehr als 3000 kWh/m$^2$a sind die Stromgestehungskosten deshalb nur halb so groß wie beispielsweise in Murcia (Spanien) mit 1850 kWh/m$^2$a (Fraunhofer Institut, 2004, p. 9). Optimale Voraussetzungen besitzen demnach neben der Sahara auch der Südwesten der USA, das südliche Afrika und Australien, um nur einige Regionen und Länder zu nennen. Letztlich findet man überall dort hervorragend geeignete Standorte, wo es Wüsten gibt, wie in Abbildung 1 zu sehen ist, und was die Idee des Großprojekts Desertec erklärt.

Hohe Einstrahlungswerte gibt es zwar in vielen Staaten, über eine funktionierende staatliche Förderung verfügen jedoch nur wenige. Letztere ist derzeit aber die zweite entscheidende Voraussetzung für den Bau von CSP-Kraftwerken, denn die Technologie ist (noch) nicht konkurrenzfähig. Die größten CSP-Märkte des nächsten Jahrzehnts befinden sich deshalb in Spanien, die eine Einspeisevergütung eingeführt haben, und den USA, die auf eine Quotenregelung mit Investitionsanreizen setzen.[4] Die USA werden Spanien Ende 2011 als Land mit der größten installierten solarthermischen Kapazität ablösen und

---

2 In Nord- und Mitteleuropa wird der erforderliche Grenzwert von 1800 kWh/m2a unterschritten, wodurch eine betriebswirtschaftlich profitable Nutzung der Solarthermie zur Stromerzeugung ausgeschlossen ist. In Deutschland wären beispielsweise mehr als dreimal so hohe Stromgestehungskosten wie in Ländern mit optimalen Bedingungen zu erwarten.

3 Eine Ausnahme bildet die Äquatorregion (Amazonasbecken und Zentralafrika), die aufgrund ihres humiden Klimas weniger direkte Sonneneinstrahlung erfahren.

4 Die gesetzlich garantierte Einspeisevergütung in Spanien beträgt derzeit mindestens € 27 Cent/kWh bei Stromgestehungskosten von knapp über € 20 Cent/kWh (Solar Millennium AG, 2010, S. 46). Im Rahmen der Renewable Portfolio Standards (RPS) legen die U.S.-Bundesstaaten einen Anteil der regenerativen Energien an der Stromerzeugung fest. Die RPS werden durch finanzielle Anreizprogramme in Form von Steuerfreibeträgen und Investitionssubventionen im Rahmen des Treasury Grant Program unterstützt (U.S. Treasury Department, 2011).

diese Position auch langfristig behalten. Die Middle East North Africa (MENA) Region wird bis 2015 nur eine untergeordnete Rolle spielen. Die übrigen Märkte werden unter „Rest of World" (RoW) zusammengefasst.

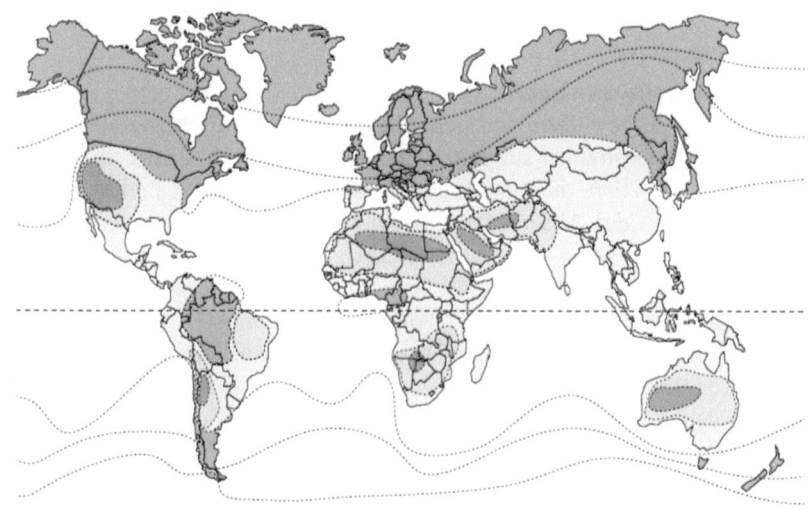

Eignung für solarthermische Kraftwerke:
■ hervorragend   gut   geeignet   ■ ungeeignet

*Abbildung 1: Standorteignung für solarthermische Kraftwerke, Quelle: Schott AG (2005)*

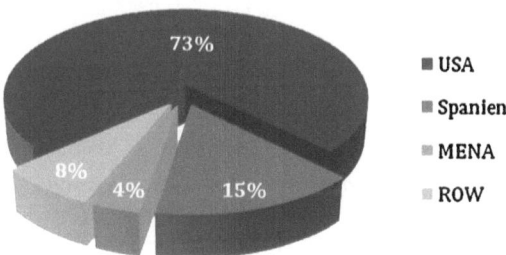

*Abbildung 2: Prozentuale, regionale Verteilung der solarthermischen Projekte, Stand: Anfang 2010, eigene Darstellung mit Daten aus Photon (2009), SEIA (2010), SolarPACES (2010)*

## 2.3. Solarthermische Kraftwerkstypen

Auf dem Markt der konzentrierenden solarthermischen Kraftwerke stehen heutzutage vier verschiedene Technologien zur Verfügung: die Parabolrinnen-, Linear-Fresnel-, Solarturm-, und Dish-Stirling-Kraftwerke.[5]

*Parabolrinne*

Parabolrinnenkraftwerke bestehen im Wesentlichen aus vielen parallel angeordneten Reihen von gewölbten Spiegeln, die in Nord-Süd Richtung ausgerichtet sind. Fallen Sonnenstrahlen auf diese Parabolrinnenspiegel, werden sie auf eine einzige Linie reflektiert, die sogenannte Brenn- oder Fokallinie. In dieser Brennlinie befindet sich das Absorberrohr, das durch die konzentrierte Einstrahlung erhitzt wird. Es gibt seine Wärme an ein durchströmendes Wärmeträgermedium ab, welches dadurch auf bis zu 40 °C erwärmt und danach zu einem zentralen Kraftwerkskomplex gepumpt wird (Solar Millennium AG, 2010, p. 54). In Wärmetauschern wird Wasserdampf erzeugt, der dann eine Turbine antreibt. Um die Konzentration aufrecht zu erhalten, werden die Solarkollektoren entsprechend dem Sonnenverlauf von Ost nach West nachgeführt.

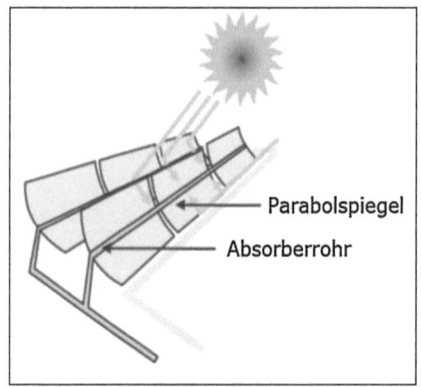

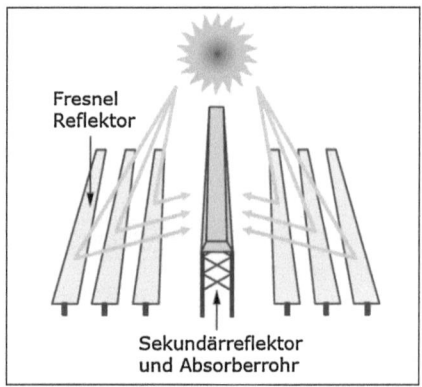

*Abbildung 3: Solarfeld eines Parabolrinnenkraftwerks, Quelle: IEA (2010)*

*Abbildung 4: Solarfeld eines Linear-Fresnel Kraftwerks, Quelle: IEA (2010)*

---

5 Aufwindkraftwerke zählen prinzipiell auch zu den solarthermischen Kraftwerken. Sie werden in dieser Ausarbeitung aufgrund ihres Prototypenstatus jedoch nicht näher betrachtet.

*Linear-Fresnel*

Eine den Parabolspiegeln sehr ähnliche Technologie stellen sogenannte Fresnel-Kollektoren dar. Im solarthermischen Kraftwerksbau wird das Prinzip der Fresnellinse[6] angewendet, indem viele lange Spiegel parallel aufgereiht der orm einer Parabolrinne angenähert werden. Sie können einzeln um ihre Längsachse gedreht werden, sodass sie das Sonnenlicht auf ein Absorberrohr (Receiver) konzentrieren. Über dem Receiver ist ein Sekundärreflektor angeordnet, der das von unten einfallende Licht auf den darunterliegenden Receiver fokussiert.

*Solarturm*

Ein Solarturmkraftwerk besteht aus vielen hundert oder noch mehr drehbaren Spiegeln, sogenannte Heliostate, die um einen zentral positionierten Turm angeordnet sind. Sie reflektieren das Sonnenlicht auf den an der Spitze des Turms angebrachten Receiver. Die Heliostate sind so konstruiert, dass sie die Sonnenstrahlen millimetergenau auf den Brennpunkt an der Turmspitze lenken können. Der Receiver absorbiert die Solarenergie und wird auf 1000 °C bis 1200 °C erhitzt (Quaschning, 2008, p. 170 ff.). Die entstehende Wärme wird an ein Wärmeträgermedium – bspw. Wasser, Luft oder flüssiges Salz – übertragen, welches den Receiver durchströmt. Der Wärmeträger kann nun im weiteren Ablauf genutzt werden, um je nach Kraftwerksbauweise eine Gas- und/oder Dampfturbine anzutreiben

*Dish-Stirling*

Ein Dish-Stirling Kraftwerk besteht aus drei wesentlichen Bauteilen: dem Paraboloidspiegel, der die Form einer Schüssel (engl.: dish) besitzt, dem Stirling-Motor und dem Generator. Der Hohlspiegel konzentriert das Licht auf einen einzigen Brennpunkt, den Receiver (Vanek & Albright, 2008, p. 289). Wichtig ist, dass der Spiegel dem Sonnenverlauf sehr genau zweiachsig nachgeführt wird. Der Receiver gibt die Wärme an das entscheidende Bauteil dieses Prozesses weiter: den Stirling-Motor. Dieser transformiert die Wärme in eine Rotationsbewegung, um einen Generator zur Stromerzeugung anzutreiben.[7]

---

6 Ursprünglich wurde die Fresnel-Linse für Leuchttürme entwickelt um Gewicht und Volumen großer konvexer Bündellinsen zu reduzieren. Die Linse wird hierzu in ringförmige Bereiche aufgeteilt, in denen die Dicke stufenförmig verringert wird. Für die Bündelung des Lichts ist die Dicke der Linse unerheblich, weil nur an der Oberfläche das Licht gebrochen wird. Deshalb behält die Fresnel-Linse ihre optischen Eigenschaften bei (Watter, 2009, S. 236).

7 Der Stirling-Motor ist eine Wärmekraftmaschine, in der ein Arbeitsmedium (Luft, Helium oder Wasserstoff) zwischen einer heißen und einer kalten Kammer verschoben wird.

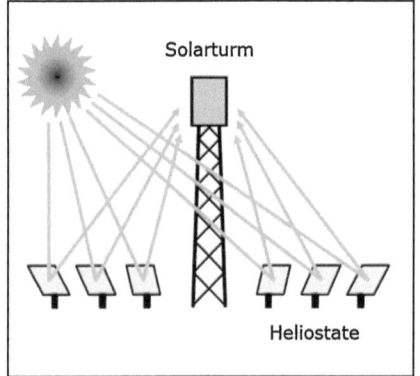
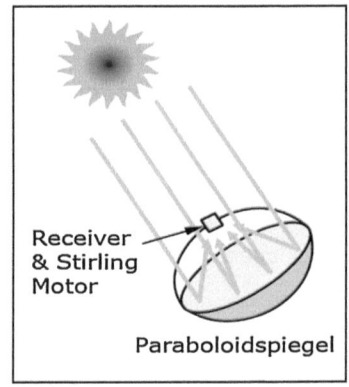

*Abbildung 5: Solarturm mit Heliostaten, Quelle: IEA (2010)*

*Abbildung 6: Dish-Stirling Kraftwerk, Quelle: IEA (2010)*

## 2.4. Technologieanalyse

In der solarthermischen Stromerzeugung hat sich noch keine Technologie endgültig durchgesetzt. Zwei der vier soeben vorgestellten Konzepte haben sich jedoch bereits einen Vorsprung erkämpft, indem sie den Sprung in den kommerziellen Betrieb geschafft haben: die Parabolrinne und der Solarturm. Von diesen beiden wiederum kann nur die Parabolrinnentechnik bereits auf langjährige (positive) Betriebserfahrungen verweisen. Bereits Anfang der 1980er Jahre gingen in Kalifornien die ersten kommerziellen Parabolrinnenkraftwerke, die *Solar Electricity Generating Systems* (SEGS), ans Netz. Als Folge etablierte sich die Parabolrinne als die vorherrschende Technologie mit einem Anteil von derzeit knapp 97% an der Gesamtleistung der weltweit installierten CSP-Kraftwerke.[8] Der Grund dieser „Marktführerschaft" liegt u. a. in dem - verglichen mit dem Solarturmkonzept - relativ einfachen Aufbau und der leicht zu beherrschenden Nachführung der Parabolspiegel. Demgegenüber wurde erst 2006 in der Nähe von Sevilla das erste kommerzielle Turmkraftwerk mit einer Leistung von 11 MW in Betrieb genommen (Quaschning, 2008, p. 170 ff.).

---

Durch Wärmezufuhr im heißen Arbeitsraum und Wärmeabfuhr im kalten Arbeitsraum wird es abwechselnd expandiert und komprimiert, wodurch wahlweise ein oder zwei Kolben bewegt werden. Ein Regenerator trennt beide Kammern und dient als Luftvorwärmer.

8  Die weltweit installierte Leistung von Solarkraftwerken beträgt derzeit etwa 1 GW. Davon sind zwei kommerzielle Solarturmkraftwerke in Spanien in Betrieb mit etwa 30 MW Leistung (SolarPaces, 2010).

In Zukunft werden sich die Marktanteile zugunsten der weniger etablierten Technologien verschieben. Mittels der derzeitigen Projekt-Pipeline lässt sich für das Jahr 2015 prognostizieren, dass die Parabolrinnentechnologie „nur noch" in 55% der installierten solarthermischen Leistung verwendet wird. Solartürme werden an zweiter Stelle liegend auf einen Marktanteil von 28% kommen. Dish-Stirling Kraftwerke spielen mit 12% nur eine untergeordnete Rolle und Kraftwerke auf Basis des Fresnel-Konzepts werden mit 1% nur einen Nischenmarkt bilden.

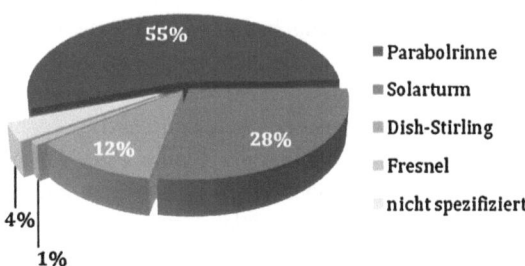

*Abbildung 7: Marktanteile der Technologien im Jahr 2015 auf installierter Leistung basierend, eigene Darstellung mit Daten aus Photon (2009), SEIA (2010), SolarPACES (2010)*

Während der Erfolg von Dish-Stirling einzig und allein von der Realisierung von Skaleneffekten abhängt (das Potential von technischen Weiterentwicklungen wird als gering erachtet), entscheiden bei der Parabolrinne und dem Solarturm mehrere Faktoren über Erfolg oder Misserfolg. Im Folgenden soll ein kurzer Überblick über Stärken und Schwächen der beiden Technologien gegeben und Potentiale und Gefahren erörtert werden. Eine Zusammenfassung gibt Tabelle 1.

### 2.4.1. Stärken und Schwächen

Die Parabolrinne ist eine ausgereifte, verlässliche und verfügbare Technologie. Sie kann langjährige Betriebserfahrung im kommerziellen Betrieb vorweisen, und es gibt viele Unternehmen, die das Knowhow und die Erfahrung besitzen, ein Parabolrinnenkraftwerk zu bauen. Aus diesen Gründen ist sie grundsätzlich bankenfähig („bankable"), d. h. über Kredite finanzierbar, was einen entscheidenden Vorteil gegenüber anderen CSP Technologien darstellt. Gegen die Parabolrinne sprechen jedoch die relativ geringen Wirkungsgrade, die nur etwa

15% betragen (IEA, 2010, p. 31).[9] Daraus resultiert u. a. ein hoher spezifischer Wasserbedarf für die Kühlung des Dampfprozesses, wodurch die Betriebskosten steigen.

Der Solarturm kann bereits heute durch seine Punktkonzentration sehr viel höhere Temperaturen erreichen als die Parabolrinne, wodurch der Anlagenwirkungsgrad auf über 20% steigt. Dieser Vorteil spiegelt sich jedoch nicht in den Stromgestehungskosten wider, da die Komponentenpreise, insbesondere der Heliostate, noch sehr hoch sind. Eine direkte Folge des höheren Wirkungsgrades ist, dass die Kühlung des Kreisprozesses etwa ein Drittel weniger Wasser erfordert als bei der Parabolrinne (IEA, 2010, p. 17). Diese Eigenschaft lässt den Solarturm insbesondere in Gebieten mit Wasserknappheit vorteilhaft erscheinen, also beispielsweise in ariden Wüstengebieten wie der Sahara. Prinzipiell ist zwar auch eine Trockenkühlung denkbar, sie zieht jedoch massive Wirkungsgradeinbußen nach sich – bei der Parabolrinne mehr als beim Solarturm. Entscheidender Nachteil des Solarturms ist, dass es noch keine ausgereifte Technologie ist. Ohne Betriebserfahrungen werden Banken das Risiko einer Finanzierungsbeteiligung, wenn überhaupt, nur mit hohen Risikoaufschlägen eingehen. Der Solarturm muss sich die Bankenfähigkeit in vielen Betriebsstunden durch zuverlässige Stromabgabe noch erarbeiten.

### 2.4.2. Potentiale

Für den Erfolg, d. h. die Wettbewerbsfähigkeit, erneuerbarer Energien spielt der Wirkungsgrad nur eine untergeordnete Rolle, viel entscheidender ist, zu welchen Kosten Strom produziert werden kann.[10] Da sowohl Parabolrinnen- als auch So-

---

9 Moderne Braun- und Steinkohleblöcke erreichen einen zwei bis drei Mal so hohen Wirkungsgrad ($\eta > 45\%$). Diese Diskrepanz erklärt sich primär durch die geringeren Arbeitstemperaturen, die in einem CSP-Kraftwerk herrschen, jedoch kann sie nicht entscheidend für die Bewertung einer erneuerbaren Energietechnologie sein. Der Grund dafür ist, dass der Wirkungsgrad sich aus dem Verhältnis zwischen Output (Generatorleistung) und Input (Sonneneinstrahlung) berechnet und der Input unbegrenzt und kostenlos zur Verfügung steht. Anders ist dies bei fossilen Energien, deren oberstes Ziel es sein muss, soviel Energie wie möglich aus einer Einheit Steinkohle oder Erdgas zu gewinnen. Folglich stellt das Ziel einer erneuerbaren Technologie nicht notwendigerweise das Erreichen eines höheren Wirkungsgrades dar. Es geht vielmehr darum, Strom günstiger zu produzieren als auf fossiler Basis. Das primäre Bewertungskriterium sollte demzufolge die Höhe der spezifischen Kosten gemessen in Geldeinheiten pro produzierter Strommenge (€/kWh) sein.

10 Folgendes Beispiel verdeutlicht das Gesagte: Man nehme an, es gibt eine erneuerbare Technologie, die Strom viel günstiger produzieren kann als jedes konventionelle Kraftwerk. Es gibt keine Beschränkungen hinsichtlich Land- oder Wasserbedarf oder ähnli-

larturmkraftwerke noch drei bis vier Mal so hohe Stromgestehungskosten wie konventionelle Kraftwerke haben, nämlich etwa 15 – 20 €Cent/kWh, sind substantielle Kostenreduzierungen notwendig, um Wettbewerbsfähigkeit zu erreichen. Das Kostensenkungspotential liegt fast ausschließlich in einer Reduzierung der spezifischen Investitionskosten, weil die Betriebskosten aufgrund des „kostenlosen" Brennstoffs Sonne vernachlässigbar gering sind. Dieses Potential wird einerseits durch technischen Fortschritt und andererseits durch Skaleneffekte einer Massenproduktion gehoben. Dem Solarturm werden in diesem Zusammenhang größere Kostenreduktionen als der Parabolrinne zugetraut. Die International Energy Agency geht davon aus, dass beim Solarturm in den nächsten 20 Jahren eine Reduktion der Investitionskosten um 40 – 75% möglich ist (IEA, 2010, p. 27 ff.). Bei der Parabolrinne wird im gleichen Zeitraum nur eine Reduktion um 30 – 40% erwartet.

Bei der Parabolrinne werden kleinere Kostenreduktionen vor allem durch den Einsatz von breiteren Kollektoren und dem Wechsel von effizienten, aber sehr teuren silberbeschichteten Glasspiegeln auf gewölbte Aluminiumbleche mit aufgeklebter Silberfolie realisiert (IEA, 2010, p. 31). Größere Kostenreduktionen erwartet man u. a. durch den Ersatz des teuren Thermoöls durch andere Wärmeträger, z. B. Wasser. Die Direktverdampfung von Wasser in den Absorberrohren ermöglicht nicht nur höhere Wirkungsgrade durch höhere Prozesstemperaturen (bis zu 550 °C), sondern macht teure Wärmetauscher auch überflüssig. Diese Technologie soll bereits 2015 serienreif sein, würde aber die Entwicklung neuer Wärmespeicher erfordern.

Im Falle des Solarturms wird technologischer Fortschritt vor allem bei den Receivern erwartet, wodurch die Arbeitstemperaturen und der Wirkungsgrad von Solartürmen nochmals steigen werden. Man verspricht sich weiterhin viel von der Einführung von Flüssigsalz als Wärmeträger, wodurch die Wärmespeicherung vereinfacht und damit die Verfügbarkeit erhöht wird. Langfristig, d. h. nach 2020, sollen überkritische Dampfprozessparameter und der Brayton-Kreisprozess[11] den Wirkungsgrad auf bis zu 35% steigern (IEA, 2010, p. 32).

---

    chem. Niemanden würde es dann interessieren, ob diese Technologie einen Wirkungsgrad von 1% oder 50% hat.

11  Thermodynamischer Kreisprozess zur Energiegewinnung in Gasturbinen (auch Joule-Prozess genannt). Die von der Sonne erhitzte Luft wird in der Gasturbine entspannt, wodurch sich diese dreht und neben dem Generator auch den Verdichter über eine Welle antreibt. Zur Wirkungsgradsteigerung werden die heißen Abgase der Turbine genutzt, um einen Dampfprozess anzutreiben.

## 2.4.3. Technologische Risiken

Forscher setzen große Hoffnungen auf Flüssigsalz als Wärmeträgermedium der Zukunft in Solartürmen. Bereits heute wird es in thermischen Speichern von Parabolrinnenkraftwerken verwendet. Ein besonderes Funktionsrisiko besteht in diesem Zusammenhang, weil die tatsächliche Leistungsfähigkeit und Funktionstüchtigkeit der Flüssigsalztechnologie noch nie im praktischen Langzeitbetrieb getestet wurde.[12] Lange Stillstandzeiten könnten das Salz erstarren lassen, welches dann wieder aufgebrochen und aufgeschmolzen werden müsste. Dies würde neben den Reparaturkosten mehrmonatige Standzeiten des Speichers nach sich ziehen. Substantielle Zusatzinvestitionen und Mindereinnahmen beim Stromverkauf wären die Folge (Solar Millennium AG, 2009, p. 26).

Die Direktverdampfung – der nächste Entwicklungsschritt bei Parabolrinnenkraftwerken – beansprucht Absorberrohre und die beweglichen Verbindungsstücke stärker als zuvor. Sie müssen nun Temperaturen von bis zu 550 °C und Drücken von 120 bar standhalten. Die thermischen Werkstoffbeanspruchungen sind bei Solartürmen jedoch noch größer. Receiver und Rohre müssen Temperaturen von 800 °C – 1200 °C widerstehen. Durch Temperaturschwankungen (z. B. wenn Wolken den Solarturm kurzfristig verschatten) entstehen Spannungen, welche zu einer frühzeitigen Materialermüdung führen können. Das entscheidende Element aber auch Nadelöhr der solarthermischen Kraftwerksentwicklung ist folglich die Material- und Werkstofferforschung.

Viele Technologieanbieter verfügen über kleine Demonstrationsanlagen mit nicht mehr als 5 MW Leistung, um ihre Funktionstüchtigkeit zu beweisen. Auch nach einer positiven Demonstration gelingt es jedoch nur den wenigsten Anbietern, den nächsten Schritt zu gehen und ein kommerzielles Kraftwerk im großen Maßstab zu bauen. Die Herausforderung liegt in der Skalierung der Kraftwerke in den Megawatt- oder sogar Gigawattbereich. Dieses Risiko abzuschätzen, ist sehr schwer und wird von vielen Investoren gemieden, wodurch die Finanzierung eines großen Pilotkraftwerks in den meisten Fällen kaum ist. Amerikanische Forscher haben deshalb für diesen kritischen Skalierungsschritt den Begriff des ‚Valley of Death' geprägt (Ghosh & Nanda 2010). Meistens können neue Kraftwerkstechnologien nur kommerzialisiert werden, wenn ein etabliertes und finanzkräftiges Unternehmen als Partner agiert. Die amerikanische eSolar, ein Start-up mit einem besonderen Konzept der Anordnung und Nachführung von Heliostate, ist seit knapp zwei Jahren auf der Suche nach Investoren. Obwohl ihr Demokraftwerk, der 5 MW Sierra SunTower im Süden Kaliforniens, nach Aussagen des Unternehmens wie geplant in das Stromnetz einspeist, lässt die Skalie-

---

12  Die SEGS-Kraftwerke in Kalifornien verfügen über keine thermischen Speicher.

rung aufgrund fehlender finanzieller Mittel auf sich warten. Im Gegensatz dazu konnte Abengoa, ein spanischer Mischkonzern und Weltmarktführer im solarthermischen Kraftwerksbau, bereits zwei Solarturkraftwerke mit 11 MW bzw. 20 MW errichten.

### 2.4.4. Zusammenfassung

Investoren, die in die solarthermische Stromerzeugung investieren möchten, stellen sich zwangsläufig die Frage, welche Technologie die überlegene Investitionsalternative ist. Beide Technologien, Parabolrinne und Solarturm, haben im Normalbetrieb ähnliche Stromgestehungskosten. Aufgrund des fehlenden klaren Kostenvorteils lässt sich die Höhe der erwarteten Rendite nicht durch die Wahl der einen oder anderen Technologie ableiten. Bei gleicher erwarteter Rendite weist die Parabolrinne jedoch eine vorteilhaftere Risikostruktur auf, vor allem aufgrund langjähriger Betriebserfahrungen. Finanzinvestoren, die keine strategischen Ziele (z. B. die Weiterentwicklung der Solarturmtechnologie) verfolgen, werden heutzutage ihr Kapital deshalb eher in Parabolrinnenkraftwerken anlegen.

Doch die spezifischen Investitionskosten und damit der Stromgestehungskosten sinken kontinuierlich und schnell. Wenn den Prognosen vertraut werden darf, wird der Solarturm nach 2020 der Parabolrinne bei den Kosten überlegen sein. Eine Verschiebung des Kapitals in die kosteneffizientere, renditesteigernde Technologie wird spätestens dann erfolgen. Außerdem besteht bei schnell evolvierenden Technologien die Gefahr, dass ein solarthermisches Kraftwerk bei seiner Fertigstellung bereits technisch überholt ist und aufgrund fallender Strompreise nicht mehr die versprochene Rendite generieren kann. Dieses Dilemma lässt sich nur mit langfristigen Stromabnahmeverträgen lösen, wodurch der Cashflow gegen technischen Fortschritt und allgemeine Marktrisiken gesichert wird. In Tabelle 1 sind die Ergebnisse der SWOT-Analyse zusammengefasst.

Das Funktionsrisiko und die technischen Herausforderungen beim Up-Scaling der Anlage in größere Leistungsbereiche sind nur einige unter vielen Risiken, mit denen Kapitalgeber konfrontiert werden. Eine logische Schlussfolgerung ist, dass eine wirkliche Cashflow-orientierte Projektfinanzierung im solarthermischen Kraftwerksbau noch nicht akzeptiert wurde. Banken bestehen selbst bei Parabolrinnenkraftwerken noch immer auf ein volles Rückgriffsrecht (Full-Recourse) auf die Projektinitiatoren. Es ist jedoch davon auszugehen, dass die Bereitschaft der Banken zur Limited-Recourse Finanzierung mit der Anzahl der erfolgreich projektierten Kraftwerke steigt. Im Folgenden wird skizziert, wie eine solche Projektfinanzierung aussehen kann und welche speziellen Risiken eines solarthermischen Kraftwerks beachtet werden müssen.

*Tabelle 1: SWOT Analyse der Parabolrinnen- und Solarturmtechnologie nach technischen und wirtschaftlichen Aspekten (Quellen: IEA (2010), Quaschning (2008) und Solar Millennium AG (2010))*

|  | Parabolrinne | Solarturm |
|---|---|---|
| **Strengths** | • Ausgereifte, verfügbare Technologie<br>• Langjährige Betriebserfahrungen<br>• Bankenfähig (Full Recourse) | • Hoher Wirkungsgrad (20 - 35%)<br>• Geringerer Land- und Wasserbedarf |
| **Weaknesses** | • Geringer Wirkungsgrad (15 - 20%)<br>• Großer Wasser- und Landbedarf | • Teure Komponenten (Heliostate)<br>• Keine langjährigen Betriebserfahrungen<br>• Eingeschränkte Bankenfähigkeit |
| **Opportunities** | • Kosteneinsparungen durch<br>  o Günstigere Parabolspiegel und Nachführsysteme<br>  o Direktverdampfung<br>  o Skaleneffekte bei Komponenten des Solarfeldes | • Kosteneinsparungen durch<br>  o Neue Receiverbauarten<br>  o Flüssigsalz und Luft als Wärmeträger<br>  o Überkritische Dampfparameter und Brayton Prozess<br>  o Skaleneffekte insbesondere bei den Heliostaten |
| **Threats** | • Funktionsrisiko<br>  o Erstarren des Flüssigsalzspeichers<br>  o Materialbeanspruchungen bei Direktverdampfung<br>• Skalierung > 100MW | • Funktionsrisiken<br>  o Unreife Technologie<br>  o Flüssigsalz als Wärmeträger<br>  o Hohe Werkstoffbeanspruchung<br>• Skalierung > 50 MW |
| **Kosten** | € 15 – 20 Cent/kWh ||
| **Potential** | Moderat | Sehr groß |

# 3. Projektfinanzierung von solarthermischen Kraftwerken

Die Projektfinanzierung wird als „Finanzierung einer sich selbst tragenden Wirtschaftseinheit definiert, bei der sich die Kreditgeber vornehmlich auf den Cashflow und die Aktiva des Projektes als Sicherheit für die Rückzahlung des Fremdkapitals verlassen" (Tytko, 1999, p. 8). Aus dieser Definition lassen sich zwei Eigenschaften der Projektfinanzierung ableiten: Die Gründung einer rechtlich selbstständigen Projektgesellschaft, eine *Single Purpose Company* (SPC), deren einziges bzw. übergeordnetes Ziel die Realisierung eines bestimmten Projektes ist, und die ertragsorientierte Kreditvergabeentscheidung, die, anders als bei der Unternehmensfinanzierung, nicht auf der Bonität beteiligter Unternehmen aufbaut, sondern auf Basis der Projektwirtschaftlichkeit, also den erwarteten zukünftigen Cashflows, erfolgt. Neben der *Cashflow-Orientierung* und der davor angedeuteten *Off-Balance-Finanzierung* (Gründung einer SPC) zeichnet sich die Projektfinanzierung noch durch ein weiteres Charakteristikum aus: die *Risikoallokation* (Böttcher, 2009, p. 21 ff.). Diese drei Hauptmerkmale einer Projektfinanzierung werden im Folgenden näher betrachtet.

## 3.1. Merkmale der Projektfinanzierung

Der Cashflow steht im Mittelpunkt der Wirtschaftlichkeitsanalyse jedes Projektes. Er kann als Zahlungsstrom interpretiert werden, der sich für ein Kraftwerk aus der Differenz der Stromerlöse abzüglich der für Betrieb, Steuern, Kapitaldienst etc. erforderlichen Auszahlungen ergibt. Die Höhe des Cashflows ist u. a. ein Indiz für die Fähigkeit des Projekts, seinen Schuldendienst gegenüber Banken zu begleichen und den Eigenkapitalgebern eine angemessene Rendite zu sichern. Während Fremdkapitalgebern die rechtzeitigen Zins- und Tilgungsleistungen wichtig sind, steht für Investoren die Leistungskennzahl *Return on Investment* (ROI) im Vordergrund (Tytko, 1999, p. 9 ff.).[13] Sowohl Fremd- als auch Eigenkapitalgeber orientieren sich deswegen an den prognostizierten Cashflows, die das zu finanzierende Projekt in der Zukunft abwerfen wird. Der Cashflow stellt somit die Grundlage für die Kapitalbeschaffung eines Projektes dar, weshalb die Projektfinanzierung häufig auch als Cashflow-Finanzierung bezeichnet wird (Weber, Alfen, & Maser, Projektfinanzierung und PPP, 2006, p. 26).

Die *Risikoallokation* ist der zweite Baustein in der Projektfinanzierung. Die zugrundeliegende Idee besteht darin, Risiken auf jene Projektbeteiligte (Lieferanten, Anlagenbauer, Projektgesellschaft etc.) zu verteilen, die diese am besten kontrollieren und steuern können. Das Ziel dieses sogenannten *Risk-Sharings* besteht in der Schaffung einer tragfähigen Risikostruktur, in der alle identifizierten Risiken vorab optimal, d. h. nach ihrer Beherrschbarkeit, verteilt werden (Backhaus & Werthschulte, 2003, p. 16 ff.). Die Risikoverteilung erfolgt mithilfe von Risikoinstrumenten, zumeist Verträge, in denen Projektbeteiligte freiwillig oder gegen Kompensation Risiken übernehmen. So übernimmt der Anlagenbauer meist das Risiko einer verspäteten Fertigstellung und Komponentenlieferanten tragen das Funktionsrisiko im Rahmen von Produktgarantien. Das Risk-Sharing erfüllt zwei zentrale Aufgaben bei der Projektfinanzierung: Die Über-

---

13 Der Return on Investment berechnet sich aus: ROI = Freier Cashflow / Gesamtkapital.

nahme von Risiken setzt einerseits nötige Anreize, damit jeder Risikoträger ein gewisses Sorgfaltsniveau einhält und das Projekt erfolgreich abschließt. Andererseits bietet die tragfähige Risikostruktur aus Bankensicht eine akzeptable Alternative zu üblicherweise geforderten Kreditsicherheiten, die es aufgrund der geringen Verwertbarkeit der Projektaktiva kaum gibt (Böttcher, 2009, p. 21 ff.). Im Falle des Eintritts einer oder mehrerer Risiken ist mindestens ein Unternehmen vertraglich verpflichtet, für die daraus resultierende Schadenssumme zu haften, womit die Fortführung des Schuldendienstes gewährleistet ist. Kommen Banken während ihrer Projektanalyse zu dem Ergebnis, dass die Risikoverteilung inakzeptabel ist, kann dies zum Scheitern des gesamten Projektes führen, weshalb die Risikoallokation auch als wichtigstes Merkmal der Projektfinanzierung gilt (Tytko, 1999, p. 10 ff.).

Durch die Gründung der Projektgesellschaft ergibt sich für die Initiatoren ein großer Vorteil. Die Projektgesellschaft tritt den Banken als eine rechtlich selbstständige Wirtschaftseinheit gegenüber. Deshalb nimmt sie nach erfolgreicher Projektkreditierung die Fremdmittel in ihre Bilanz auf, wodurch die Bilanzen der Initiatoren nicht belastet werden und ihre Verschuldungsfähigkeit nicht sinkt (Tytko, 1999, p. 18 ff.). Bedingung für diese sogenannte *Off-Balance-Finanzierung* ist, dass die Unternehmen nicht über eine Mehrheitsbeteiligung ($\geq 50$ Prozent) an der Projektgesellschaft verfügen, die ansonsten bilanzwirksam wäre.[14] Bei solarthermischen Projekten ist die Höhe des Investitionsvorhabens oft erheblich, so dass sie leicht die Belastbarkeit eines einzelnen Unternehmens übersteigt und deshalb nur im Rahmen einer Projektfinanzierung realisiert werden kann (Weber, Alfen, & Maser, Projektfinanzierung und PPP, 2006, p. 28).

Es stellt sich noch die Frage nach der Haftung der Eigentümer einer Projektgesellschaft. Diese beschränkt sich nur selten auf die Kapitaleinlage der Gesellschafter (*Non-Recourse*). Solarthermische Kraftwerksprojekte werden von Fremdkapitalgebern als risikoreich eingestuft. Deshalb wird bisher auf die Durchführung einer *Full-Recourse-Finanzierung* bestanden. Diese sieht wie die Unternehmensfinanzierung ein umfassendes Rückgriffsrecht vor, weshalb sie letztlich nicht als Haftungsvariante der Projektfinanzierung angesehen werden kann (Tytko, 1999, p. 13 ff.). Die offenkundigen Vorteile einer Projektfinanzierung können somit nicht ausgeschöpft werden. In Zukunft wird das prioritäre Ziel der Projektentwickler und -initiatoren sein, die Fremdkapitalgeber von der

---

14  Eine gründliche Kreditwürdigkeitsprüfung der Bank würde die tatsächlich Belastungen des Unternehmens darstellen und deshalb sicherlich auch die Verpflichtungen aus Minderheitsbeteiligungen an Projektgesellschaften untersuchen. Die Aussage, dass die Verschuldungsfähigkeit durch eine Off-Balance Finanzierung nicht sinkt, wird dementsprechend eingeschränkt.

Anwendung einer sogenannten *Limited-Recourse-Finanzierung* zu überzeugen. Diese beinhaltet zwar auch ein Rückgriffsrecht der Gläubiger, jedoch mit betragsmäßigen und vor allem zeitlichen Restriktionen (Weber, Alfen, & Maser, Projektfinanzierung und PPP, 2006, p. 27). Die zeitliche Begrenzung der Haftung ist in der zeitlichen Veränderung der Risikostruktur eines Projektes begründet. Insbesondere während der Errichtung des solarthermischen Kraftwerks besteht die Gefahr, dass die Gläubiger sämtliche Kredite verlieren, falls es nie in Betrieb ginge. Für diesen Fall werden zusätzliche Regressansprüche vereinbart, die offensichtlich nach der Fertigstellung obsolet werden.

## 3.2. Risikoidentifizierung

Unter dem Begriff Risiko wird hier die Unsicherheit über den prognostizierten Cashflows aus dem Projekt verstanden. Eine Systematisierung der Risiken erfolgt nach dem Konzept der Beherrschbarkeit, d. h. es wird nach endogenen und exogenen Risiken unterschieden. Endogene Risiken (u. a. Fertigstellungs-, Funktions- und Betriebsrisiken) sind von der Projektgesellschaft und den Projektbeteiligten direkt kontrollierbar. Exogene Risiken hingegen (z. B. höhere Gewalt, Zinsänderungs- und Wechselkursrisiken) sind Risiken, die das Projekt von außen und ohne Kontrolle der Projektbeteiligten beeinflussen und nur mit zusätzlichen Kosten, beispielsweise auf Versicherungen, übertragen werden können.

Im Folgenden werden die spezifischen Risiken der Projektierung eines CSP-Kraftwerks aufgeführt. Eine Darstellung allgemeiner Risiken, wie sie bei jedem Projekt vorkommen können, geschieht hier nur rudimentär.

### 3.2.1. Projektendogene Risiken

Zu den projektendogenen Risiken werden das Funktions-, Fertigstellungs-, Betriebs-, Management- und Marktrisiko gezählt (Böttcher, 2009, p. 88 ff.).

Das *Funktionsrisiko* (auch technisches Risiko) beschreibt die Gefahr, dass die verwendete Technologie die in sie gesetzten Erwartungen nicht erfüllt und die geplante Stromerzeugung nicht oder nur zu höheren Kosten erreicht werden kann (Tytko, 1999, p. 147). Insbesondere bei der Verwendung neuer und unerprobter Technologien ist das Funktionsrisiko besonders hoch und lässt sich aufgrund fehlender Referenzprojekte schlecht abschätzen. Deshalb gilt, dass die (Limited-Recourse) Projektfinanzierung nur bei bewährten Technologien anwendbar ist (Böttcher, 2009, p. 82).

Im Folgenden wird die Funktionsfähigkeit von solarthermischen Kraftwerken näher untersucht, die nichts anderes als die Zuverlässigkeit und einen hohen Reifegrad der Hauptkomponenten des *Solarfeldes* und des *Kraftwerkblockes* fordern. Fokussiert werden wiederum nur die Parabolrinnen- und Solarturmtechnik, weil sie derzeit als einzige kommerzielle Anwendung finden.

Als zuverlässig und ausgereift gelten die Dampfturbine, der Kondensator und die Kraftwerkstechnik des Kraftwerkblocks, weil sie seit Jahrzehnten in konventionellen Kraftwerken zum Einsatz kommen und währenddessen kontinuierlich verbessert wurden. Außerdem werden heutzutage moderne Kohlekraftwerke für überkritische Frischdampfparameter von über 300 bar Druck und 600 °C ausgelegt. Im Kraftwerkskomplex solarthermischer Kraftwerke sind die Beanspruchungen von Bauteilen und Werkstoffen sehr viel geringer, weil gerade einmal 150 bar und knapp 400 °C erreicht werden. Folglich besteht für die Technik des konventionellen Kraftwerkteils ausreichend Wissen und Erfahrung, wodurch das Funktionsrisiko hier vernachlässigbar klein ist.

Zu einem kritischeren Ergebnis kommt man bei den Komponenten des Solarfelds, also den Kollektoren, Absorbern und der Nachführtechnik. Die Parabolrinnentechnologie zählt dabei zur etablierten Variante. Insbesondere das Thermoölverfahren ist als bewährte Technologie einzustufen, weil für sie langjährige Betriebserfahrungen vorliegen. Problematischer ist der Einsatz von Flüssigsalztanks als thermische Speicher, wie sie beispielsweise in Spanien verlangt werden. Langjährige Erfahrungswerte liegen hierbei noch nicht vor.[15] Das Risiko besteht vor allem darin, dass ein Erstarren des Flüssigsalzes sehr hohe Kosten verursacht, die den Projekterfolg gefährden würden.

Die Solarturmtechnologie muss noch den Beweis der Zuverlässigkeit und der langjährigen Funktionstüchtigkeit erbringen. Das Funktionsrisiko wird hier dementsprechend noch als sehr hoch eingestuft. Zurzeit basieren viele Solarturmkonzepte noch auf der Direktverdampfung von Wasser. In der Zukunft wird die Einführung von Flüssigsalz als Wärmeträgermedium erwartet. Falls das Salz jemals erstarren sollte, wären noch größere Schäden als bei der Parabolrinne zu erwarten, weil sämtlich Rohre und vielleicht auch der Receiver ausgetauscht werden müssten. Hier müssen geeignete Sicherheitskonzepte entworfen werden, um dieses Risiko zu verringern.

Ein Due Diligence-Report[16] oder ein unabhängiges Gutachten über die Projekttechnik sind geeignete Instrumente, um das Funktionsrisiko zu minimieren. Darin wird auch die Fähigkeit der Hersteller, ihren Verpflichtungen und Ge-

---

15 Die kalifornischen SEGS Kraftwerke basieren auf dem Thermoölverfahren und sind seit 1984 in Betrieb. Sie verfügen jedoch nicht über ein thermisches Speichersystem.

16 Ein „Due Diligence Report" ist im Finanzwesen ein Bericht, der Stärken, Schwächen und Risiken einer Akquisition oder eines Börsenganges offenlegt (Due Diligence = engl. gebotene Sorgfalt). Hier beschreibt er eine sorgfältige Prüfung der gekauften Kraftwerkskomponenten.

währleistungen langfristig nachzukommen, bewertet. Eine gute Bonität und Vertragstreue der Lieferanten sind in diesem Zusammenhang positive Indikatoren. Diesbezüglich sollte der Projektgesellschaft ein Mitspracherecht bei der Sublieferantenauswahl gegenüber dem Generalunternehmer eingeräumt werden (DLR, 2004, p. 3).

Das *Fertigstellungsrisiko* umfasst alle Risiken, die mit einer vertraglichen Nicht- oder Schlechtleistung hinsichtlich des Anlagenbaus einhergehen. Dazu zählt neben zeitlichen Verzögerungen und höheren Baukosten auch die nicht vertragsgerechte oder unvollständige Errichtung des solarthermischen Kraftwerks. Als Beispiel sei hier ein geringerer Wirkungsgrad oder ein verspäteter Netzanschluss angeführt, die entweder verminderte oder verspätete Stromerlöse nach sich ziehen.

Potentiellen finanziellen Einbußen muss mit einer rechtlichen Ausgestaltung von Nachfinanzierungsvereinbarungen begegnet werden (Tytko, 1999, p. 148). Im Falle des Fertigstellungsrisikos haben sich zwei Konzepte durchgesetzt: die *Pool-of-Funds*-Vereinbarung und die *Fertigstellungsgarantie*. Das Konzept des Pool-of-Funds beschreibt eine begrenzte Nachfinanzierungspflicht der Sponsoren gegenüber den Kreditgebern, falls es zu Kostenüberschreitungen kommt. Ein solcher Reservefonds stellt von vornherein Kapital für einen möglichen zusätzlichen Finanzierungsbedarf zur Verfügung (Reuter & Wecker, 1999, p. 63). Bei dem anderen Konzept, der Fertigstellungsgarantie, handelt es sich weniger um die Verpflichtung einer vollständigen Durchführung der Projektierung, sondern vielmehr um die Zusage der Sponsoren, solange für den Schuldendienst einzustehen, bis das Projekt betriebsbereit ist.

Im Großanlagenbau hat es sich bewährt, einen Generalunternehmer zu engagieren, der das Fertigstellungsrisiko durch Garantiezusagen weitestgehend übernimmt (Schulte-Althoff, 1992, p. 123). Es bietet sich an, dafür ein Unternehmen mit viel Erfahrung und einer ausreichend großen Bilanzsumme zu gewinnen, welches infolge eines Projektmisserfolgs keine Insolvenz zu fürchten hätte. Mit dem Generalunternehmer wird ein Anlagenvertrag, ein sogenannter EPC-Vertrag (Engineering, Procurement, Construction), abgeschlossen, wodurch die Haftung für die Überschreitung von Kosten- und Zeitplänen auf ihn übergeht. Voraussetzung ist, dass eine eindeutige und präzise Definition der zahlungsauslösenden Ereignisse hinsichtlich des Baufortschritts mit genauem Zeitplan besteht (DLR, 2004, p. 3 ff.). Neben der Risikodiversifikation entsteht mit der Berufung eines Generalunternehmers bzw. EPC-Contractors ein weiterer Mehrwert, weil dieser Schnittstellen und Koordinationsprobleme beim Kraftwerksbau besser lösen kann (Böttcher, 2009, p. 76).

Das *Betriebsrisiko* umfasst alle Risiken, die mit Fehlern im Betrieb oder der Wartung und Instandhaltung des solarthermischen Kraftwerks einhergehen. Beispiele für Betriebsrisiken sind Transportprobleme oder mangelnde Qualifikation des Bedienungspersonals (Tytko, 1999, p. 146 ff.). Der Betreiber ist u. a. für die Aufrechterhaltung der technischen Leistungsfähigkeit der Anlage, die infolge von Verschleiß abnimmt, über die gesamte Nutzungsdauer verantwortlich. Aufgrund der langen Nutzungsdauer eines Kraftwerks kann das Betriebsrisiko einen großen Einfluss auf die Wirtschaftlichkeit des Projekts haben.

Kreditgeber reagieren sensibel auf Betriebsstörungen, da nach der Fertigstellung das Ausfallrisiko bei ihnen liegt und jede außerplanmäßige Unterbrechung den erwarteten Cashflow reduziert. Der Sponsor minimiert dieses Risiko, indem er der Forderung nach einem Betreiber, der über Fachwissen und Erfahrung im Kraftwerksbetrieb verfügt, nachkommt (Böttcher, 2009, p. 79 ff.). Regelmäßig werden Betriebsunterbrechungsversicherungen abgeschlossen, mittels derer das Risiko eines außerplanmäßigen Kraftwerksstillstands auf Versicherungsgesellschaften abgewälzt wird (Tytko, 1999, p. 146 ff.).

Bei solarthermischen Kraftwerken ist das Betriebsrisiko als moderat einzuschätzen, da die Prozesse eines solarthermischen Kraftwerks computergesteuert und in Echtzeit überwacht werden. Die Nachführung der Spiegel erfolgt beispielsweise vollautomatisch. Die Aufgaben des Betreibers beschränken sich daher meist auf die Wartung und Instandhaltung, um Betriebsstörungen und Verschleiß zu vermeiden. Generell gilt, dass die Spiegel den höchsten Verschleiß aufweisen, weil Sand und Wind die Spiegeloberflächen erodieren, sodass die Reflektionsfähigkeit und damit der Wirkungsgrad abnehmen. Es wird daher erforderlich sein, neben der regelmäßigen Reinigung der Spiegeloberflächen, einen gewissen Prozentsatz der Spiegel jährlich auszutauschen. Die Wartung und Instandhaltung der restlichen Anlage, also von Leitungen, Turbine und Generator, ist mit der von konventionellen Kraftwerken vergleichbar, wofür langjährige Betriebserfahrung zur Verfügung steht.

Das Management selbst kann ebenfalls ein Risiko für den Projekterfolg darstellen. So können Schäden infolge von Führungsfehlern in allen projektbeteiligten Unternehmen und Projektphasen entstehen, weil Manager nicht ausreichend qualifiziert sind oder konträre Anreize verfolgen. Zur Reduzierung des *Managementrisikos* können Managementverträge oder die sorgfältige Auswahl der beauftragten Gesellschaft beitragen (Tytko, 1999, p. 149 ff.). Ideal wäre es, wenn Managementaufgaben allein von Sponsoren und nicht von Dritten übernommen werden, weil die Absicht, eine ausreichend hohe Rendite zu erzielen, einen hohen Anreiz darstellen würde, sorgfältig zu wirtschaften.

Das *Marktrisiko* beschreibt die Gefahr von Mindererlösen, die aus nicht vorhergesehenen Preisänderungen resultieren. Dabei ist das Risiko in der vorgelagerten Lieferkette als unkritisch zu bewerten. Zum einen steht CSP-Kraftwerken der „Brennstoff" Sonne kostenlos und in unbegrenzten Mengen zur

Verfügung.[17] Zum anderen können die Rohstoffe, die für den Bau eines solarthermischen Kraftwerks benötigt werden, als relativ preisstabil angesehen werden. Es besteht nämlich hauptsächlich aus Beton, Glas und Stahl – Baustoffe, deren Preise zwar konjunkturabhängig sind, die aber in nahezu unbegrenzten Mengen zur Verfügung stehen. Produktionskapazitäten für Spiegel, Receiver und Flüssigsalz müssen allerdings der Nachfrage entsprechend ausgebaut werden (IEA, 2010, p. 27).

Anders verhält es sich auf der Kundenseite des Kraftwerks. Müsste solarthermisch erzeugter Strom ohne jegliche staatliche Förderung zu Marktpreisen verkauft werden, würde der generierte Cashflow nicht einmal für die Deckung des Schuldendienstes ausreichen, was einen Projektabbruch und die Liquidation der Projektaktiva zur Folge hätte. Eine mögliche Lösung besteht im Abschluss von Stromabnahmeverträgen, welche langfristig und unwiderruflich regeln, welche Menge zu welchem Preis verkauft wird. Im betriebswirtschaftlich optimalen Fall kann das Marktrisiko als Ganzes auf einen Projektbeteiligten oder Dritten, meistens ein Energieversorgungsunternehmen, abgewälzt werden. Durch staatliche Regulierungssysteme und die vorrangige Einspeisung von regenerativem Strom wird den Stromabnehmern jedoch ein Großteil des Marktrisikos wieder abgenommen.[18]

### 3.2.2. Projektexogene Risiken

Zu den projektexogenen Risiken gehören das Ressourcen-, Länder-, Wechselkurs-, Zinsänderungs- und Force-Majeure-Risiko (Böttcher, 2009, p. 109 ff.).

Das *Ressourcenrisiko* reduziert sich bei solarthermischen Kraftwerken auf die Abweichungen von der Prognose der zukünftigen Sonneneinstrahlung am Projektstandort, weil die für die Stromproduktion maßgebliche Ressource kostenlos zur Verfügung steht. Deswegen stehen bei der Risikoanalyse besonders die zu erwartenden Energieerträge im Mittelpunkt der Untersuchung. Dafür werden Ertragsprognosen von mindestens zwei unabhängigen Gutachtern er-

---

17  Die Unsicherheit über die zukünftige Sonneneinstrahlung am Kraftwerksstandort wird unter dem Ressourcenrisiko weiter unten behandelt.

18  Im Bereich erneuerbarer Energien ist grundsätzlich zwischen zwei Regulierungssystemen zu unterscheiden (Böttcher, 2009, S. 171 ff.): die Mengenregulierung (Quota-Based System) und die Preisregulierung (Feed-in Tariff). Bei einer Mengenregulierung gibt der Staat vor, wie hoch die Quote regenerativer Energien am Gesamtenergieverbrauch sein soll. Im Preisregulierungssystem garantiert der Staat hingegen eine feste Einspeisevergütung. Um solarthermische Kraftwerke in Europa zu fördern, wurden in den letzten Jahren Mindestpreissysteme implementiert, weil Mengenregulierungen aufgrund der derzeit hohen spezifischen Stromgestehungskosten bei Solarenergie nicht funktioniert hätten.

stellt. Ziel ist, die Direkt-Normale-Sonneneinstrahlung (DNI) des Standorts über einen längeren Zeitraum sehr genau zu ermitteln (Böttcher, 2009, p. 159).

Das Ertragsgutachten stellt ein zentrales Element der Risikoanalyse dar und ist der erste Schritt zur Qualitätssicherung eines Projektes. Dabei geht es nicht nur um die Erfassung der Strahlungsdaten und die Berechnung des Stromoutputs über den Anlagenwirkungsgrad. Vielmehr gilt es, das Projekt auf mögliche Verschattungen durch Bäume, Unebenheiten im Gelände und Hochspannungsleitungen hin zu überprüfen. Wenn professionelle Planungsunterlagen vorliegen, kann dies auf Basis von Lageplänen und Fotos geschehen. Bei unzureichenden Informationen darf auf eine Ortsbesichtigung jedoch nicht verzichtet werden.

Die DNI-Prognose unterliegt zwei Arten von Unsicherheiten: zum einen die Prognoseunsicherheit der Gutachter und zum anderen die Unsicherheit über das natürliche Strahlungsangebot am Standort. Für die Gewinnung einer soliden Datenbasis sollten meteorologische Messwerte eines Zeitraums von mindestens 10 bis 15 Jahren zugrunde gelegt werden. Selbst bei einer so langen Messperiode muss mit Prognoseabweichungen von 4% gerechnet werden (Böttcher, 2009, p. 160). Zu den Ursachen dieser Abweichungen zählen neben der Qualität der Messdaten auch regionale Gegebenheiten und die Umrechnung der Einstrahlung auf eine geneigte Fläche.

Das *Länderrisiko* beschreibt die politischen und wirtschaftlichen Risiken, die sich in Abhängigkeit vom Zielland einer Investition ergeben. Unter Länderrisiken versteht man Unsicherheiten aufgrund hoheitlichen Handelns. Dazu gehören insbesondere Regierungswechsel, aber auch direkte und gezielte staatliche Sanktionen wie Verzögerungen im Genehmigungsverfahren, Gesetzesänderungen, Konzessionsentzug, Verstaatlichung und Enteignung (Tytko, 1999, p. 152 ff.). Als Beurteilungskriterium des Länderrisikos gelten Länderratings, z. B. von Euler Hermes, als besonders hilfreich.

Das politische Risiko kann in Entwicklungs- und Schwellenländern durch Einbindung von multilateralen Institutionen (wie der Weltbank), durch Abschluss von Exportkreditgarantien oder durch Versicherung von Direktinvestitionen reduziert werden (Voigt, 1989, p. 25 ff.). Die Einbindung eines multilateralen Finanzinstituts bietet dem Projekt aufgrund ihrer politischen Bedeutung Schutz gegen schädliche und politisch motivierte Interventionen. Im Rahmen der Exportförderung (in Deutschland z. B. durch Euler Hermes) lässt sich durch Exportkreditgarantien ein Großteil der wirtschaftlichen aber auch politischen Risiken diversifizieren. Zusätzlich können noch Direktinvestitionsversicherungen speziell gegen politische Risiken im Ausland abgeschlossen werden.

Ein *Wechselkursrisiko* besteht dann, wenn die Währung des zu leistenden Schuldendienstes nicht der Währung der Projekterlöse entspricht. Das Risiko ist dann besonders groß, wenn Projekte in „Weichwährungsländern" international finanziert werden (Weber, Alfen, & Maser, Projektfinanzierung und PPP, 2006, p. 111). Bei Kraftwerksprojekten im Ausland werden deshalb häufig die Strompreise innerhalb einer Bandbreite an die Kursentwicklung einer Hartwährung gekoppelt oder die Projekterlöse in Hartwährung zurückgeführt. Daneben können die Projektinitiatoren mit den Fremdkapitalgebern Kurssicherungsgeschäfte abschließen, wodurch das Wechselkursrisiko auf diese übergeht (Tytko, 1999, p. 149 ff.). Ein weiteres Risikoinstrument zur Minimierung des Währungsrisiko stellen Devisenderivate wie Swaps[19], Devisentermin- und Devisenoptionsgeschäfte dar (Böttcher, 2009, p. 105 ff.).

Das *Zinsänderungsrisiko* beschreibt die Möglichkeit, dass im Laufe der Nutzungsdauer die Kapitalkosten infolge einer Zinserhöhung steigen. Dabei gilt, je höher die Kapitalintensität, desto stärker wirken sich Zinsänderungen auf den Cashflow aus. Solarthermische Kraftwerksprojekte gehören zu den kapitalintensiven Vorhaben und reagieren deswegen in ihrer privatwirtschaftlichen Rentabilität besonders sensibel auf Zinssatzveränderungen (Böttcher, 2009, p. 173 ff.).

Zur Reduzierung oder gar Vermeidung des Zinsänderungsrisikos gibt es zwei prinzipielle Risikoinstrumente. Einerseits kann die Höhe des Zinssatzes für einen bestimmten Zeitraum mit Kreditinstituten verhandelt werden oder aber andererseits über Zinsderivate, sogenannte Hedging-Instrumente, am Kapitalmarkt abgesichert werden. Im Bereich der Projektfinanzierung zählen Zinsswaps und Zinscaps[20] zu den am häufigsten verwendeten Zinssicherungsprodukten (Tytko, 1999, p. 149 ff.). Da aber die Lebensdauer eines Solarkraftwerks typischerweise deutlich die maximale Zinsbindungsdauer von Krediten (ca. 15 Jahre) übersteigt, verbleibt ein nicht abgesichertes Restrisiko.

Unter das *Force-Majeure-Risiko* fallen all die Risiken, die infolge höherer Gewalt auf das Projekt einwirken und von den Projektbeteiligten nicht beeinflussbar sind, wie Krieg, Terrorismus, Feuer, Erdbeben aber auch Streiks (Weber, Alfen, & Maser, Projektfinanzierung und PPP, 2006, p. 113). Das Eintreten dieser Ereignisse zieht nicht selten den Totalverlust der Investition nach sich, weshalb während der Risikoanalyse dem Force-Majeure-Risiko ein großer Stellenwert beigemessen wird. Force-Majeure-Risiken können in begrenztem

---

19  In diesem Zusammenhang wird unter Swap der Tausch zweier Verbindlichkeiten/Forderungen unterschiedlicher Währungen verstanden. Ein deutscher Exporteur kann beispielsweise eine Dollar-Forderung gegen eine Euro-Forderung tauschen, um dem Währungsrisiko zu entgehen.

20  Der Zinsswap beschreibt beispielsweise den Tausch eines variablen mit einem festen Zinssatz. Unter einem Zinscap wird eine Zinsobergrenze bei einem variablen Darlehen verstanden. Der Kreditnehmer sichert sich so gegen steigende bzw. zu hohe Zinsen ab und zahlt dafür einen Aufschlag.

Maße auch alloziert werden. So lassen sich Terrorismus- und Sabotageakte durch ein geeignetes Sicherheitssystem unterbinden oder von Überflutung und Erdbeben gefährdete Gebiete meiden (Böttcher, 2009, p. 111 ff.). Teilweise lassen sich diese Risiken auch versichern.

### 3.2.3. Risikoallokation

Kein einziger Projektbeteiligter besitzt die Kontrolle über sämtliche Risiken. Stattdessen sind Aufgabenfelder und Risiken, die diesen entspringen, über viele Unternehmen verteilt. Dabei kann jeder Projektbeteiligter aufgrund seines Geschäftsfelds einige Risiken besser beurteilen und kontrollieren als andere. Ein Hersteller kann beispielsweise durch ein geeignetes Qualitätsmanagement dafür sorgen, dass seine Komponenten auch langfristig funktionieren, während ein Lieferant Einfluss auf die rechtzeitige und schadensfreie Lieferung hat. Dem Risikomanagement obliegt es nun, eine effiziente Risikoallokation durchzuführen und, dem Grundsatz der Kontrollfähigkeit entsprechend, die Risiken mittels geeigneter Risikoinstrumente auf die Risikoträger zu verteilen. Tabelle 2 gibt einen Überblick, wie eine solche Risikoallokation aussehen kann.

*Tabelle 2: Die Risikoallokation bei solarthermischen Kraftwerksprojekten (In Anlehnung an Böttcher (2009), Tytko (1999) und Weber, Alfen, & Maser (2006))*

| | Risikoart | Risikoträger | Risikoinstrument |
|---|---|---|---|
| **ENDOGEN** | Funktionsrisiko | Hersteller, Betreiber und Projektgesellschaft | Due Diligence Reports, Gutachten, Referenzprojekte, Herstellergarantien und Wartungsverträge |
| | Fertigstellungsrisiko | Generalunternehmer | Gutachten, Pool-of-Funds oder Fertigstellungsgarantie |
| | Betriebsrisiko | Betreiber | Einbindung der Projektsponsoren, Betriebsführungsvertrag, Versicherung gegen Betriebsunterbrechungen |
| | Managementrisiko | Projektgesellschaft | Managementverträge, Einbindung der Projektsponsoren |
| | Marktrisiko | Stromabnehmer | Abnahmeverträge: Take-or-Pay |
| **EXOGEN** | Ressourcenrisiko | Projektgesellschaft | Machbarkeitsstudie |
| | Länderrisiko | Staat, Projektgesellschaft, Sponsoren, Banken, Multilaterale Institutionen, Exportkreditagenturen, Versicherer | Länderratings, Einbindung multilateraler Finanzinstitute, Exportkreditgarantie, Direktinvestitionsversicherung |
| | Wechselkursrisiko | Projektgesellschaft, Sponsoren und Kreditgeber, Finanzinstitute | Zahlung der Projekterlöse in Hartwährung, Kurssicherungsklauseln, Devisenderivate: Optionen, Futures, Swaps |
| | Zinsänderungsrisiko | Projektgesellschaft, Sponsoren und Kreditgeber, Finanzinstitute | Feste Zinskonditionen, Zinsderivate: Swaps und Caps |
| | Force-Majeure-Risiko | Staat, Projektgesellschaft und Versicherer | Versicherungen |

## 3.3. Financial Engineering

Die Aufgabe des Financial Engineerings ist die Erstellung eines strukturierten Finanzierungskonzepts, um ein solch komplexes Projekt, wie es ein CSP-Kraftwerk darstellt, finanzieren zu können. Es muss dabei den Wünschen und Anforderungen der Kapitalgeber und Kreditnehmer nachkommen und somit maßgeschneiderte Lösungen anbieten.

## 3.3.1. Cashflow Berechnung und Risikoquantifizierung

Die wichtigste Voraussetzung für eine erfolgreiche Projektierung ist neben der technischen Machbarkeit der Nachweis einer grundsätzlichen Finanzierbarkeit. Investoren und Kreditgeber werden nur Kapital zur Verfügung stellen, wenn das Projekt einzelwirtschaftlich attraktiv ist und somit einen positiven Nettobarwert (Net Present Value; NPV) generiert. Dieser berechnet sich mittels der Diskontierung der zukünftigen Ein- und Auszahlungsströme, den *Cashflows*. In der Praxis wird häufig der *Weighted- Average-Cost-of-Capital*-Ansatz (WACC) zur Bestimmung des Kalkulationszinssatzes $r$ verwendet.[21]

$$NPV = \sum_{t=0}^{T} \frac{CF_t}{(1+r)^t}$$

Auf Basis von Cashflow-Prognosen wird versucht, die Zahlungsströme eines Projektes über seine gesamte Lebensdauer vorherzusagen (Tytko, 1999, p. 130 ff.). Grundlage dieser Prognosen sind alle relevanten, das Projekt beeinflussenden Parameter wie Investitionsausgaben, Umsatzerlöse, Betriebskosten aber auch Erwartungen über Inflations-, Zins- und Wechselkursentwicklungen. Bei Projekten wird der Cashflow zumeist auf Basis der Gewinn- und Verlustrechnung (GuV) indirekt berechnet. Es gibt jedoch auch die Möglichkeit, den Cashflow direkt anhand von Ein- und Auszahlungen zu ermitteln. Zur Übersicht sind beide Methoden in Tabelle 3 angegeben.

Der *Free Cashflow* ist der Zahlungsstrom, der nach der Deckung des Schuldendienstes den Eigenkapitalgebern zur Verfügung steht. Die Höhe der erwarteten Eigenkapitalverzinsung kann ein Investor vorab mithilfe eines Cashflow-Plans überprüfen. Hierbei findet der interne Zinsfuß (Internal Rate of Return = IRR) Anwendung, der beschreibt, ab welchem Zinssatz $\rho$ der Kapitalwert der Ein- und Auszahlungsströme nach Schuldendienst, des *Free Cashflows* (FCF), negativ wird.

$$\sum_{t=0}^{T} \frac{FCF_t}{(1+\rho)^t} = 0$$

NPV und IRR können jedoch keine Aussage über die geforderte Fremdmittelverzinsung und die Finanzierungsstruktur machen, welche maßgeblich von der Risikobewertung und -quantifizierung des Fremdkapitalgebers abhängen. Eine detaillierte Quantifizierung der Projektrisiken ist jedoch sehr zeit- und kos-

---

21 WACC sind die gewichteten durchschnittlichen Kapitalkosten eines Projektes, die sich aus dem gewichteten Mittelwert der Eigenkapital- und Fremdkapitalkosten berechnen.

tenintensiv und steht deshalb häufig nicht im Verhältnis zum Erkenntnisgewinn. Deshalb wird in solchen Fällen ein anderer Weg gewählt. Anstatt der genauen Ermittlung des Projektrisikos wird „nur" analysiert, wie robust ein Projekt gegenüber dem Eintritt von Risiken ist. Es geht den Fremdkapitalgebern dabei um die Beantwortung Frage: Wie sicher ist es, dass der Projekt-Cashflow auch bei Projektschwierigkeiten ausreicht, um Zins- und Tilgungsleistungen nachzukommen?

*Tabelle 3: Cashflow-Berechnungsmethoden (In Anlehnung an Weber, Alfen, & Maser (2006))*

| Direkt | | Indirekt | |
|---|---|---|---|
| | Bruttoerlöse (Output · Strompreis) | | Jahresergebnis (aus GuV-Rechnung) |
| ./. | Betriebskosten | +/− | Zinsergebnis |
| + | sonstige Einzahlungen | + | Abschreibungen |
| ./. | Sonstige Auszahlungen | +/− | Δ Working Capital |
| = | EBITDA | +/− | Δ sonstige Vermögenswerte |
| ./. | Steuern | +/− | Δ sonstige Verbindlichkeiten |
| = | Operativer Cashflow | | |
| +/− | Investitionen / Liquidationserlöse | | |
| = | Cashflow vor Schuldendienst | | |
| ./. | Zinsen | | |
| ./. | Tilgung | | |
| = | Free Cashflow | | |

Eine regelmäßig benutzte Kennziffer stellt in diesem Zusammenhang der *Schuldendienstdeckungsgrad* (Debt Service Cover Ratio = DSCR) dar. Er beschreibt die jährliche Über- bzw. Unterdeckung des Schuldendienstes durch den erwarteten Cashflow. Die prognostizierten Projekterlöse bzw. Cashflows vor Schuldendienst werden für die Berechnung ins Verhältnis zum Schuldendienst gesetzt (Tytko, 1999, p. 155).

$$ADSCR_t = \frac{\text{CF vor Schuldendienst}_t}{\text{Schuldendienst}_t}$$

In obiger Formel steht ADSCR für Annual Debt Service Cover Ratio. Der Schuldendienstdeckungsgrad wird folglich auf Jahresbasis berechnet. Die Gläubiger gehen davon aus, dass eine ausreichende Projektliquidität vorliegt, wenn der jährliche Cashflow immer über den Zins- und Tilgungszahlungen liegt. Prinzipiell gilt, je höher die Überdeckung, desto robuster ist das Projekt gegen alle Eventualitäten gewappnet (Böttcher, 2009, p. 119 ff.). Bei konventionellen Kraftwerksprojekten werden bspw. ADSCR-Werte von 1,15 bis 1,60 als Überdeckung zur Absicherung gegen Cashflow-Schwankungen gefordert. Beim solarthermischen Kraftwerksprojekten Andasol 3 beträgt die jährliche Überdeckung sogar mindestens 70% (Rüther, 2010, p. 80 ff.).

Eine rein statische Betrachtung des ADSCR reicht den Fremdkapitalgebern in der Regel nicht aus. Sie fordern eine Sensitivitätsanalyse des Projekt-Cashflows gegenüber negativen Einflüssen. Ziel der Sensitivitätsanalyse ist es, kritische Cashflow-Determinanten zu finden und über deren Variation innerhalb plausibler Grenzen Einblicke in die Projektrisikostruktur zu erhalten. Sie beschränkt sich meistens auf drei Szenarien, wobei das Standardszenario der Projektgesellschaft die Ausgangsbasis darstellt, der sogenannte Base- oder Sponsor-Case (Weber, Alfen, & Maser, Projektfinanzierung und PPP, 2006, p. 169). Auf seiner Basis werden einige für den Projekterfolg essentielle Parameter variiert. Für ein solarthermisches Kraftwerk wäre aufgrund der hohen Kapitalintensität bspw. der Anstieg des Zinsniveaus ein kritischer Parameter. Mittels dieser Parametervariation werden zwei weitere Szenarien durchgespielt, das Best-Case- und das Worst-Case-Szenario. Insbesondere die Ergebnisse des Worst-Case sind für Gläubiger von großem Interesse, weil dabei die für die Cashflow-Determinanten ungünstigsten Situationen eintreten (Tytko, 1999, p. 160). Wenn das Projekt selbst in diesem Szenario in der Lage ist, einen Cashflow zu generieren, der den Schuldendienst übersteigt, werden die Gläubiger einer Projektumsetzung positiv gegenüberstehen.

Sollte dennoch im Projektverlauf der Fall eintreten, dass der operative Cashflow nicht ausreicht, um für die Verbindlichkeiten aufzukommen, dann tritt ein sogenanntes Schuldendienstreservekonto auf den Plan. Es ist finanziell so ausgestattet, dass es im Fall von Projektschwierigkeiten den Schuldendienst für ein halbes Jahr alleine bestreiten kann. Neben der Schuldendienstreserve können noch weitere Maßnahmen ergriffen werden, die die Stabilisierung des Cashflows zum Ziel haben. Diese werden im Rahmen von Kreditbedingungen, sogenannten *Covenants*, vorab vertraglich festgehalten. Die Covenants sind Teil des Projekt-Monitorings und legen fest, welche Strategien zu verfolgen sind, falls es zu unerwarteten Abweichungen vom Planzustand kommt. Als Kontrollkennziffer gelten vor allem die Deckungsgradquoten (Cover Ratios), die während des Projektbetriebs laufend aktualisiert werden. Im Fall einer Deckungsgradunterschreitung wird z. B. zusätzliche Liquidität durch die Belastung des Schuldendienstreservekontos bereitgestellt. Weitere Maßnahmen im Rahmen der Covenants stellen Ausschüttungsbeschränkungen und die Festlegung einer Betriebsmittellinie dar, die ebenfalls bei der Kreditvergabe definiert wird.

### 3.3.2. Finanzierungsstruktur und Finanzierungsinstrumente

Ist ein Projekt als finanzierbar bewertet worden und der Umfang des Finanzierungsvolumens bekannt, folgt die Erarbeitung einer Finanzstruktur, die den Cashflow-Prognosen und den Charakteristika des jeweiligen Projektes entspricht. Für die Projektfinanzierung kommen dafür üblicherweise folgende Finanzierungsquellen in Betracht (Weber, Alfen, & Maser, Projektfinanzierung und PPP, 2006, p. 126 ff.).

1. Eigenkapital von Sponsoren oder Finanzinvestoren,
2. Eigenkapitalsurrogate,
3. Fremdkapital in Form klassischer Kredite unterschiedlicher Tranchen und Laufzeiten und
4. Anleihen sowie Fördermittel, insbesondere Instrumente der Exportfinanzierung.

Im Rahmen der Projektfinanzierung werden Projektgesellschaften neu gegründet und verfügen nicht über eine „natürlich gewachsene" Kapitalstruktur. Demnach lässt sich ohne historische Vorgaben eine optimale Eigenkapitalquote der Projektgesellschaft implementieren. Die Initiatoren und Sponsoren bzw. die *Eigenkapitalgeber* bestimmen ihr finanzielles Engagement durch die Höhe der Gesellschaftereinlage. Hohe Beteiligungsquoten spiegeln das Interesse an einer erfolgreichen Projektdurchführung wider und haben aufgrund des Haftungs- und Kreditwürdigkeitscharakters eine Signalwirkung auf Fremdkapitalgeber. Auf der anderen Seite bestimmt sie den Umfang finanzieller Konsequenzen im Fall eines Projektaustritts oder -abbruchs (Tytko, 1999, p. 86 ff.). In der Praxis wird die Wahl der Eigenkapitalquote maßgeblich von den Sicherheitsbedürfnissen der *Fremdkapitalgeber* beeinflusst. Kreditinstitute fordern derzeit eine Eigenkapitalquote von 20 – 30% bei solarthermischen Kraftwerksprojekten.[22] Aus Sicht der Eigenkapitalgeber wäre zwar ein höherer Verschuldungsgrad aufgrund des Leverage-Effekts erstrebenswert. Die Initiatoren werden sich jedoch den Forderungen der Banken beugen, weil sich ohne die Aufnahme von Fremdkapital kein solarthermisches Projekt finanzieren lässt. Für Investvolumen von derzeit

---

22 Die Parabolrinnenkraftwerke Andasol 3 und Ibersol weisen beispielsweise eine Eigenkapitalquote von 30% auf (Solar Millennium AG, 2009 u. 2010).

über € 300 Mio. für ein 50 MW CSP-Kraftwerk reicht die Kapitalbasis der meisten beteiligten Unternehmen nicht aus.

Obwohl die Eigenkapitalbasis zum großen Teil von den Projektinitiatoren bereitgestellt wird, ist es bei den meisten Projekten ausdrücklich erwünscht, dass sich auch Lieferanten, Abnehmer, Kreditinstitute und andere institutionelle und private Finanzinvestoren beteiligen. Durch Eigenkapitalanteile an der Projektgesellschaft von weniger als 50% entfällt die Konsolidierungspflicht, so dass die Bilanz entlastet wird. Weiterhin spielt insbesondere die Kapitalaufnahme durch einen Projektfonds eine zentrale Rolle. Dabei wird verstärkt auf die Aufnahme von Mezzanine-Kapital gesetzt. Bei den Projekten Andasol 3 und Ibersol wurden bspw. Genussrechte für 13% bzw. 17% der Investitionssumme angeboten (Solar Millennium AG, 2009 u. 2010). Mezzanine-Kapital als *Eigenkapitalsurrogat* stellt eine Mischform aus Eigen- und Fremdkapital dar. Dazu zählen neben Genussrechten auch Wandel- und Optionsanleihen. Viele Fremdkapitalgeber rechnen das Mezzanine-Kapital den eigenkapitalähnlichen Finanzmitteln zu, wodurch die Kreditkonditionen verbessert werden. Zu Projektbeginn, wenn der Projekt-Cashflow noch nicht seinen vollen Umfang erreicht hat und Zinsleistungen hoch sind, gibt es außerdem liquiditätsfördernde Finanzinstrumente. Dazu zählen u. a. Asset-Backed-Strukturen oder auch Sale-And-Lease-Back-Lösungen (Weber, Alfen, & Maser, Projektfinanzierung und PPP, 2006, p. 126 ff.).

Hat sich eine Bank oder ein Bankenkonsortium zur Finanzierung des Projekts entschlossen, ist es Aufgabe der federführenden Bank, die zur Verfügung stehenden Fremdfinanzierungsinstrumente zu einem tragfähigen Finanzierungskonzept zusammenzufügen. Dabei sind die Fremdkapitalquellen für solarthermische Vorhaben - wie bei anderen Projekten auch - nationale und internationale Geschäftsbanken, Spezialkreditinstitute und supranationale Finanzinstitutionen. *Term Loans* stellen dabei das hauptsächliche Finanzierungsmittel dar. Dies sind langfristige Darlehen mit Laufzeiten von bis zu 10 Jahren, die nach der Fertigstellung des solarthermischen Kraftwerks die kurzfristige Baufinanzierung ablösen und während der Betriebsphase durch den operativen Cashflow zurückgezahlt werden.

Darüber hinaus können sich Projekte um staatlich finanzierte *Fördermittel* bewerben. Dazu gehören vor allem günstige Kredite, die neben geringen Zinsen zumeist lange Laufzeiten bieten. Für Exportgeschäfte, wie es CSP-Projekte weitestgehend sind, kann auf Instrumente der Exportfinanzierung, wie bspw. Exportkreditversicherungen, zurückgegriffen werden.

### 3.3.3. Instrumente der Exportfinanzierung

Die Projektierung von solarthermischen Kraftwerken wird aufgrund der fehlenden inländischen Nachfrage immer ein Außenhandelsgeschäft darstellen. Aus diesem Grund nehmen Instrumente der Exportfinanzierung in der Projektfinanzierung von CSP-Kraftwerken einen großen Stellenwert ein. Bei der Exportfinanzeirung handelt es sich meistens um ein Instrument der reinen Fremdkapitalfinanzierung. Im Folgenden sollen die wichtigsten Instrumente der Exportfinanzierung, die sich auch prinzipiell auf die Projektfinanzierung von solarthermischen Kraftwerke anwenden lassen, kurz vorgestellt werden. Sie lassen sich in drei Kategorien unterteilen: 1) die deutsche Exportförderung vor allem durch die Kreditanstalt für Wiederaufbau (KfW), 2) die indirekte Exportförderung durch öffentliche und private Exportkreditversicherungen (z. B. Hermes-Deckung) und 3) die suprantionalen Förderprogramme durch die Weltbankgruppe.

Die deutschen Exportfinanzierungsprogramme wurden in der Vergangenheit gerne für Infrastrukturprojekte in Schwellen- und Entwicklungsländern in Anspruch genommen und gewährt (Tytko, 1999, p. 98 ff.). Dabei handelte es sich auch regelmäßig um Kraftwerksprojekte, womit eine prinzipielle Förderungswürdigkeit von solarthermischen Kraftwerksprojekten angenommen werden kann. Die besondere Attraktivität der staatlichen Darlehen liegt in den günstigen Festzinssätzen und den langfristigen Laufzeiten von 20 bis 30 Jahren (Weber, Alfen, & Maser, Projektfinanzierung und PPP, 2006, p. 149 ff.). Als Nachteile gelten die feste Zweckbindung, die fixen Tilgungspläne und die lange Bearbeitungsdauer der Kredite (Tytko, 1999, p. 101). Der Bund unterstützt, über die genannten Kapitalquellen hinaus, Direktinvestitionen im Ausland durch spezielle Exportförderungsmaßnahmen.[23]

Wie bereits in Abschnitt 3.2.2 angesprochen, besteht die Möglichkeit, politische und wirtschaftliche Länderrisiken über Exportkreditversicherungen abzusichern. Es handelt sich dabei um eine indirekte Exportförderung durch öffentliche und private Kreditversicherungen (engl. Export Credit Agencies), die Ausfuhrgeschäfte deutscher Unternehmen durch die Übernahme von Exportkreditgarantien und staatliche Bürgschaften unterstützen (Weber, Alfen, & Maser, Projektfinanzierung und PPP, 2006, p. 103). Als förderungswürdig gelten vor allem Projekte in Entwicklungsländern und solche, die von

---

23  Zu diesen zählen 1) Investitionsförderungs- und Schutzverträge, 2) Bundesgarantien für Direktinvestitionen im Ausland, 3) Bundesgarantien und -Bürgschaften für ungebundene Finanzkredite und 4) steuerliche Erleichterungen, z. B. durch ein Doppelbesteuerungsabkommen (BMWi. 2008, S. 27ff.).

besonderem staatlichem Interesse sind (Tytko, 1999, p. 68 ff.). Solarthermische Kraftwerksprojekte z. B. in Nordafrika können somit prinzipiell darauf vertrauen, diese indirekte Exportförderung in Anspruch nehmen zu dürfen. Durch die zusätzliche Risikodiversifikation kann ein besseres Projektrating erzielt werden, mit der Folge dass die Kapitalkosten sinken. Wie bei fast jeder staatlichen Förderung muss man jedoch auch bei Exportkreditgarantien mit einer langen Bearbeitungsdauer und wenig Flexibilität hinsichtlich der Zahlungsbedingungen rechnen (Backhaus & Werthschulte, 2003, p. 61 ff.).

Die supranationalen Institutionen, zu denen die Weltbank und die regionalen Entwicklungsbanken (z. B. die Afrikanische und Europäische Entwicklungsbank) zählen, fördern entsprechend ihrer entwicklungspolitischen Aufgaben bevorzugt Infrastrukturprojekte in Entwicklungs- und Schwellenländern (Tytko, 1999, p. 92 ff.). Zu den förderungswürdigen Projekten können auch solarthermische Krafwerke gezählt werden, weil sie aufgrund ihrer Strom- und ggf. Trinkwasserproduktion zur Verbesserung der Wirtschafts- und Lebensbedingungen beitragen. Falls ein solarthermisches Kraftwerksprojekt die Unterstützung der Weltbank erhält, hat dies in vielfacher Hinsicht Vorteile. Neben den günstigeren Finanzierungskonditionen hat eine Weltbankbeteiligung eine Signalwirkung auf andere Investoren, da sie prinzipiell nur technisch einwandfreie und wirtschaftliche Projekte unterstützt (Tytko, 1999, p. 92 ff.). Außerdem weisen Finanzierungen über regionale Entwicklungsbanken große Flexibilität gegenüber Tilgungsmodalitäten auf.

Die Exportfinanzierung hat im Bereich des exportierenden Großanlagenbaus einen nicht zu unterschätzenden Einfluss auf die Wirtschaftlichkeit und Durchführbarkeit von solarthermischen Kraftwerksprojekten. Neben der reinen Risikoabsicherung, kann durch sie ein besseres Projektrating und Risikoprofil erreicht werden. Möglicherweise kann sich der Initiator dadurch nicht nur am Kapitalmarkt zu besseren Konditionen mit Krediten versorgen, sondern auch die von Banken geforderte Eigenkapitalquote gesenkt und ein Leverage-Effekt ausgenutzt werden.

# 4. Zusammenfassung

Die solarthermische Stromerzeugung hat unter den erneuerbaren Energien das größte Potential. Sie ist bereits nicht nur zentraler Bestandteil jeder Klimaschutzstrategie, sondern ihr wird im Jahr 2050 sogar ein Anteil von 10% an der weltweiten Stromversorgung zugetraut. Die Parabolrinne ist die derzeit vorherrschende CSP-Technologie. Andere Konzepte weisen jedoch einen höheren Wirkungsgrad auf, so etwa das Solarturmkraftwerk, oder versprechen Vorteile durch geringere spezifische Investitionskosten, wie der Fresnelkollektor. Von diesen Technologien besitzt der Solarturm das größte Potential. Er wird seine Überlegenheit jedoch erst in vielen Betriebsstunden beweisen müssen. Insgesamt wird damit gerechnet, dass in spätestens 20 Jahren die solarthermische Stromerzeugung vollständig wettbewerbsfähig ist.

Die Projektfinanzierung steht vor der Herausforderung, der speziellen Risikostruktur eines solarthermischen Kraftwerks mit geeigneten Risiko- und Finanzinstrumenten Rechnung zu tragen. Ein Funktionsrisiko besteht beispielsweise darin, dass sich Solarturmkraftwerke und Flüssigsalzspeicher noch nicht über einen längeren Zeitraum bewährt haben. Des Weiteren unterliegen solarthermische Projekte einem politischen Länderrisiko, weil ihre Wirtschaftlichkeit substantiell von staatlichen Subventionen in Form von Einspeisevergütungen oder Investitionszuschüssen abhängt. Die Mehrzahl dieser Risiken kann im Rahmen der Risikoallokation durch geeignete Risikoinstrumente auf Projektbeteiligte verteilt oder gegen eine Gebühr auf Dritte abgewälzt werden.

Die Exportfinanzierung kann nicht nur ein besseres Projektrating erzielen, sondern ebenfalls zur Finanzierung eines solarthermischen Kraftwerks durch zinsgünstige Kredite beitragen. Der überwiegende Finanzierungsbedarf wird jedoch aus Eigen- und Fremdkapital von Sponsoren und privaten Finanzinstituten gedeckt. Für solarthermische Projekte wird eine Eigenkapitalquote von 20 bis 30% angestrebt. Dabei ist der Einsatz von Mezzanine-Kapital (z. B. Genussrechte) beliebt, weil dieses von Fremdkapitalgebern bei der Projektbewertung als eigenkapitaläquivalent angesehen wird. Das entscheidende Bewertungskriterium bei der Kreditvergabe ist jedoch die Einhaltung von Schuldendienstdeckungsgraden. Bei einem solarthermischen Projekt in Spanien, wie bspw. Andasol 3, wird eine 70 prozentige Überdeckung des Schuldendienstes durch den Cashflow gefordert.

Solarthermische Kraftwerke gehören zu den kapitalintensivsten Projekten der erneuerbaren Energien. Die spezifischen Investitionskosten sind teilweise zwei- bis dreimal so hoch wie von Windkraftanlagen. Aus diesem Grund werden bei der Realisierung von CSP-Kraftwerken innovative Finanzierungskonzepte und die Kapitalbeschaffung im Rahmen der Projektfinanzierung einen größeren Stellenwert einnehmen.

Insgesamt muss die Finanzierung solarthermischer Kraftwerke heute als kritisch bewertet werden. Trotz verschiedener staatlicher Hilfen, wie sie im Bereich der Exportförderung allgemein bekannt sind, gelten die Projekte als so riskant, dass Banken als Fremdkapitalgeber nur Mittel bereitstellen, wenn die Projektinitiatoren über ihren Eigenkapitalanteil hinaus signifikante Haftungsverpflichtungen eingehen. Nur kapitalstarke Unternehmen sind dazu in der Lage. Eine allgemeine Eintrübung der weltwirtschaftlichen Konjunktur und die Reduktion staatlicher Fördermaßnahmen für diese Projekte können die Zeit, die die Technologie zur Wettbewerbsfähigkeit benötigt, deutlich verlängern. Gerade in diesem Technologiefeld wird somit das grundsätzliche Problem sehr deutlich, dass durch den Fokus der Förderung auf Technologien, die relativ nah an der Wettbewerbsfähigkeit sind, aber ein limitiertes Potential haben, Fehlanreize entstehen. Das ‚Valley of Death' mit schwierigen Finanzierungsmöglichkeiten für potentiell sehr ertragreiche Technologien, die aber sehr riskant sind, zeigt sich hier sehr deutlich.

Dabei stehen Projekte im Bereich der erneuerbaren Energien aber nicht nur in Konkurrenz zu konventionellen Energieerzeugungsformen sondern auch untereinander. So vermeldete die Börsen-Zeitung am 12.08.2011 unter dem Titel ‚Solarunternehmen ächzen unter massivem Preisdruck' von einer schwachen Nachfrage und angebotsseitig großen Überkapazitäten im Bereich der Photovoltaik bei Solarzellen und -modulen, die Solarworld-Vorstand Frank Asbeck von zyklischen Übermengen und entsprechenden Preisuntertreibungen sprechen ließen (Gericke, 2011). Dieser Preisfall im Bereich der Photovoltaik hat das eigentlich auf Projekte im Bereich der Solarthermie spezialisierte Unternehmen Solar Millennium eine Woche später dazu gebracht, ihr US-Solarthermie-Vorzeigeprojekt Blythe von Parabolrinnen auf Solarmodule umzustellen (Godenrath, 2011). Zwar brach der Aktienkurs von Solar Millennium als Reaktion auf den Strategiebruch danach um 30% ein, doch das Beispiel unterstreicht nur noch einmal die Risiken, die ein Finanzgeber bei solarthermischen Energieprojekten bereit sein muss einzugehen und die Entfernung, die diese Technologie noch bis zur Wettbewerbsfähigkeit zurückzulegen hat.

# Literatur

Backhaus, K., & Werthschulte, H. (2003). Projektfinanzierung. 2. Aufl., Bd. 1. Stuttgart 2003.

(BMWi) Bundesministerium für Wirtschaft und Technologie (2008). Erneuerbare Energien - Made in Germany. Abgerufen am 14. Juni 2010 unter http://www.bmwi.de/BMWi/Redaktion/PDF/Publikationen/erneuerbare-energien-made-in-germany,property=pdf,bereich=bmwi,sprache=de,rwb=true.pdf

Böttcher, J. (2009). Finanzierung von Erneuerbare-Energie-Vorhaben. 1. Aufl., Bd. 1. München 2009.

(DLR) Deutsches Zentrum für Luft- und Raumfahrt (2004). SOKRATES Projekt: Finanzierungsinstrumente - Das Szenariomodell ATHENE. Abgerufen am 7. Mai 2010 unter http://www.dlr.de/tt/Portaldata/41/Resources/dokumente/institut/system/projects/AP1_3_ATHENE.pdf

Fraunhofer Institut (2004). Parabolrinnen- und Fresnel-Technologie im Vergleich. Abgerufen am 15. Juni 2010 von http://www.dlr.de/tt/Portaldata/41/Resources/dokumente/institut/system/projects/AP2_2_Technologievergleich.pdf

Gericke, U. (2011). Solarunternehmen ächzen unter massivem Preisdruck. Börsen-Zeitung, 12.08.2011.

Ghosh, S. & Nanda, R. (2010). Venture Capital Investment in the Clean Energy Sector. Harvard Business School, Working Paper 11-020.

Godenrath, B. (2011). Solar Millennium verschreckt Anleger mit abruptem Kurswechsel. Börsen-Zeitung, 20.08.2011.

(IEA) International Energy Agency (2010). Technology Roadmap - Concentrating Solar Power. Paris, France: 2010

Photon (2009). Room for Growth. Abgerufen am 14. Mai 2010 unter http://www.protermosolar.com/boletines/22/CSP_gains_steam_-_PHOTON.pdf

Quaschning, V. (2008). Erneuerbare Energien und Klimaschutz. München: 2008.

Reuter, A., & Wecker, C. (1999). Projektfinanzierung: Anwendungsmöglichkeiten, Risikomanagement, Vertragsgestaltung, bilanzielle Behandlung. Stuttgart 1999.

Schott AG (2005). Memorandum zur solarthermischen Kraftwerkstechnologie. Abgerufen am 7. Mai 2010 unter

http://www.schott.com/solar/german/download/
memorandum_de.pdf?PHPSESSID=5gq4dgpia8sdmgvgovfbo5htc5

Schulte-Althoff, M. (1992). Projektfinanzierung - Ein kooperatives Finanzierungsverfahren aus Sicht der Anreiz-Beitragstheorie und der Neuen Institutionenökonomie. Münster: 1992.

(SEIA) Solar Energy Industry Association (2010). Utility-Scale Solar Projects in the United States. Abgerufen am 13. Mai 2010 unter http://www.seia.org/galleries/pdf/Major%20Solar%20Projects.pdf

Solar Millennium AG (2009). Der Andasol Fonds. Erlangen 2009.

Solar Millennium AG (2010). Der Ibersol Fonds. Erlangen 2010.

SolarPACES (2010). Concentrating Solar Power Projects. Abgerufen am 13. Mai 2010 von http://www.nrel.gov/csp/solarpaces/

SolarPACES, ESTELA & Greenpeace (2009). Concentrating Solar Power - Global Outlook 09. Abgerufen am 13. Mai 2010 unter http://www.greenpeace.org/international/Global/international/planet-2/report/2009/5/concentrating-solar-power-2009.pdf

Tytko, D. (1999). Grundlagen der Projektfinanzierung. Stuttgart 1999.

U.S. Treasury Department. (Januar 2011). American Recovery and Reinvestment Act of 2009. Abgerufen am 14. März 2011 unter http://www.treasury.gov/initiatives/recovery/Documents/guidance.pdf

Vanek, F. M., & Albright, L. D. (2008). Energy Systems Enginering: Evaluation & Implementation. New York 2008.

Voigt, H. (1989). Handbuch der Exportfinanzierung. 3. Aufl., Frankfurt/Main 1989.

Watter, H. (2009). Nachhaltige Energiesysteme. Bd. 1. Wiesbaden 2009.

Weber, B., Alfen, H. W., & Maser, S. (2006). Projektfinanzierung und PPP. Köln 2006.

## Finanzmärkte und Klimawandel

Herausgegeben von Dirk Schiereck und Paschen von Flotow

Band 1   Christian Babl / Paschen von Flotow / Dirk Schiereck (Hrsg.): Projektrisiken und Finanzierungsstrukturen bei Investitionen in erneuerbare Energien. 2011.

Band 2   Christoph Ettenhuber: Financing Corporate Growth in the Renewable Energy Industry. 2013.

Band 3   Anette von Ahsen / Robert Fraunhoffer / Dirk Schiereck (Hrsg.): Wellenbrecher auf dem Weg zur Energiewende? Zur Attraktivität von Energiespeicherung, nachhaltiger Erzeugung und Verbrauchersteuerung. 2013.

Band 4   Christian Friebe: Diffusion of Renewable Energy Technologies. Private Sector Perspectives on Emerging Markets. 2014.

Band 5   Paschen von Flotow / Dirk Schiereck / Julian Trillig (Hrsg.): Energietransformation, dezentrale Erzeugungsprobleme und Finanzierung der Solarindustrie. 2014.

www.peterlang.com

www.ingramcontent.com/pod-product-compliance
Ingram Content Group UK Ltd.
Pitfield, Milton Keynes, MK11 3LW, UK
UKHW041923210426
5322IPUK00002B/27